KLEMPNER- UND ELEKTROARBEITEN

TIME LIFE BÜCHER

WUNDER DER WISSENSCHAFT
SYSTEM ERDE
BIBLIOTHEK ERSTAUNLICHER FAKTEN UND PHÄNOMENE
LERNEN IST LUSTIG
KINDER ENTDECKEN ...
REISE DURCH DAS UNIVERSUM
GEHEIMNISSE DES UNBEKANNTEN
SPEKTRUM DER WELTGESCHICHTE
FIT UND GESUND
GESUNDE KÜCHE FÜR GENIESSER
COMPUTER VERSTEHEN
VERZAUBERTE WELTEN
LÄNDER DER ERDE
DER PLANET ERDE
HANDBUCH DES HEIMWERKERS
DIE KUNST DES KOCHENS
WILDNISSE DER WELT

Dieser Band gehört zu einer Serie, die dem Leser detaillierte Anleitungen gibt, wie man Reparaturen sowie Bau- und Renovierungsarbeiten selbst ausführen kann.

HANDBUCH DES
HEIMWERKERS

KLEMPNER- UND ELEKTROARBEITEN

VON DER REDAKTION
DER TIME-LIFE BÜCHER

TIME-LIFE BÜCHER
AMSTERDAM

TIME-LIFE BÜCHER
LEITUNG DER EUROPÄISCHEN REDAKTION:
Ellen Phillips
Direktoren des Designs: Ed Skyner
Leitung der Administration: Samantha Hill
Chefassistentin: Ilse Gray

HANDBUCH DES HEIMWERKERS
REDAKTIONSSTAB DES BANDES
KLEMPNER- UND ELEKTROARBEITEN:
Direktorin der Reihe: Jackie Matthews
Textredakteure: Tony Allan, Christopher Farman, Nicoletta Flessati, Gillian Moore
Vertragsautorin: Deborah Thompson
Dokumentation: Eleanor Lines, Elizabeth Loving
Designer: Rick Bowring, Paul Reeves
Redaktionsassistenten: Charles Boyle, Sally Rowland

LEITUNG DER DEUTSCHEN REDAKTION:
Marianne Tölle
Textredaktion: Elvira Schneider

Aus dem Englischen übertragen von Emily Brandt-Clarke (Klempnerarbeiten) und Renate Devers (Elektroarbeiten).

ISBN 90-6182-736-1

DIE BERATER: Richard Pilling, der für den Teil „Klempnerarbeiten“ in diesem Band als Hauptberater fungierte, ist Dozent für Klempner- und Montagearbeiten am Erith College of Technology in Belvedere, Kent. Er hat auch als Heizungsmonteur in mehreren Industriebetrieben gearbeitet.

John P. Cutting, stellvertretender technischer Direktor der Electrical Contractors' Association, ist seit über 35 Jahren Berater für elektrische Industrieanlagen und zur Zeit zusammen mit David Haviland (unten) an der Entwicklung neuer Sicherheitsnormen und -regeln beteiligt.

David J. Haviland, leitender Ingenieur der Electrical Contractors' Association, berät die regionalen Ämter und Behörden. Er hat auch die Planung und Erstellung der elektrischen Anlagen vieler Schulen und anderer öffentlicher Gebäude betreut.

D.L.TO:21-1992

Inhalt

1 Neue Wege sanitärer Installationen

Rohrleitungen im Haus. Das Rohrnetz links zeigt die drei Grundtypen, aus denen ein Leitungssystem besteht: Abwasser-, Entlüftungs- und Versorgungsrohre. Das dickste *(das zweite von links)* ist ein Abwasserfallrohr – es leitet die Abwässer in einen Abwasserkanal oder eine Klärgrube; ein Nebenarm der Abwasserleitung *(unten rechts)* mündet in das Fallrohr. Um die Abwasserrohre zu be- und entlüften und dadurch die Entstehung von Faulgasen zu verhindern, können Lüftungsrohre *(ganz links)* notwendig sein, die das Abwassersystem mit einer Lüftungsöffnung im Dach des Hauses verbinden. Das gilt vor allem für größere Gebäude und Wohnblocks. Bei den meisten Haushalten besteht jedoch die Entlüftung darin, daß das Fallrohr selbst bis über das Dach reicht. Die dünnen Leitungen führen das warme und kalte Wasser an die verschiedenen Zapfstellen im Haus. Die Absperrhähne mit Radgriffen dienen dazu, im Fall von Reparatur- oder Wartungsarbeiten die Wasserzufuhr zu unterbrechen.

Für viele Leute ist es eine reine Routinesache, einen tropfenden Wasserhahn zu reparieren, und die Zahl dieser Leute ist in den letzten Jahren ständig gestiegen und wächst immer noch weiter. Die Entwicklung zur Selbsthilfe hat wirtschaftliche Ursachen. Handwerker sind gezwungen, so viel Geld für ihren Zeitaufwand zu berechnen, daß es möglicherweise billiger ist, eine Arbeit eigenhändig zu erledigen, selbst wenn man dafür Werkzeug anschafft, das man nur einmal verwendet. Ein weiterer, vielleicht noch wichtigerer Grund sind die vielen neuen Materialien, deren Verarbeitung keine besonderen Körperkräfte oder spezielle handwerkliche Techniken mehr erfordern. Die neuen Materialien wiegen nicht viel, und viele Teile brauchen nur noch verschraubt oder verklebt zu werden. Verstärkend für den Trend zur Heimwerker-Klempnerei wirkt auch die Sorge um die Wasservorräte, die man nicht mehr als unerschöpflich betrachtet. Trinkwasser wird immer teurer, und man ist darauf bedacht, im privaten Bereich umsichtig und sparsam damit umzugehen.

Regelmäßige Wartung und eine Reihe wohlüberlegter kleinerer Korrekturen können in jedem Haushalt die Wasserrechnung verringern, ohne daß man deshalb auf den Komfort moderner Ausstattung verzichten muß.

☐ Man spart viel Wasser, wenn man einen tropfenden Hahn sofort repariert *(S. 28–31)*, denn der Verlust entspricht pro Tag einer gefüllten Badewanne. Ein ständig rinnender Hahn vergeudet täglich ungefähr den Wasserbedarf einer mittelgroßen Familie.

☐ Wenn man das defekte Schwimmerventil im Toilettenspülkasten repariert *(S. 42–44)*, vermeidet man die Geräuschbelästigung, die durch das laufende Wasser entsteht, und verschwendet kein Wasser.

☐ Der Austausch eines WC-Spülkastens *(S. 76–79)* gegen ein neueres, wassersparendes Modell kann den Wasserverbrauch pro Tag um viele Liter Wasser reduzieren. Bei den 2-Stufen-Spülkästen kann man zwischen der ganzen und der halben Wassermenge wählen.

☐ Durch den Einbau einer Dusche *(S. 68–73)* wird der Warmwasserverbrauch gegenüber der Badewanne erheblich verringert, dabei spart man Wasser und Heizenergie.

Mit dem richtigen Werkzeug und der richtigen Arbeitsweise lassen sich Pannen beheben, und man kann darüber hinaus das häusliche Rohrnetz verbessern: Lecks werden beseitigt, eingefrorene Rohrleitungen aufgetaut *(S. 15–17)* oder verstopfte Abflußrohre wieder durchgängig gemacht *(S. 18)*. Die neuartigen Materialien und Zubehörteile, mit denen das möglich ist, sind weitgehend genormt. Die hier beschriebenen Materialien für Rohre, Zubehör und Armaturen sind beinahe überall erhältlich. Manche Arten von Kupferrohr und das immer häufiger anzutreffende Kunststoffrohr sind halbstarr und leichter zu verarbeiten als die traditionellen Stahl- oder Gußrohre. Rohrverbindungen brauchen oft nicht einmal mehr gelötet oder geklebt zu werden: Es genügen einfache Verschraubungen *(S. 55)*.

Hat man erst einmal die Funktionen eines Rohrnetzes verstanden, kann man auch die neuen Reparatur- und Modernisierungsverfahren richtig anwenden. Für das Verhalten des Wassers in den Rohren gelten die grundlegenden physikalischen Gesetze; man braucht aber nur einige leichtverständliche Tatsachen zu wissen. Das häusliche Rohrnetz wird von der öffentlichen Wasserversorgung durch eine unter Druck stehende Versorgungsleitung mit kaltem Wasser versorgt. Im Haus werden die Kaltwasserhähne über dieses Rohrnetz direkt gespeist.

Während das Versorgungssystem unter Druck steht, funktioniert das Entsorgungssystem, durch das die Toiletten- und sonstigen Abwässer aus dem Haus geleitet werden, nach dem Prinzip der Schwerkraft. Abwasserrohre verlaufen immer abwärts geneigt oder senkrecht und haben keine scharfen Knicke, die den Abfluß behindern könnten. Der wichtigste Teil des Abwassersystems – vergleichbar etwa der Hauptversorgungsleitung – ist ein dickes, senkrechtes Rohr: das Fallrohr. In manchen Häusern gibt es zwei Fallrohre, eines für die Toilettenabwässer und eines für die restlichen Abwässer, aber in den meisten neueren Anlagen werden alle Abwässer zusammen in einem Fallrohr abgeleitet. Unabhängig vom jeweiligen System entleeren sich alle Fallrohre in die schräg abfallende Grundleitung, die die Abwässer in die öffentliche Kanalisation leitet (die normalerweise unter der Straße verläuft) oder, falls das Haus nicht an das Abwassernetz angeschlossen ist, in eine Klärgrube.

Damit Gerüche aus den Abwasserrohren nicht ins Haus oder dessen Umgebung gelangen, haben alle Abflüsse Geruchverschlüsse. Das sind U-förmige Rohrstücke, die ständig mit Wasser gefüllt sind, wodurch das Austreten von Faulgasen verhindert wird. Die Geruchverschlüsse von Wasch- und Spülbecken sind im allgemeinen zugänglich und leicht zu reinigen oder auch zu ersetzen; die Geruchverschlüsse von Badewannen und Duschen sind ebenfalls leicht zu reinigen, aber schwerer zugänglich.

Damit überall im Abwassersystem der gleiche atmosphärische Druck herrscht, ist eine ungehinderte Luftzirkulation notwendig. Andernfalls kann Unterdruck innerhalb des Abwassersystems dazu führen, daß der höhere Druck außerhalb des Systems das Wasser aus dem Geruchverschluß drückt; dadurch wird die Geruchsperre zerstört, und Faulgase entweichen ins Haus. Der atmosphärische Druck im Fallrohr wird durch eine Entlüftungsöffnung an dessen höchstem Punkt gewährleistet, einem schornsteinartigen Rohr, das aus dem Dach ragt und durch das die Luft ungehindert ein- und ausströmen kann. Da die Faulgase in diesem Entlüftungsrohr aufsteigen können, muß die Öffnung deutlich über dem genutzten Teil des Hauses liegen.

Im Bereich der Sanitär- und Wasserinstallation müssen allerdings eine Reihe von Bestimmungen, Auflagen und Vorschriften beachtet werden. Alle Geräte und Materialien müssen grundsätzlich den „anerkannten Regeln der Technik“ entsprechen – was in der BRD z. B. durch Zeichen anerkannter Prüfstellen (wie DIN-DVGW, DVGW oder GS) bekundet wird. Überdies dürfen die Anlagen zur Wasserver- und -entsorgung nur unter Beachtung der Wasserlieferungsbedingungen des jeweiligen Wasserversorgungsunternehmens (WVU) und der gesetzlichen und behördlichen Bestimmungen von Bau- und Stadtentwässerungsämtern errichtet, erweitert, geändert und unterhalten werden. Die Errichtung und wesentliche Veränderungen bleiben dem Fachmann vorbehalten. Wer als Fachmann gilt, ist von Land zu Land unterschiedlich definiert. In der BRD z. B. kann das nur ein Installateur sein, der von dem zuständigen WVU eine Konzession hat. Ähnliches trifft auch für andere Länder zu.

Für die Praxis bedeutet das, daß die Zuständigkeit der WVUs nicht an der Wasseruhr aufhört, sondern sich auch auf die Haus- und Wohnungsanlage erstreckt. Das WVU kann die Installationen jederzeit überprüfen und bei Mängeln den Anschluß oder die weitere Versorgung verweigern. Entstehen durch unsachgemäß ausgeführte Arbeiten Schäden, lehnen unter Umständen die Versicherungen jegliche Haftung ab.

Es ist also auf jeden Fall erforderlich, sich vor dem Beginn irgendwelcher Arbeiten bei den zuständigen WVUs, Baubehörden und Ämtern für Stadtentwässerung bzw. Abwasserverbänden – deren Auflagen sich von Land zu Land unterscheiden – beraten zu lassen und grundsätzlich einen Fachmann oder zugelassenen Installateur bei der Arbeit hinzuzuziehen. Dieses Buch kann aufgrund der regionalen und institutionellen Unterschiede eine derartige Beratung nicht ersetzen.

Da die jeweiligen Bestimmungen den örtlichen Gegebenheiten entsprechen, sollte ihre Einhaltung nicht als lästige Bürokratie betrachtet werden, sondern als vorbeugende Maßnahme zum Schutz der eigenen Gesundheit und Sicherheit. Sie richten sich z. B. auch nach dem Boden, durch den das Wasser sickert, ehe es in die Wasserleitungen gelangt. Die Beschaffenheit des Wassers – sein Kalkgehalt etwa – spielt bei der Auswahl der Materialien eine Rolle. In einigen Gebieten empfiehlt sich immer die Verwendung von Kupferrohren, da sie beständiger sind als Rohre aus verzinktem Stahl, in anderen Bereichen sind Messingfittings verboten, da das Wasser säurehaltig ist und die Säure das Messing zerfrißt. Letzteres gilt nicht für die BRD; in allen Bundesländern soll das Trinkwasser aus dem öffentlichen Versorgungsnetz neutral sein.

Andere Vorschriften sind besonders auf die Reinhaltung des Trinkwassers abgestimmt. Außenzapfstellen am Haus dürfen z. B. nur mit Rohrbelüfter und Rückschlagventil installiert werden, damit Schmutzwasser nicht – durch einen angeschlossenen Gartenschlauch etwa, der in eine Regentonne oder eine Gießkanne gehängt worden ist – in das Versorgungsnetz mit dem Trinkwasser gerät. Das könnte nämlich in dem Moment passieren, in dem das Wasserwerk überraschend das Wasser abstellt und in den Leitungen Unterdruck entsteht, der das nicht mehr reine Wasser aus Gartenschlauch und Regentonne oder Gießkanne ansaugt.

Gemäß den DIN-Normen und den Bestimmungen des Verbandes Deutscher Elektrotechniker (VDE-Bestimmungen) ist auch zu berücksichtigen, daß alle leitenden, metallenen Installationsteile in den Potentialausgleich *(S. 96)* einbezogen werden. Dazu müssen die leitenden Teile (Wasser- und Heizungsrohre, gußeiserne Becken und Wannen, metallene Abflußstutzen usw.) miteinander und über eine eigene Schutzader mit der Schutzerdung der elektrischen Hausanlage verbunden sein.

Damit lebensgefährliche Fehler vermieden werden, sollten sowohl von der elektrischen Anlage als auch von allen Rohrnetzen und den Potentialausgleichsleitungen Lagepläne angefertigt werden. Wenn man einen Teil der Metallrohre, die zum Potentialausgleich gehören, durch Kunststoffrohr ersetzen will, muß eine Alternative oder eine Überbrückung für den Potentialausgleich geschaffen werden. Dazu immer einen zugelassenen Elektriker hinzuziehen. Wenn ein Metallrohr einfach gegen ein anderes Metallrohr ausgetauscht wird, muß die Lücke im Potentialausgleich – solange sie besteht – mit einem Stück Spezialleitung überbrückt werden. Um sich jedoch ganz gegen Stromschläge bei der Arbeit an Rohren, die Teil des Potentialausgleichs sind, abzusichern, sollte man die Stromzufuhr an den Hauptsicherungen oder am Hauptschalter unterbrechen.

Alle Verordnungen und Bestimmungen können in einer öffentlichen Bibliothek oder im zuständigen Versorgungsunternehmen eingesehen werden. Wenn man größere Arbeiten in Angriff nimmt, sollte man sich die Bestimmungen in je einem Exemplar anschaffen. Sie sind ein nützlicher Leitfaden bei der Wahl der Arbeitsmethoden und der Materialien, die für die jeweilige Gegend am günstigsten sind.

Werkzeuge für Klempnerarbeiten

Mit einigen wenigen Spezialwerkzeugen ist man für Klempnerarbeiten gut gerüstet.

Um Geruchverschlüsse und Abflüsse besser durchgängig zu machen, braucht man eine Gummisaugglocke. Mit einer Reinigungsspirale lassen sich verstopfte Abflüsse von Spüle und Badewanne säubern. Für die Toilette verwendet man eine WC-Reinigungsspirale, die durch ein Handrohr geführt wird, damit das mit der Kralle versehene Ende der Spirale exakt in den Geruchverschluß eingeführt werden kann. Sie ist aber relativ teuer. Man kann die Toilette statt dessen auch demontieren.

Zur Grundausstattung gehören verstellbare Schlüssel (Einmaulzangen) und Zangen, mit denen man Verbindungen und Armaturen löst oder festzieht. Wasserpumpenzangen dienen dazu, Verschraubungen hinter Spülen und an anderen schwer zugänglichen Stellen festzuziehen. Mit einer gezahnten Rohrzange kann man die gewölbten Rohre gut festhalten. Falls erforderlich, kann man die Zähne „entschärfen", indem man sie mit einem Tuch umwickelt. Eine Armaturenzange sollte man für Verschraubungen und Armaturen mit blanker Oberfläche, eine Standventilmutterzange bei der Befestigung von Standventilen verwenden.

Zur Beseitigung von Lecks, die durch abgenutzte Ventilsitze entstanden sind, wird im traditionellen Handwerk eine Sitzfräse (mit verschiedenen Frässcheiben) eingesetzt. Mit ihr wird der beschädigte Sitz wieder geglättet. Heutzutage ist es häufig jedoch billiger, die Ventilsitze einfach auszuwechseln.

Um Kupferrohr zu schneiden und Kupferrohrverbindungen herzustellen, wird ein Rohrschneider mit eingebautem Entgrater verwendet, der die Grate auf der Rohrinnenseite entfernt. Mit einer spiralförmigen Biegefeder lassen sich Rohre biegen, ohne daß sie knicken. Zum Löten von Kupferrohrverbindungen braucht man Stahlwolle, eine Drahtbürste, um die Fittings von innen zu reinigen, Flußmittel, einen Pinsel, um es aufzutragen, Lot und eine feuerfeste Matte, um brennbare Materialien in der Umgebung der Lötstelle abzudecken. Eine Flüssiggas-Lötlampe, mit Butan (wie hier) oder Propan betrieben, sorgt für die nötige Hitze. Damit Schraubverbindungen wasserdicht sind, wird Dichtungsband, sogenanntes Teflonband, um die Verbindungsstelle gewickelt.

Für manche Arbeiten muß man sich unter Umständen weitere Werkzeuge leihen: z. B. ein Bördelgerät, um die Rohrenden von Kupferrohr aufzubördeln, oder einen Kettenrohrschneider, um Gußeisenrohre zu schneiden. Für Arbeiten an Kunststoffrohren sind keine Spezialwerkzeuge nötig, man benötigt lediglich Spezialkleber, Lösungsmittel, Feinsäge, Feilen und etwas Schleifpapier.

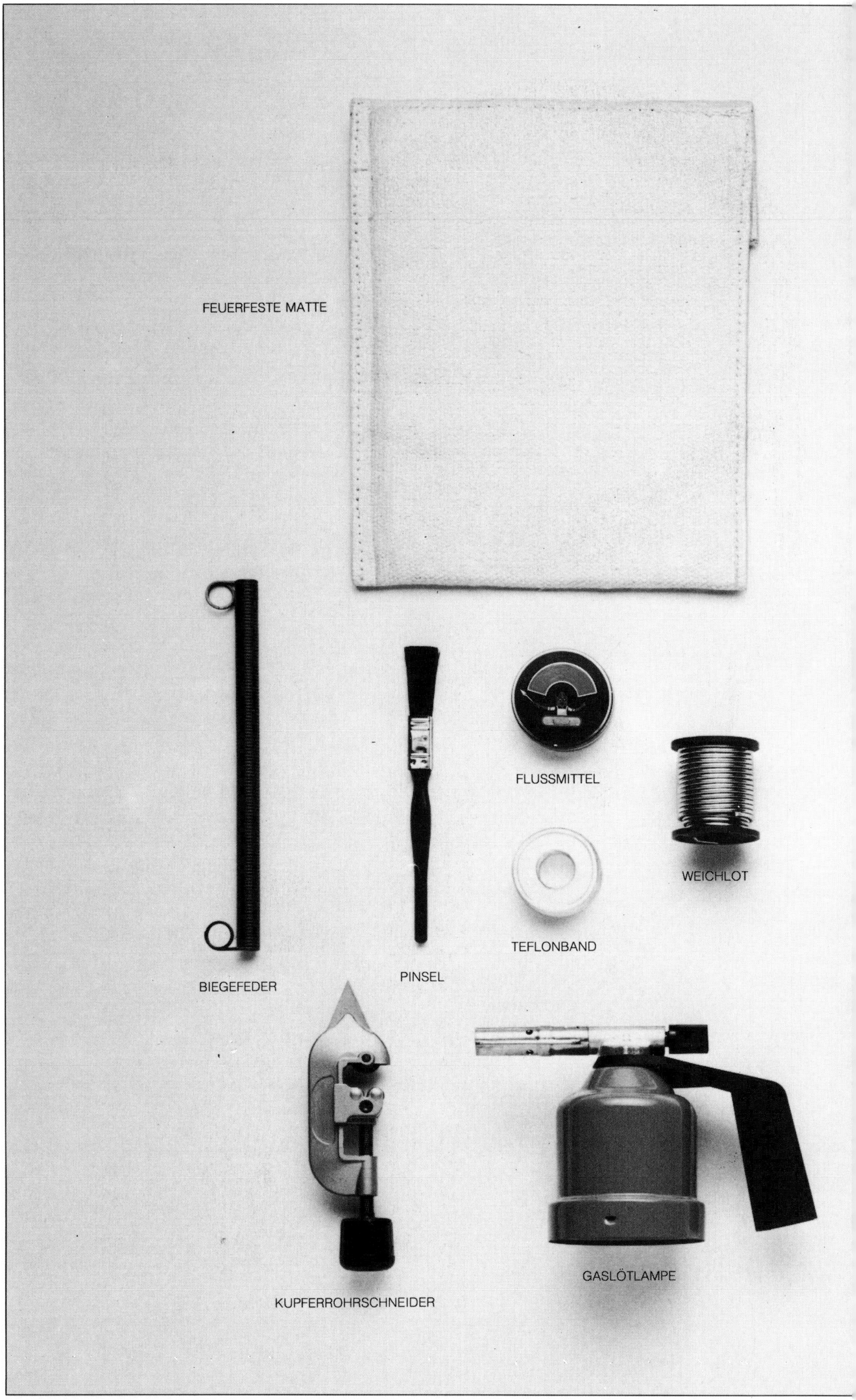

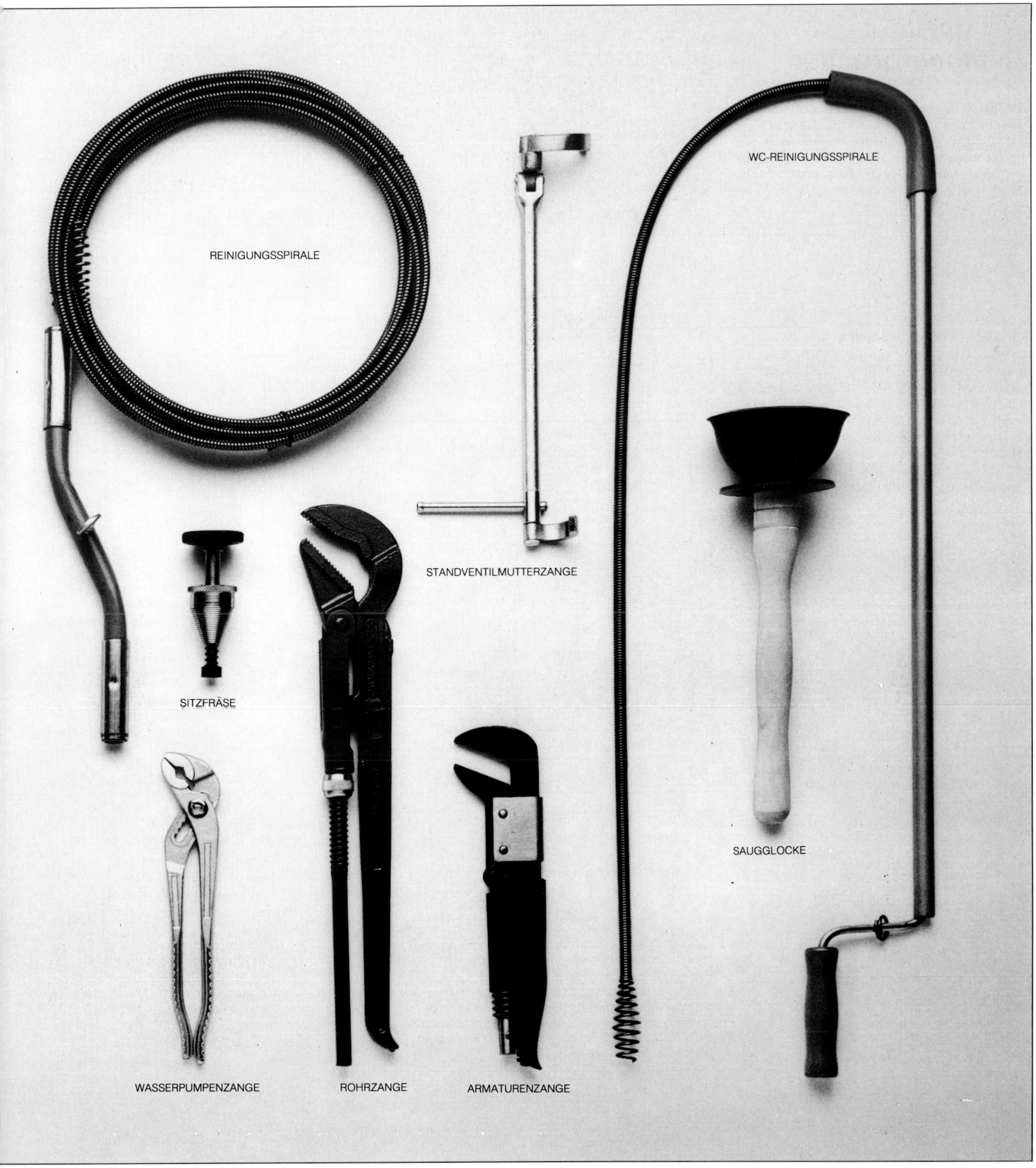
REINIGUNGSSPIRALE
STANDVENTILMUTTERZANGE
WC-REINIGUNGSSPIRALE
SITZFRÄSE
SAUGGLOCKE
WASSERPUMPENZANGE
ROHRZANGE
ARMATURENZANGE

Die Funktion von Rohrleitungen

Die Abbildung auf dieser Seite zeigt die typischen Leitungssysteme für die Wasserversorgung und die Abwasserentsorgung. (Zentralheizungsrohre wurden nicht berücksichtigt.) Die räumliche Anordnung der verschiedenen Vorrichtungen ist von Haus zu Haus verschieden, die Funktionen sind aber im wesentlichen die gleichen. Ehe man mit Reparaturarbeiten oder Veränderungen beginnt, sollte man sich genaue Kenntnis über den Verlauf der Rohrleitungen im ganzen Haus verschaffen.

Das Wasser wird aus der öffentlichen Leitung über ein senkrechtes Rohr – das Hauptsteigerohr – direkt an die Kaltwasserventile (umgangssprachlich Hähne genannt) und die anderen Zapfstellen im Haus geführt. Die Versorgungsleitung, durch die das Haus mit der öffentlichen Wasserversorgung verbunden ist, besitzt außerhalb des Hauses oder Grundstücks ein Absperrventil. Dieses Ventil ist Eigentum des jeweiligen Wasserwerks, das mit einem Schlüssel die Wasserversorgung jedes Hauses dort unterbrechen kann.

An der Stelle, wo die Versorgungsleitung ins Haus führt, ist meistens innerhalb des Hauses ein weiteres Absperrventil angebracht, mit dem man den Wasserzufluß stoppen kann – z. B. wenn ein Leck repariert werden muß. Darüber hinaus kann man weitere Absperrventile an anderen Stellen im Haus installieren, so daß im Falle von Reparaturarbeiten Teile des Rohrnetzes gesondert entleert werden können. Im Haus befinden sich außerdem eine Wasseruhr *(gegenüber)* und ein Rückflußverhinderer. Letzterer, der häufig mit einem Absperrventil kombiniert ist, verhindert, daß im Fall eines unerwarteten Druckabfalls in der Versorgungsleitung möglicherweise schon verunreinigtes Wasser aus einer Zapfstelle in die Wasserleitung gesaugt wird und das Wasser im gesamten Versorgungsnetz verschmutzt.

Das Abwassersystem besteht im wesentlichen entweder aus einem Fallrohr, in das die Toiletten- und sonstigen Abwässer geleitet werden, oder – wie hier – aus zweien: eines für die Toilettenabwässer und ein zweites für die Abwässer aus Badewanne, Waschbecken und Spüle. Alle Fallrohre haben eine Entlüftung in Dachhöhe, die für die Luftzirkulation in den Abwasserrohren sorgt. Oberflächenwasser – also Regen – fließt normalerweise durch Gullys und Regenfallrohre in ein gesondertes Entsorgungs- bzw. Abwassersystem, so daß bei Unwettern die Kanalisation nicht überlastet wird.

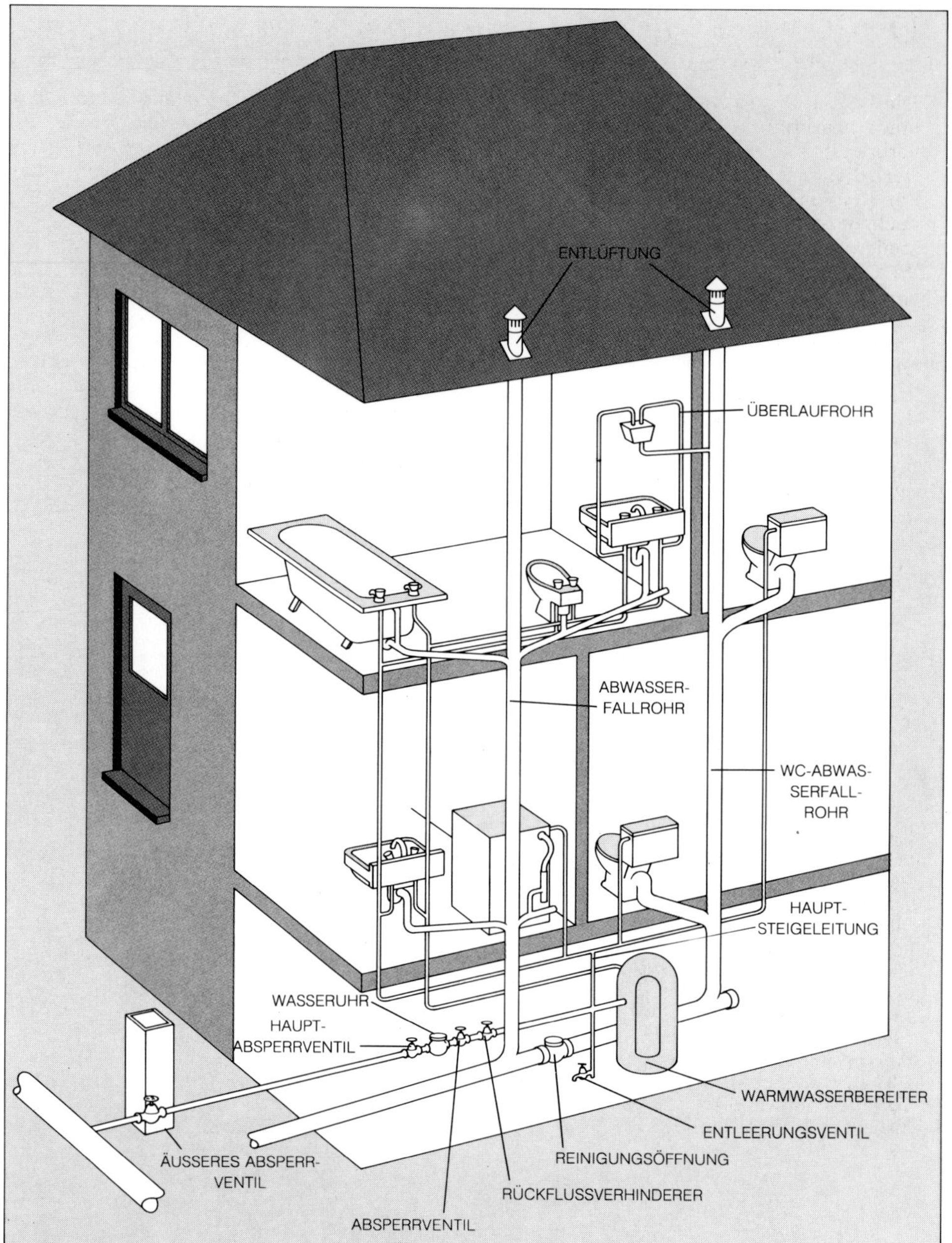

Die Rohrleitungen eines Hauses. Alle Kaltwasserventile und der Zulauf zu Spülkästen, Warmwasserbereitern und anderen Armaturen stehen immer unter Druck. Das in älteren Häusern übliche zweisträngige Abwassersystem besteht im wesentlichen aus einem Fallrohr für die Toilettenabwässer und einem weiteren für die übrigen Haushaltsabwässer. Es handelt sich dabei meist um Rohre aus Gußeisen oder Blei, die eventuell bei früheren Reparaturen durch Kunststoffrohre ersetzt worden sind. Das in neueren Bauten installierte Fallrohr für Toiletten- und andere Abwässer ist meist aus Kunststoff; es befindet sich innerhalb des Hauses und hat eine Entlüftung.

Die Wasseruhr: Anzeige des Wasserverbrauchs

Die Wasseruhr im Haus mißt die innerhalb eines bestimmten Abrechnungszeitraumes verbrauchte Wassermenge. Dem Wasserwerk dient die Wasseruhr nur zur Erstellung der Rechnung; der Kunde kann sie jedoch auch für andere Zwecke nutzen. Er kann feststellen, wieviel Wasser für einen bestimmten Zweck verbraucht wird, z. B. zum Rasensprengen oder Wäschewaschen, oder er stellt mit Hilfe der Wasseruhr ein Leck fest – immer vorausgesetzt, er weiß auch, wie er die Uhr ablesen muß.

Es gibt zwei verschiedene Arten der Anzeige: Bei der direkten Anzeige läßt sich die Gesamtmenge ablesen wie vom Kilometerzähler eines Autos. Die Wasseruhr mit kumulativer Anzeige hat mehrere Skalen, deren Angaben einzeln abgelesen und dann zusammengezählt werden *(unten)*, um die Gesamtmenge in Kubikmetern zu bestimmen. Manche Wasseruhren haben einen extra Zeiger, der pro verbrauchtem Kubikmeter Wasser einen Kreis beschreibt.

Um festzustellen, wieviel Wasser man z. B. beim Rasensprengen verbraucht, muß man die Wasseruhr vor und nach dem Sprengen ablesen. Die Differenz der beiden Zahlen ergibt die verbrauchten Kubikmeter. Will man die Literzahl wissen, multipliziert man die Anzahl der Kubikmeter mit 1000. (Bei einer solchen Messung sollte man sich vergewissern, daß keine anderen wichtigen Zapfstellen des Rohrnetzes in Betrieb sind). Auf die gleiche Weise läßt sich jeder andere Wasserverbrauch – von der Wagenwäsche bis zum Auffüllen eines Schwimmbeckens – ganz exakt bestimmen.

Wer befürchtet, daß irgendwo im Haus ein Leck ist, muß beobachten, ob ein Zeiger oder ein kleines Rädchen der Wasseruhr sich bewegt. Bemerkt man beispielsweise an der Decke einen frischen Wasserfleck und vermutet als Ursache ein verborgenes Leck in einem Rohr, so schließt man alle Hähne und beobachtet dann ein paar Minuten lang die Anzeige der Wasseruhr. Wenn sich ein Zeiger oder ein Rädchen bewegt, und sei es noch so langsam, befindet sich irgendwo in den Leitungen ein Leck. Ist keine Bewegung feststellbar, hat der Wasserfleck eine andere Ursache, z. B. eine undichte Stelle im Dach.

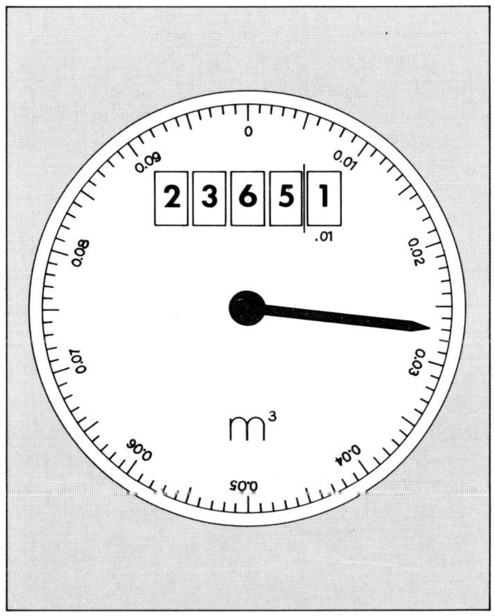

Eine Wasseruhr mit direkter Anzeige. An den deutlich lesbaren Ziffern einer Wasseruhr mit digitaler Anzeige läßt sich der Wasserverbrauch leicht und unmittelbar ablesen. Bei dem hier gezeigten Typ zählen die vier Ziffern links die Anzahl der verbrauchten Kubikmeter, während die Ziffer rechts jeweils 100 Liter zählt (1/10 m³). Der Zeiger und die im Kreis angeordneten Ziffern ermöglichen eine noch genauere Berechnung: Die Zahlen bedeuten jeweils 10 Liter und die kleinen Unterteilungen jeweils 1 Liter. Die Uhr steht hier auf 2 365,127. Die Anzahl der Angaben ist bei diesen digitalen Wasseruhren verschieden, aber die Anzeige erfolgt immer nach demselben Prinzip.

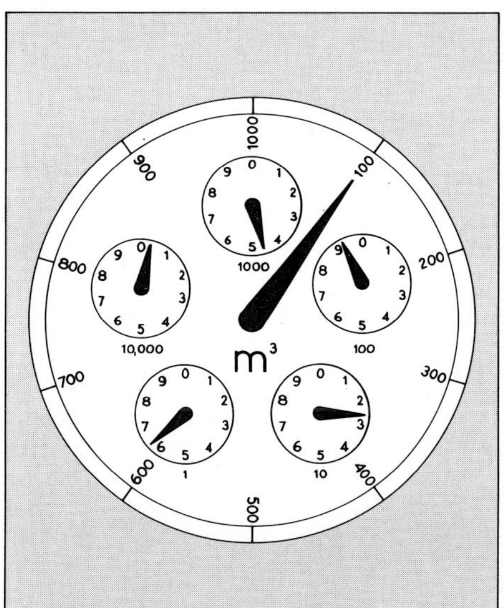

Eine Wasseruhr mit fünffacher Anzeige. Man beginnt beim Ablesen mit der Zehntausenderskala und merkt sich die niedrigere der beiden Zahlen, zwischen denen der Zeiger steht. Hier ist das z. B. 0, weil der Zeiger zwischen 0 und 1 steht. Stünde er zwischen 9 und 0, würde die 0 „10" bedeuten, und 9 wäre die niedrigere Zahl. Ebenso liest man die mit 1000, 100, 10 und 1 bezeichneten Skalen ab. Die fünf abgelesenen Zahlen, in dieser Reihenfolge aufgeschrieben, ergeben den Zählerstand in Kubikmetern. Die Zahl, auf die der Zeiger der großen Skala weist, bedeutet die Hundertliter (1/10 m³). Der addierte Zählerstand beträgt hier 4 926,1.

Ein Fließgeräuschdetektor zum Auffinden von Lecks

Wenn man keine Wasseruhr hat – entweder weil man über eine eigene Wasserversorgung verfügt oder weil man in einer Gemeinde wohnt, in der Wasseruhren in Wohnhäusern nicht vorgeschrieben sind –, kann man ein größeres verstecktes Leck mit Hilfe verschiedener schallverstärkender Geräte feststellen, die im Fachhandel erhältlich sind. Das oben gezeigte funktioniert rein mechanisch; die von einem Stäbchen abgetasteten Schwingungen werden durch eine Membran in der Hörmuschel verstärkt. Das Gerät wird folgendermaßen benutzt: Nachdem man dafür gesorgt hat, daß an keiner Zapfstelle Wasser entnommen wird, hält man das Gerät mit der Spitze gegen das Hauptversorgungsrohr. (Man kann auch einen Schraubenzieher verwenden.) Dann lauscht man am offenen Ende. Wenn Wasser im Rohr fließt – und durch ein größeres Leck austritt –, hört man ein Rauschen.

Wie man Rohrsysteme entleert

Gelegentlich kann es nötig sein, alle Geräte, Ventile und sonstigen Teile eines Rohrsystems stillzulegen. Wird bei größeren Reparaturarbeiten oder Installationen das Versorgungsrohr angezapft, so muß sowohl der Zufluß unterbrochen als auch das Rohrnetz entleert werden, bevor man mit den Arbeiten beginnen kann. Bleibt ein Haus im Winter unbewohnt und unbeheizt, so muß man das Rohrnetz wetterfest machen, um Frostschäden vorzubeugen.

In jedem Fall sollte man einige Liter Wasser zum Trinken und Kochen abfüllen, ehe man die Versorgung unterbricht. Will man ein Sommerhaus winterfest machen, muß man zuvor genug Wasser zapfen, um eine Frostschutzmischung herzustellen, die in die Geruchverschlüsse gegeben wird.

Bei der gründlichen Entleerung eines Rohrnetzes geht man folgendermaßen vor:

□ Man unterbricht die Hauswasserversorgung, indem man das Hauptabsperrventil (auch: Haupthahn) schließt.

□ Man unterbricht die Gas- oder Stromzufuhr der Warmwasserbereiter.

□ Bei einer Warmwasserzentralheizung entleert man das System durch das Entleerungsventil. Meist muß das Wasser mit einem Schlauch abgeleitet werden. Danach werden alle Heizkörperventile geöffnet. Anschließend dreht man die Entlüftungsschraube an einem der Heizkörper im obersten Stockwerk heraus; nach und nach öffnet man von oben nach unten die Entlüftungsschrauben aller Heizkörper, so daß die nachströmende Luft das restliche Wasser aus Heizkörpern und Rohren drückt. (Bei Arbeiten an der normalen Wasserversorgung oder an den Abwasserleitungen braucht die Heizung nicht entleert zu werden, da sie einen gesonderten Wasserkreislauf hat.) Heizungsrohre sollten nur entleert werden, wenn es unbedingt erforderlich ist. Jeder Luftzutritt und jedes Füllen mit neuem Wasser führt zu Korrosion.

□ Beim obersten Stockwerk beginnend, öffnet man nun alle Warm- und Kaltwasserventile, Badewannenventile, Duschen und Ventile im Freien und spült alle Toiletten. Auch die Entleerungsventile von Warmwasserbereitern und Wasseraufbereitern – sofern vorhanden – werden geöffnet.

□ Zum Schluß werden die Entleerungsventile der Hauptversorgungsleitung geöffnet, damit alles Wasser aus den Rohrleitungen abfließt. Danach können alle Reparaturen oder Veränderungen am Rohrnetz vorgenommen werden.

Will man das Haus winterfest machen, so sind weitere Maßnahmen nötig. Man geht durch das Haus und sorgt dafür, daß das Wasser überall dort abfließen kann, wo es sich normalerweise ansammelt.

Das Wasser in den Geruchverschlüssen von Becken, Wannen und Toiletten muß durch eine Frostschutzmischung ersetzt werden, damit die Geruchverschlüsse nicht einfrieren und trotzdem ihre Funktion als Sperre gegen Faulgase erfüllen. Da die meisten Frostschutzmittel giftig sind, sollte man vorsichtig damit umgehen. Der Gebrauchsanweisung gemäß wählt man das gleiche Mischungsverhältnis von Frostschutzmittel zu Wasser, das man in der jeweiligen Klimazone auch für das Auto benutzen würde. (Man kann das Frostschutzmittel auch direkt in den Geruchverschluß gießen, wenn man keine Mischung herstellen will.) Wieviel Frostschutzmittel man braucht, hängt von dem empfohlenen Mischungsverhältnis und natürlich von der Anzahl der Geruchverschlüsse ab.

Zuerst sollte man die Geruchverschlüsse von Waschbecken, Spüle und Badewanne versorgen: Dazu etwa 1 l Frostschutzmittel in jeden Geruchverschluß gießen. Man gießt die Lösung sehr langsam ein, so daß das im Geruchverschluß stehende Wasser verdrängt wird und abfließt. Den Toilettenwasserkasten entleert man durch Betätigung der Spülung. Dann in den Geruchverschluß des WC-Beckens Frostschutzmittel in unverdünnter Form zu dem noch vorhandenen Wasser gießen.

Im Frühling oder nach Abschluß der Reparaturarbeiten muß das Rohrnetz wieder gefüllt werden. Zuerst das Entleerungsventil an der Hauptversorgungsleitung zudrehen. Dann alle Ventile im Haus zudrehen, auch die am Boiler, Warmwasserbereiter oder an anderen Wasseraufbereitungsgeräten. Bei der Zentralheizung die Entlüftungsschrauben der Heizkörper schließen. Dann das Hauptabsperrventil langsam öffnen, damit frisches Wasser ins Rohrnetz fließen kann. Anschließend sollten alle Heizkörper einzeln entlüftet werden, was noch einmal erforderlich sein kann, wenn die Heizungsanlage einige Tage in Betrieb gewesen ist. Vor der Inbetriebnahme kontrollieren, ob alle Entlüftungsschrauben richtig schließen, insbesondere nach einer längeren Stillegung der Anlage. Zum Schluß die Gas- oder Stromversorgung des Boilers oder Warmwasserbereiters wieder in Gang setzen und die Zündflammen von gasbetriebenen Geräten entzünden.

Die Ventile werden anfangs spucken, weil noch Luft in den Leitungen ist, aber das wird sich schnell legen. Das Frostschutzmittel in den Geruchverschlüssen und Toiletten wird automatisch weggespült, sobald man die Becken wieder benutzt.

Erste Hilfe bei eingefrorenen Leitungen

Die Rohrleitungen eines fachgerecht gebauten und beheizten Hauses frieren auch bei strengem Frost nicht ein. Ist jedoch die Heizung defekt oder steht das Haus leer und ist unbeheizt, dann sinkt die Innentemperatur schnell ab. In diesem Fall muß man sofort etwas unternehmen, damit die Rohrleitungen nicht einfrieren und platzen *(unten)*. Selbst in einem solide gebauten Haus können bei sehr großer Kälte Leitungen einfrieren, die ungeschützt durch einen Kellerraum oder eine Garage führen.

Wenn aus einem Auslaufventil kein Wasser mehr kommt, ist das oft das erste Anzeichen für eine eingefrorene Rohrleitung. Häufiger macht sich der Schaden allerdings dadurch bemerkbar, daß Wasser durch ein Leck austritt, nachdem das Eis wieder geschmolzen ist.

Wasser nimmt um circa 10% an Volumen zu, wenn es gefriert. Der dabei entstehende Druck sprengt die Rohrleitungen, insbesondere dort, wo die Ausdehnung durch Verbindungen oder Bogen behindert wird. Nicht nachziehbare Schneidringverschraubungen *(S. 55)* in einer Rohrleitung müssen daraufhin überprüft werden, ob sie durch das Eis auseinandergedrückt worden sind.

Wenn man ein Stück Rohrleitung auftaut, sollte man das ebenfalls betroffene Auslaufventil öffnen, damit der Wasserdampf und das Schmelzwasser entweichen können. Wenn man festgestellt hat, wo sich Lecks befinden, und diese Stelle gekennzeichnet hat *(S. 16–17)*, muß die Wasserversorgung unterbrochen werden. Sobald man Lecks provisorisch verschlossen hat, wird das Absperrventil wieder halb aufgedreht: Das fließende Wasser beschleunigt den Schmelzprozeß im eingefrorenen Leitungsabschnitt. Für den Fall, daß es unentdeckte Lecks gibt, muß die Umgebung vor Wasserschäden geschützt werden *(Kasten S. 17)*.

Für den Klempner gilt wie für den Arzt: Vorbeugen ist besser als heilen, und um zu verhindern, daß Rohre überhaupt einfrieren, kann man verschiedene Vorsichtsmaßnahmen treffen. In einem unbeheizten Haus besteht die einzig sichere Methode darin, das ganze Rohrnetz zu entleeren *(gegenüber)*. Es gibt aber noch mehrere andere Möglichkeiten, die Rohrleitungen zu schützen.

☐ Wenn ein Stromanschluß vorhanden ist, kann man ein elektrisches Heizgerät oder eine Wärmelampe einsetzen, oder man hängt eine 100-Watt-Lampe in die Nähe gefährdeter Rohrleitungen.

☐ Man kann auch zwischen einem beheizten und einem unbeheizten Raum eine Tür halb geöffnet lassen, um den ungeschützten Teil mit zu erwärmen.

☐ Freiliegende Rohrleitungen kann man vor dem Einfrieren schützen, indem man sie entweder mit handelsüblichem Wärmedämmmaterial umhüllt, das um das Rohr gewickelt oder daraufgeschoben wird, oder – wenn auch nur als vorläufige Maßnahme – mit Zeitungspapier umgibt, das in mehreren Lagen locker um das Rohr gewickelt und mit Schnur festgebunden wird. Ist es bei einem plötzlichen Temperatursturz für Wärmedämmungsmaßnahmen zu spät, sollte man die Ventile von Zeit zu Zeit kurz aufdrehen. Das Wasser in den gefährdeten Leitungsabschnitten wird dann durch wärmeres ersetzt.

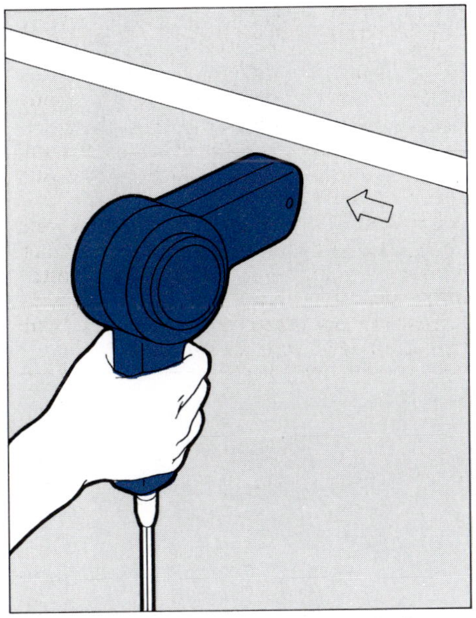

Ein Fön. Falls ein Stromanschluß vorhanden ist, kann man zum Auftauen eingefrorener Rohrleitungen Geräte mit einem Warmluftgebläse verwenden, z. B. einen Fön, oder einen Bodenstaubsauger, bei dem man den Schlauch an der Austrittsöffnung des Gebläses befestigen kann. Mit der Erwärmung des Rohres am geöffneten Hahn beginnen und von dort aus allmählich weiter gehen. Falls das Rohr aus Kunststoff besteht, ist darauf zu achten, daß es nicht überhitzt wird und schmilzt.

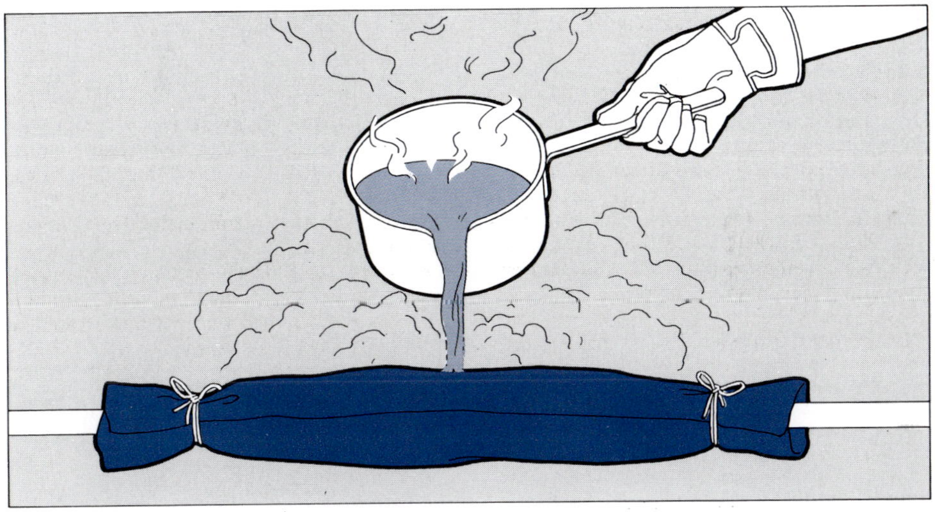

Heißes Wasser. Hat man noch die Möglichkeit, heißes Wasser zu bereiten, mehrere Badevorleger oder Handtücher um das Rohr wickeln und dann mit kochendem Wasser aus einem Gefäß übergießen. Dabei das Wasser in einem dünnen Strahl auf die umwickelte Leitung gießen, so daß der Stoff feucht und heiß gehalten wird, bis das Eis geschmolzen ist.

Eine Wärmelampe. Wenn die vermutlich eingefrorene Leitung in der Wand verläuft oder aus anderen Gründen schwer zugänglich ist, eine elektrische Wärmelampe in der Nähe aufstellen. Der Abstand zur Wand sollte mindestens 15 cm betragen, damit Anstrich oder Tapete nicht versengt werden. Um besser hantieren zu können, läßt sich die Birne auch in eine tragbare Arbeitslampe schrauben.

Notreparaturen an Rohren

Rohrleitungen haben die unangenehme Eigenschaft, immer dann ein Leck zu bekommen, wenn der Installateur gerade ins Wochenende gefahren ist. Glücklicherweise gibt es einige Möglichkeiten, mit dem, was gerade zur Hand ist, die undichte Stelle zu flicken, so daß man sich über Wasser hält, bis man den Schaden selbst repariert oder reparieren läßt *(S. 52–63)*.

Wenn man ein Leck in der Versorgungsleitung entdeckt, muß natürlich zuerst das Wasser abgestellt werden *(S. 12)*.

Am schnellsten lassen sich Notreparaturen mit einem Zwei-Komponenten-Kleber (Epoxidharzkleber) oder selbstklebendem Dichtungsband (Schnellreparaturband) erledigen. Ehe man es aber mit einer dieser beiden oder einer anderen Methode *(unten)* versucht, muß man dafür sorgen, daß die Rohroberfläche trocken ist, so daß Kleber oder Dichtungsband gut darauf haften.

Falls eine Versorgungsleitung leckt (nicht eingefroren ist), wird der betroffene Leitungsarm vollkommen entleert und die Reparaturstelle getrocknet. Das geht am schnellsten mit einem Haarfön. Beschädigte Rohrleitungen, die eingefroren sind, sollten zunächst geflickt und dann erst aufgetaut und entleert werden. Abwasserrohre und Geruchverschlüsse stehen, anders als Versorgungsleitungen, nicht unter Druck; in ihnen befindet sich (von der Geruchsperre abgesehen) kein Wasser, solange keine der angeschlossenen Armaturen in Betrieb ist.

Ein kleineres Leck flicken

1 **Ein Leck mit einer Bleistiftspitze abdichten.** Eine sehr gute Methode, ein kleineres Leck in einer Versorgungsleitung zu stopfen, besteht darin, die Spitze eines Bleistifts fest in das Loch zu drücken und sie dann abzubrechen.

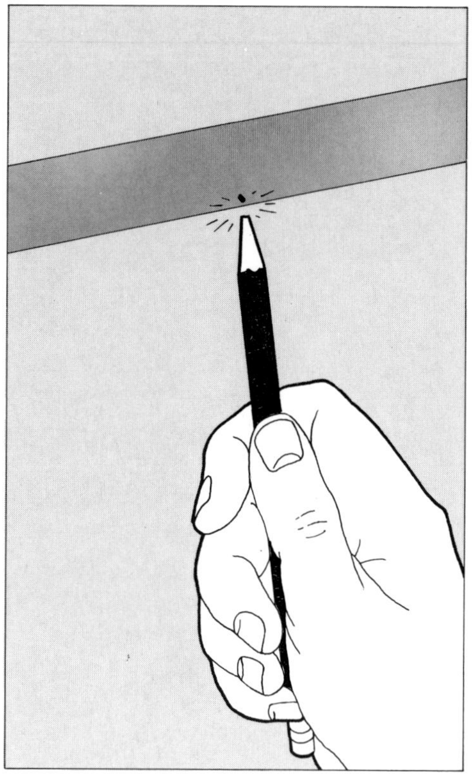

2 **Den Stopfen sichern.** Nachdem das Leck abgedichtet ist, die Oberfläche der Rohrleitung gut trocknen, dann die beschädigte Stelle mit kräftigem Dichtungsband einige Zentimeter weit umwickeln, um den Stopfen zu sichern.

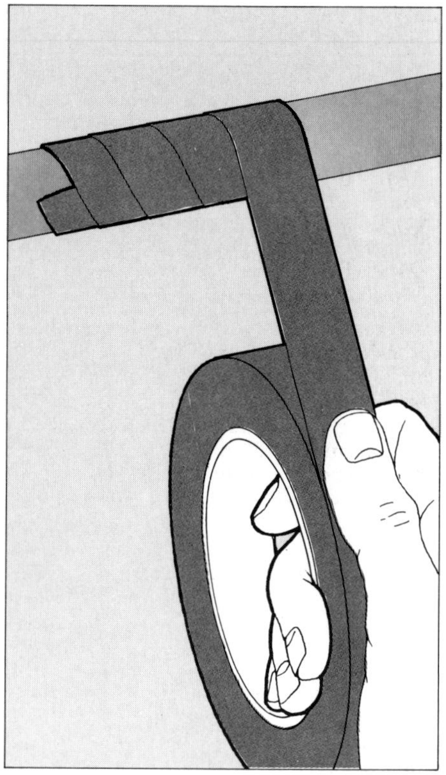

Ein größeres Leck flicken

Ein Schlauch als Flicken. Eine wirksame vorübergehende Abdichtung eines Lecks ist ein der Länge nach aufgeschnittenes Stück Gummischlauch, das über die Rohrleitung geschoben wird *(rechts)*. Den Schlauch mit kräftigem, biegsamen Draht – Bilderdraht – befestigen: Den Schlauch mehrmals im Abstand von 2,5 cm umwickeln und jede Umwicklung mit der Zange verdrillen. Diese Methode ist im großen und ganzen nur für Reparaturen an Rohren geeignet, die nicht unter Druck stehen (z. B. Abwasserrohre). Bei Wasserleitungen würde das Wasser an den Schlauchenden austreten.

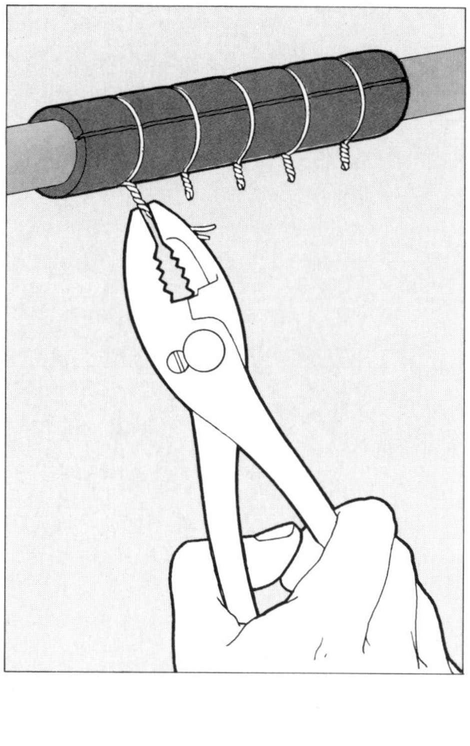

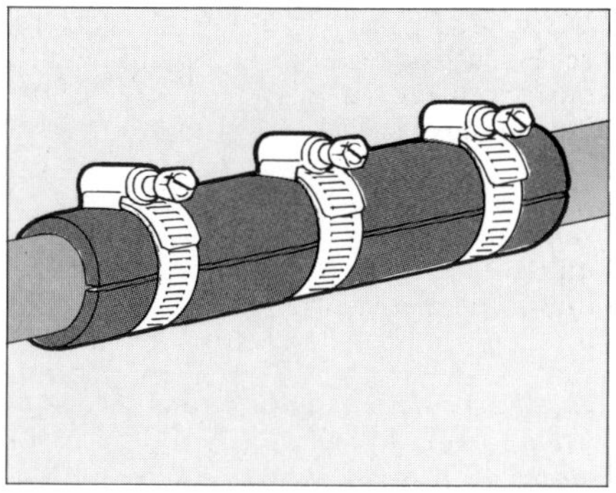

Den Schlauch mit Schellen sichern. Um bei der Befestigung des Schlauchflickens einen gleichmäßigeren Andruck am Rohr zu erreichen, Schlauchschellen benutzen *(oben)*, wie sie auch zur Befestigung von Wasserschläuchen im Auto gebräuchlich sind. Diese Schellen lassen sich auf jeden beliebigen Rohrdurchmesser einstellen. Man sollte den Flicken mit mindestens drei Schellen sichern.

Einen Riß abdichten

Einen Riß abdecken und umwickeln. Für die schnelle Notreparatur eines Lecks sind Zwei-Komponenten-Kleber (Epoxidharzkleber) geeignet. Zunächst die defekte Rohrleitung entleeren und trocknen. Dann den Kleber anmischen und auf den Riß und seine Umgebung auftragen. Das bestrichene Rohr fest mit Nylon- oder Glasfaserband umwickeln. Eine zweite Schicht Kleber auftragen und vorschriftsmäßig trocknen lassen.

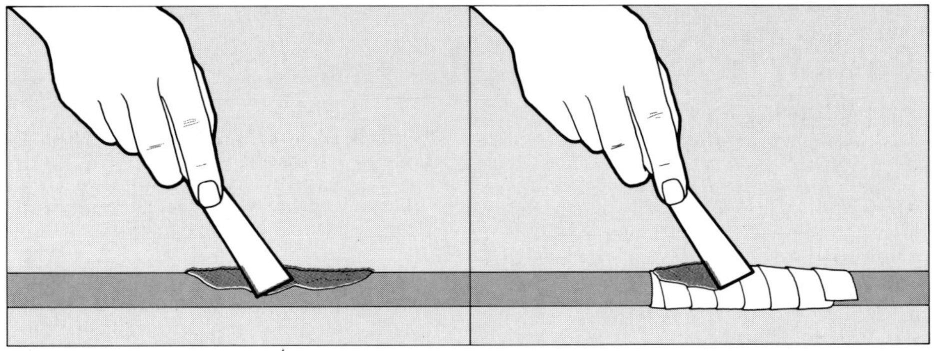

Wie man den Wasserschaden bei einem Rohrbruch begrenzt

Das erste Anzeichen einer undichten Rohrleitung ist häufig ein Fleck, der sich an einer Wand oder Decke ausbreitet, bzw. eine Pfütze auf dem Fußboden. Um größeren Schaden zu verhindern, muß die Wasserzufuhr sofort unterbrochen werden. Erst dann macht man sich daran, das Leck zu suchen und zu reparieren.

Manchmal gelingt es, Wasserschäden vorzubeugen oder sie zumindest auf ein Minimum zu beschränken. Wenn defekte Rohre in der Decke entlangführen und ein Wasserfleck zu sehen ist, sollte man den Fußboden mit wasserdichtem Material abdecken und zum Auffangen des Wassers ein Gefäß unter den nassen Fleck stellen. Tropft Wasser aus einem Deckenlampenanschluß, müssen der Strom abgestellt, die Lampenschale entfernt und die Lampenfassung sowie alle anderen Anschlußteile abgetrocknet werden. Dann muß man ein Loch in die Decke schlagen bzw. ein Stück der Verkleidung entfernen, um das restliche Wasser abfließen zu lassen. Nicht unter der betreffenden Stelle stehen bleiben!

Falls eine Rohrleitung eingefroren ist, sollte man, solange nicht geklärt ist, ob sie unbeschädigt ist, auf Lecks gefaßt sein und vorbeugende Maßnahmen treffen. Da die Lecks sich erst zeigen, wenn die Leitung auftaut, muß die Umgebung mit wasserdichter Plastikfolie abgedeckt werden. Findet man einen Riß, so muß er mit einem Flicken verschlossen werden *(gegenüber)*. Für den Fall, daß weitere Lecks auftreten, sollte man die Leitung absperren und für das Restwasser Gefäße bereithalten. Wenn es zu spät ist, eine Überschwemmung zu verhindern, kann man das Wasser immer noch mit aufgerollten Teppichen oder Sandsäcken eindämmen. Bei einer größeren Überschwemmung sollte man sich bei einem Werkzeugverleih eine Tauchpumpe beschaffen. In einer wirklich verzweifelten Situation ruft man am besten die Feuerwehr an, die in Notfällen immer hilft.

Lecks an Rohrverbindungen

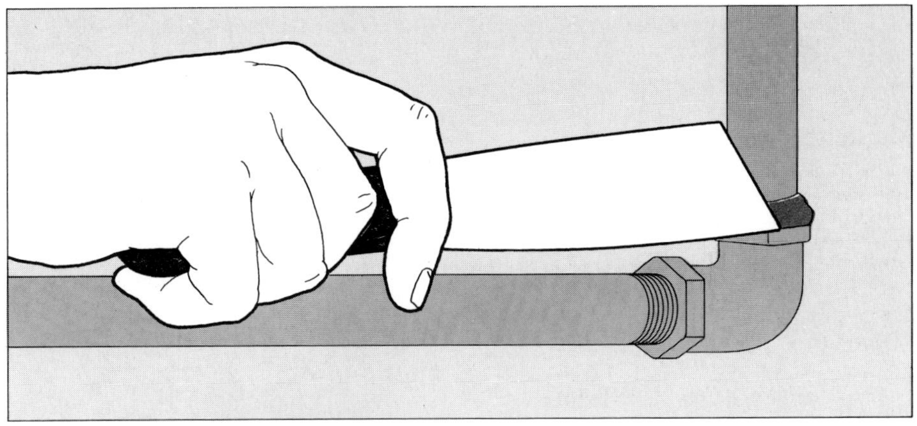

Eine Schraubverbindung abdichten. Tritt ein Leck an einer Schraubverbindung von Metallrohren auf, die Leitung entleeren und die undichte Stelle trocknen. Danach die Verbindung mit Zwei-Komponenten-Flussigmetall bestreichen. Es muß entsprechend den Herstellerangaben aushärten, ehe die Leitung wieder unter Druck stehen darf. Mit Flüssigmetall können auch Verbindungen von Kunststoffrohren abgedichtet werden.

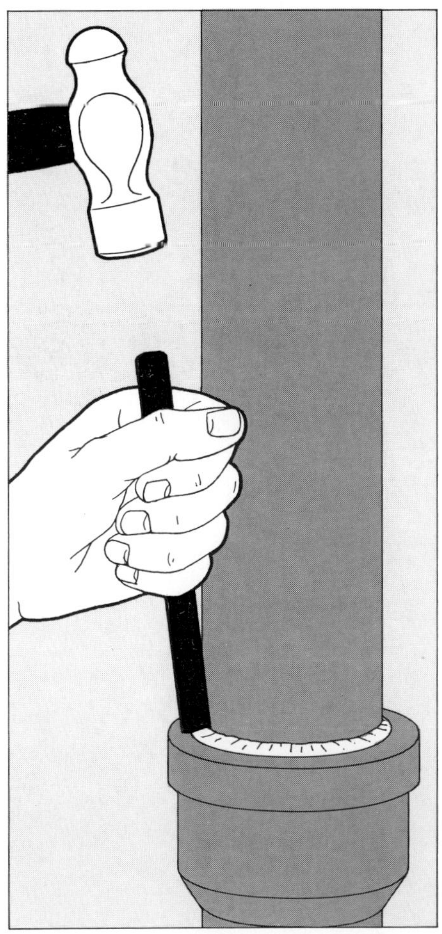

Eine Bleidichtung reparieren. Wenn aus einer mit Blei verstemmten Rohrverbindung einer Abwasserleitung Wasser sickert, mit Hammer und Meißel das Blei ein Stück weit in die Rohrmuffe klopfen. Da Blei so weich ist, daß es sich der beschädigten Stelle anpaßt, genügt diese einfache Maßnahme oft, um die Verbindung wieder zu verschließen. Trotzdem muß man sich zuvor vergewissern, daß die Ursache des Lecks nicht ein Riß in der Muffe ist. In diesem Fall muß das Rohr ersetzt werden, da durch das Festklopfen des Bleis der Riß bzw. das Leck nur noch vergrößert wird.

Bewährte Methoden, Rohrverstopfungen zu beseitigen

Die Abwasserrohre können an verschiedenen Stellen verstopft sein: im Geruchverschluß eines Abflusses, in einem Seitenarm, in den mehrere Abflüsse münden, oder im Abwasserfallrohr *(S. 12)*. Wenn Wasser in einem Ausguß gar nicht oder nur sehr langsam abfließt, muß der dazugehörige Geruchverschluß gereinigt werden. Sind mehrere Abflüsse verstopft, so kann man sie anhand der auf der gegenüberliegenden Seite und auf S. 20, 22 und 23 beschriebenen Methoden gängig machen. Damit keine Überschwemmungen entstehen, dürfen die anderen Hausbewohner keinen der angeschlossenen Abflüsse benutzen, während man an den Abwasserleitungen arbeitet.

Eine normale Saugglocke oder eine Reinigungsspirale sind nicht nur leicht zu handhaben, sondern auch die wirksamsten und sichersten Werkzeuge, um eine Verstopfung zu beseitigen. Die Anwendung von Preßluft verdichtet die Verstopfungen häufig und kann zu einer Beschädigung alter und empfindlicher Rohre und Verbindungen führen.

Bei einem total blockierten Abfluß ist der Einsatz chemischer Mittel nicht zu empfehlen. Die wirksamsten Mittel enthalten gefährliche, ätzende Zusätze, die die Rohre angreifen, wenn sie zu lange darin stehen. Zudem ist man, falls die Chemikalie die Verstopfung nicht beseitigt, selbst ihrer Wirkung ausgesetzt, sobald man den Geruchverschluß abschraubt oder den Deckel der Reinigungsöffnung abnimmt.

Ist der Abfluß erst einmal gesäubert, können chemische Reiniger sehr nützlich sein. Bei gelegentlicher Anwendung verhindern sie die Ablagerung von Rückständen, die später zu einer Verstopfung führen können.

Waschbecken und Spülen

1 Eine Saugglocke benutzen. Hat das Becken einen Überlauf, diesen mit einem nassen Lappen zustopfen. Wenn eine Waschmaschine oder ein Geschirrspüler an den Abfluß angeschlossen ist, auch diese Anschlüsse luftdicht verschließen. Im Becken muß so viel Wasser sein, daß die Saugglocke vollständig bedeckt ist. Dann den Rand der Glocke mit Vaseline bestreichen und die Saugglocke über die Abflußöffnung setzen. Jetzt die Saugglocke in schnellen, ruckartigen Stößen etwa zehnmal auf und ab bewegen, ohne daß sie sich dabei vom Becken löst; zuletzt mit einem kurzen, kräftigen Ruck vom Beckenboden abziehen. Den ganzen Vorgang mehrmals wiederholen. Bleibt der Abfluß trotzdem verstopft, versucht man es mit der unten beschriebenen Methode 2.

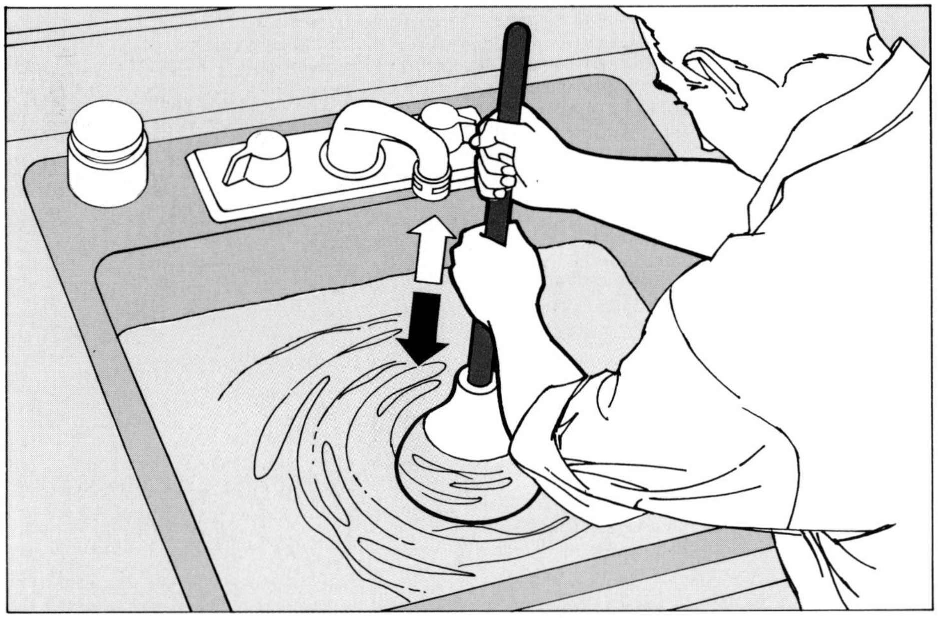

2 Eine Reinigungsspirale verwenden. Befindet sich im Abfluß der Spüle ein herausnehmbares Sieb, so entfernt man es. Dann die Reinigungsspirale in den Abfluß einführen, indem man sie im Uhrzeigersinn dreht. Während man sie weiter in den Abfluß hineinschiebt, die Rändelschraube am Handgriff der Spirale abwechselnd lösen und festziehen. Sobald man spürt, daß sich die Kralle der Spirale irgendwo verhakt hat, die Spirale langsam vor und zurück bewegen, dabei weiterdrehen. Dann langsam herausziehen, wobei man sie fortwährend in derselben Richtung dreht. Anschließend heißes Seifenwasser in den Geruchverschluß gießen, um Fett- oder Ölrückstände wegzuspülen. Falls man den Abfluß mit der Reinigungsspirale nicht freibekommt, versucht man es mit Methode 3.

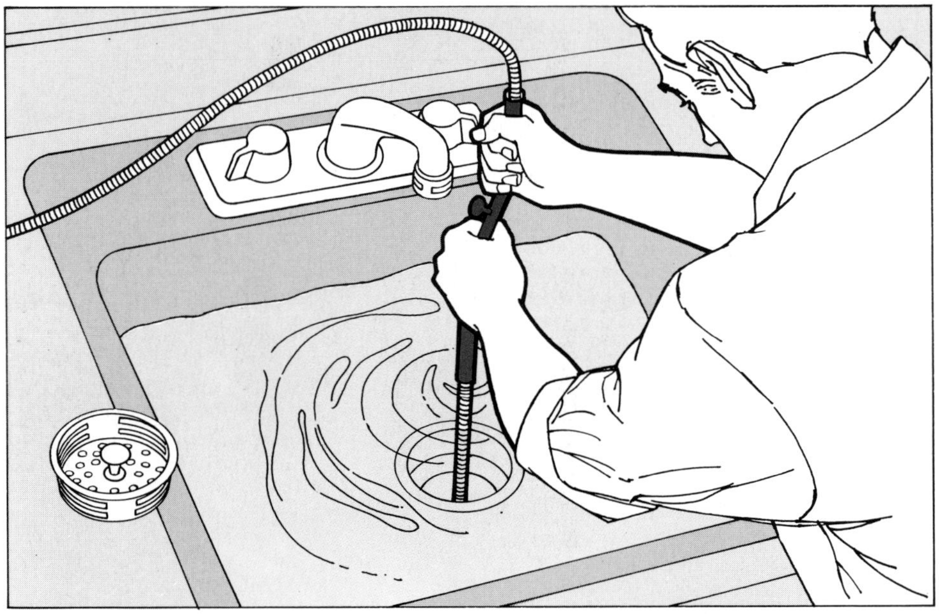

3 Durch die Reinigungsöffnung reinigen. Hat der Geruchverschluß eines Abflusses eine Reinigungsöffnung, einen Eimer darunterstellen und den Dekkel der Reinigungsöffnung abschrauben. Nachdem das Wasser abgelaufen ist, das Ende eines Drahtes zu einem kleinen Haken formen und den Haken vorsichtig in den Geruchverschluß einführen. Die Verstopfung durchstoßen oder am Haken herausziehen. Wenn das nicht geht, entweder eine Reinigungsspirale in die Rohrenden drehen oder nach der Methode auf S. 20 fortfahren.

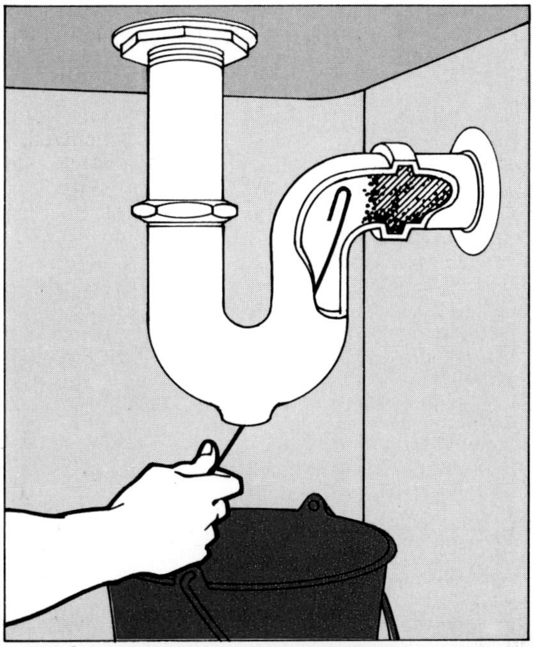

4 Den Geruchverschluß abschrauben. Hat der Geruchverschluß keine Reinigungsöffnung, das Auslaufventil zudrehen, einen Eimer unter den Geruchverschluß stellen, dessen Überwurfmuttern lösen und den Geruchverschluß herausnehmen. Mit einem Spülmittel und einer Flaschenbürste reinigen *(unten)*. Wenn ein moderner Flaschengeruchverschluß *(unten rechts)* durchgängig gemacht werden soll, den unteren Teil abschrauben und überprüfen und die offenen Rohrenden reinigen. Falls dann noch erforderlich, nach der Methode auf S. 20 verfahren.

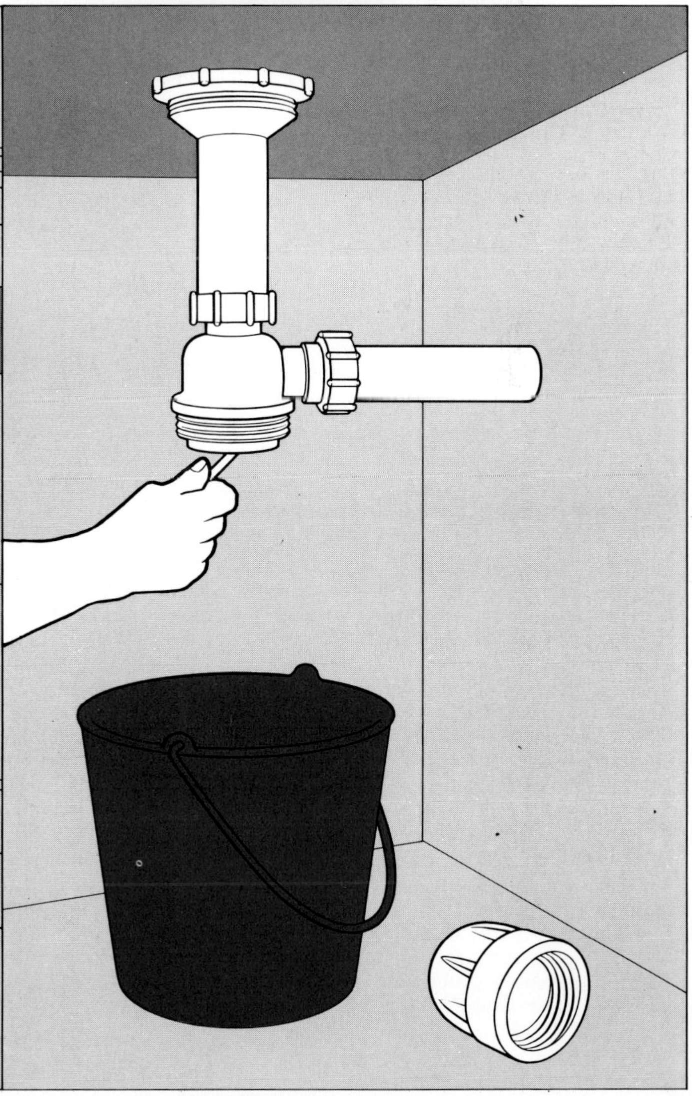

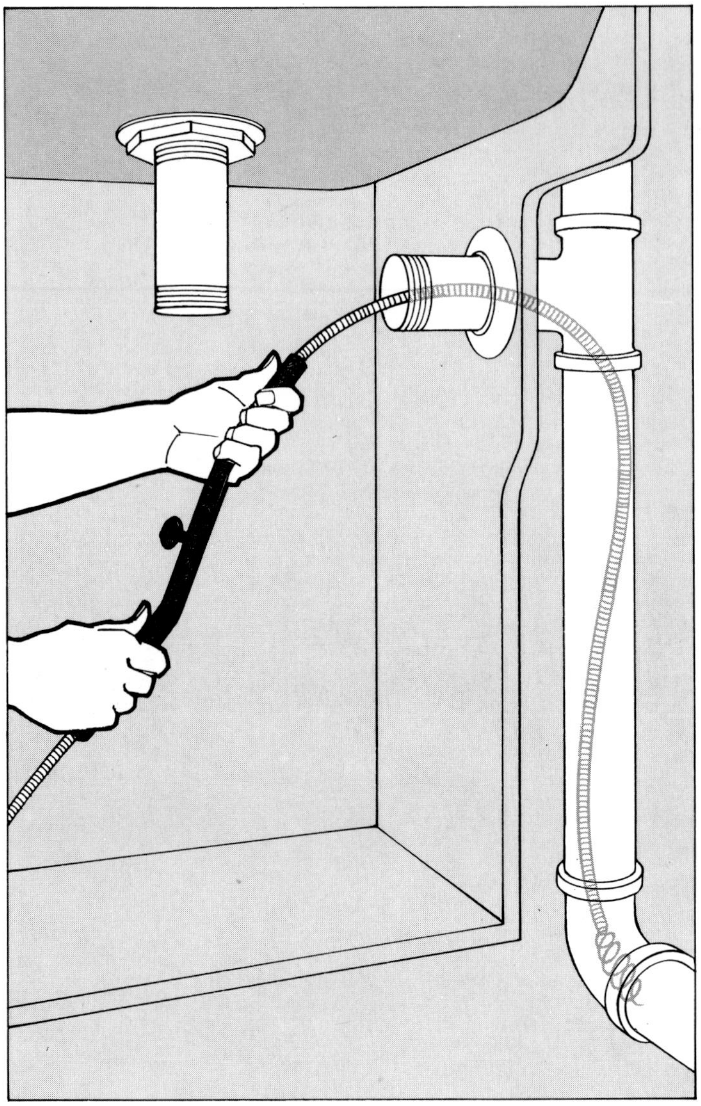

5 Abwasserrohre durchgängig machen. Den Geruchverschluß entfernen und die Reinigungsspirale in das offene Ende der Leitung einführen. Die Verstopfung kann sich in dem senkrechten Rohr direkt unter dem Abfluß befinden oder in der Anschlußleitung, die etwas Gefälle hat und in das Fallrohr mündet. Wenn sich die Reinigungsspirale ohne Widerstand durch das ganze Rohr bis zum Fallrohr schieben läßt, ist wahrscheinlich eines der Hauptrohre verstopft, die man wie auf S. 22–23 beschrieben reinigt. Wenn das Abwasserrohr aus zusammensteckbaren Kunststoffrohren besteht *(S. 58)* und leicht zugänglich ist, kann man ein Rohrstück nach dem anderen herausnehmen, bis man die verstopfte Stelle findet. Das im Rohrstück stehende Wasser im Eimer auffangen.

Einen Wannenabfluß reinigen

Badewannenabflüsse werden auf die gleiche Weise wie alle anderen Abflüsse durchgängig gemacht, nur sind die entsprechenden Geruchverschlüsse meist schwerer zugänglich, da sie sich oft in Fußbodenhöhe hinter der Seitenverkleidung der Wanne befinden.

Wie bei Spülen und Waschbecken versucht man es zunächst mit einer Saugglocke. Dabei wird der Überlauf mit einem nassen Lappen zugestopft, so daß durch die Öffnung kein Druckausgleich stattfinden kann. Die Saugglocke wird als Verschluß benutzt, deshalb muß sie gut mit Wasser bedeckt sein; sie wird dann mit kräftiger Pumpbewegung auf und ab bewegt. Man braucht nicht aufzugeben, wenn sich die Verstopfung nicht gleich auflöst: Die über das Wasser im Rohr wirksame Kraft der Saugglocke kann die Verstopfung schrittweise vorwärtsdrücken, bis sie sich auflöst oder ein Rohrstück mit größerem Durchmesser erreicht und so freikommt.

Wenn die Saugglocke keine Wirkung zeigt, muß man die Reinigungsspirale benutzen. Meistens sitzt die Verstopfung im Geruchverschluß, und man kommt durch das Abflußloch im Becken an sie heran. Dann läßt sie sich wie in Arbeitsgang 2 auf S. 18 beschrieben entfernen. Befindet sich die Verstopfung allerdings in einem Rohrarm jenseits des Geruchverschlusses, so muß man ihn unter Umständen ausbauen. Um an den Geruchverschluß zu gelangen, wird die viereckige Klappe in der seitlichen Verkleidung der Badewanne entfernt. Dann baut man den Geruchverschluß nach den Anleitungen auf S. 19 aus.

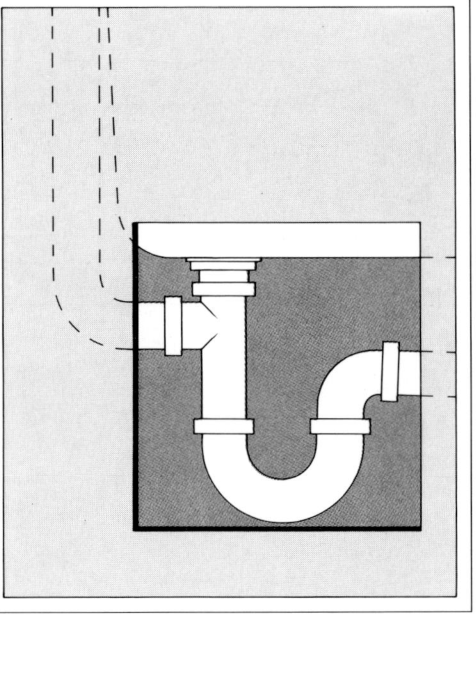

Ein verstopfter Toilettenabfluß

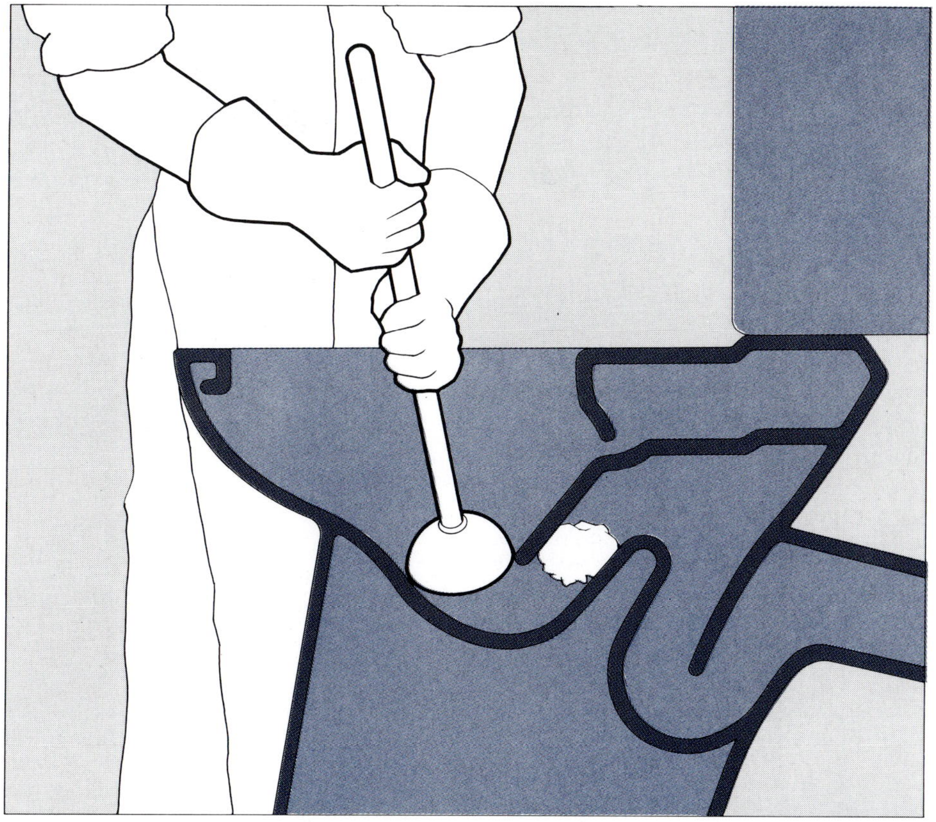

1 **Eine Saugglocke benutzen.** Wenn ein verstopftes WC-Becken bis zum Rand mit Wasser gefüllt ist, die Hälfte herausschöpfen. Dann eine große Saugglocke auf die Öffnung im Boden des Beckens setzen. Etwa zehnmal schnell und kräftig pumpen, dann die Saugglocke hochreißen. Ist die Verstopfung beseitigt, so sinkt das Wasser gurgelnd auf seinen normalen Stand ab. Sinkt der Wasserstand nur etwas ab, so ist die Verstopfung nur teilweise behoben, und man muß noch einmal pumpen. Ob die Verstopfung ganz beseitigt ist, durch Betätigen der Spülung überprüfen.

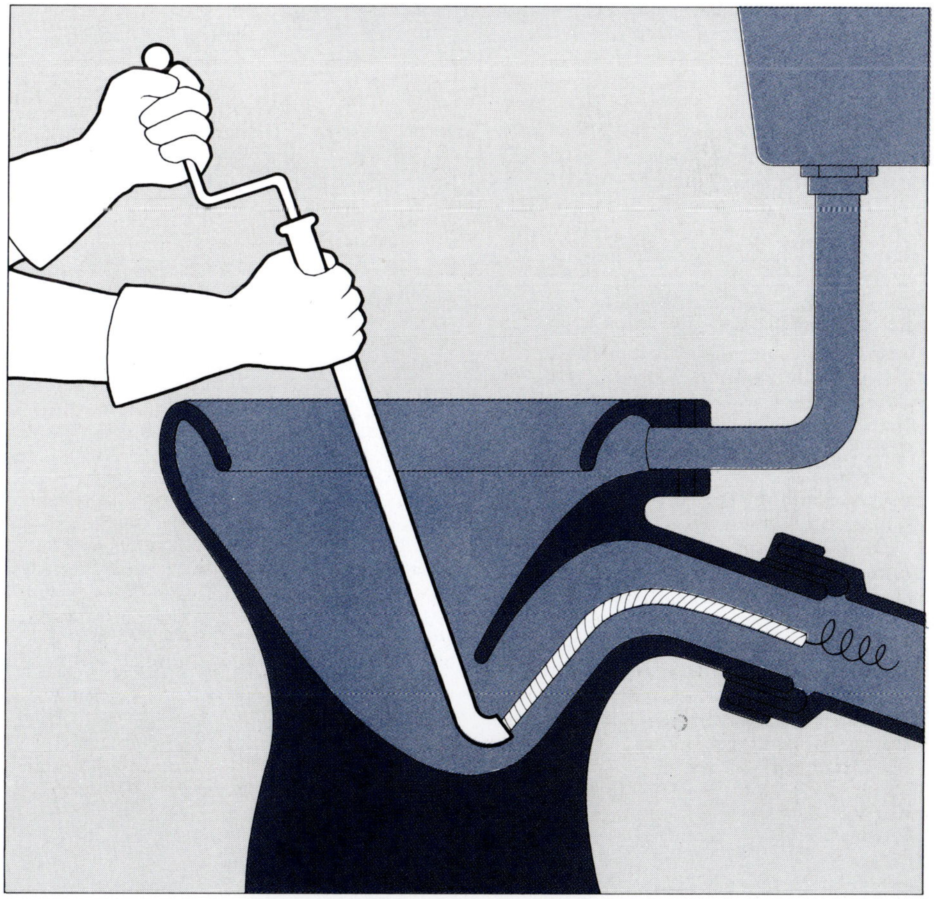

2 **Eine WC-Reinigungsspirale benutzen.** Das Wasser abschöpfen oder dazugießen – wie in Methode 1 beschrieben. Die spezielle WC-Reinigungsspirale besteht aus einer Kurbel auf einem Mantelrohr, mit dessen Hilfe die Spirale direkt in den Geruchverschluß eingeführt werden kann. Man hält das Mantelrohr an seinem oberen Ende fest und dreht mit der Kurbel im Uhrzeigersinn die Kralle langsam in den Geruchverschluß hinein, bis man auf Widerstand stößt. Hier wird die Anwendung der WC-Reinigungsspirale in einem Tiefspül-Toilettenbecken gezeigt; sie funktioniert auf dieselbe Weise bei einem Absauge-WC.

Reinigung von Hauptrohren

Wenn das Wasser, das in einen Abfluß fließt, in einem anderen Abfluß wieder hochkommt, liegt das vermutlich an verstopften Fallrohren oder Grundleitungen, durch die die Abwässer in die Kanalisation fließen. Sobald diese Hauptrohre nicht mehr durchgängig sind, geraten alle Abflüsse oberhalb der Verstopfung außer Funktion. Außerdem fließen, wenn die Verbindung zum Entlüftungsrohr unterbrochen und die Luftzirkulation in den Rohren behindert ist, die Abwässer nur langsam ab. Möglicherweise verbreitet sich dann im ganzen Haus ein übler Faulgasgeruch.

Ehe man an die Arbeit geht, sollte man sich Klarheit darüber verschaffen, wie die Abwasserrohre im Haus verlaufen, um den Standort der Blockierung zu bestimmen. Dabei lohnt es sich unter Umständen, eine Skizze des Rohrnetzes anzufertigen. Sobald man die Verstopfung in etwa lokalisiert hat, benutzt man am nächstgelegenen Abfluß eine Gummisaugglocke *(S. 18)* – das ist selbst dann erfolgversprechend, wenn das Hauptfallrohr blockiert sein sollte.

Falls das nichts nützt, versucht man, die verstopfte Stelle mit einer Reinigungsspirale durchgängig zu machen. Man beginnt bei dem der Verstopfung nächstgelegenen Abfluß und geht wie auf S. 18 vor.

Wenn die Reinigungsspirale durch zu viele Rohrwindungen geführt werden muß, ist sie nicht sehr wirksam. Sie muß die verstopfte Stelle durch ein möglichst gerades Rohrstück erreichen, d. h. man arbeitet am besten von einer Reinigungsöffnung im Hauptrohr aus *(gegenüber, oben)*. Ist eine Grundleitung zur Kanalisation verstopft, so läßt sie sich nur durch einen Gully oder einen Wartungsschacht erreichen *(gegenüber, unten)*.

Bei den meisten Klempnerarbeiten ist schnelles Vorgehen sehr wichtig; will man eine Grundleitung zugänglich machen, braucht man allerdings Geduld und sollte nicht übereilt handeln. Der Rückstau des Wassers kann bis weit über die Reinigungsöffnung hinaus reichen, und das Wasser kommt einem in einem Schwall entgegen, sobald man sie öffnet. Wenn man feststellt, daß das Hauptabflußrohr blockiert ist, wartet man mindestens zwei bis drei Stunden, damit möglichst viel Wasser durch die Verstopfung wegsickern kann. Auch danach sollte man Eimer, Scheuerlappen und alte Zeitungen bereithalten, um das ausströmende Wasser aufzufangen. Anschließend gibt man die Lappen und Zeitungen in einem verschlossenen Plastiksack in den Müll und desinfiziert die überschwemmte Stelle.

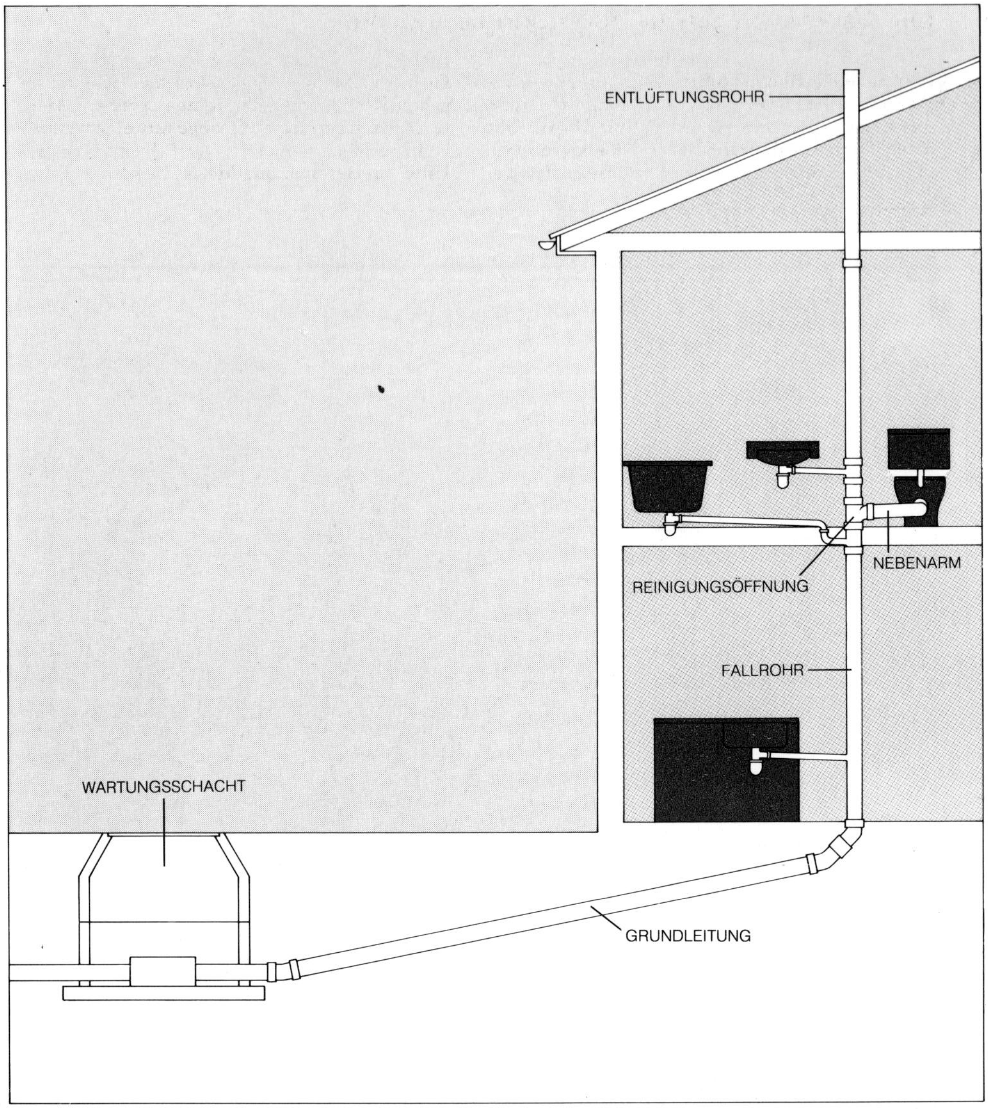

Die verstopfte Stelle lokalisieren. Um eine Verstopfung aufzufinden, überprüft man zunächst, welche Abflüsse normal funktionieren. Verstopfungen in Abwasserrohren sind immer zwischen dem höchstgelegenen verstopften Abfluß und dem niedrigstgelegenen noch funktionierenden zu suchen. Bei der oben gezeigten Anordnung würde eine Verstopfung in der Nähe der Reinigungsöffnung den Abfluß von Toilette und Waschbecken verschließen, nicht jedoch den der Badewanne. Wenn alle Abflüsse im ersten Stock verstopft sind, liegt die Ursache unter der Einmündung der Badewannenabwässer in das Fallrohr. In beiden Fällen beseitigt man die Verstopfung durch die Reinigungsöffnung *(gegenüber, oben)*. Wenn ein Becken im Keller, Waschraum oder Bad verstopft ist, liegt die Ursache im Gully oder den davor- oder dahinterliegenden Rohren. Man sollte dann probeweise Wasser in den Gully gießen. Fließt es ungehindert ab, so ist der Beckenabfluß verstopft und sollte durch den Geruchverschluß gereinigt werden. Fließt das Wasser nicht ab, muß der Gully mit einem Schlauch oder einer Reinigungsspirale durchgängig gemacht werden *(gegenüber, unten links)*. Sind alle Abflüsse eines Hauses verstopft, so liegt es an der Grundleitung. Man sollte sie in diesem Fall vom Wartungsschacht her durchgängig machen *(gegenüber, unten rechts)*.

Ein Abwasserfallrohr durchgängig machen

1 **Die Reinigungsöffnung öffnen.** Zum Auffangen des Wassers einen Eimer unter die Öffnung stellen und dicke Lagen Lappen um das Fallrohr legen. Mit einer Rohrzange den Deckel der Öffnung entgegen dem Uhrzeigersinn abschrauben. Wenn sich der Deckel nicht löst, Kriechöl in den Schlitz zwischen Deckel und Rohrstutzen sprühen. Eventuell den Griff der Rohrzange mit einem Stück Rohr verlängern oder den Deckel vorsichtig mit Hilfe von Hammer und Meißel lockern.

2 **Das Abwasserrohr säubern.** Mit einer Reinigungsspirale, die bis zum Wartungsschacht reicht, das Hindernis durchstoßen oder ertasten. Wenn das angestaute Wasser abgeflossen ist, das Rohr mit Hilfe eines Schlauchs durchspülen.

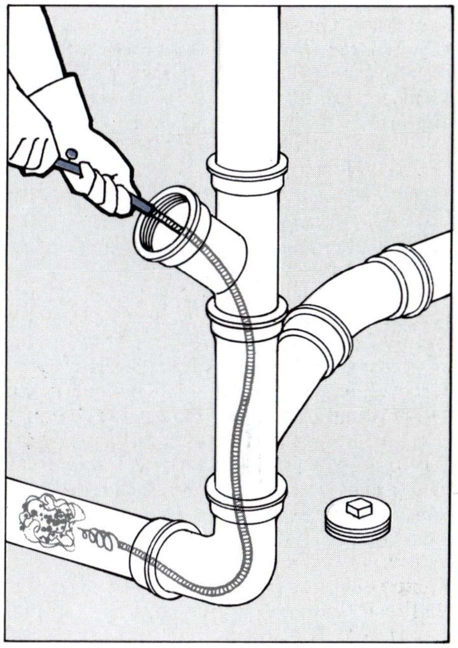

Einen Gully durchspülen

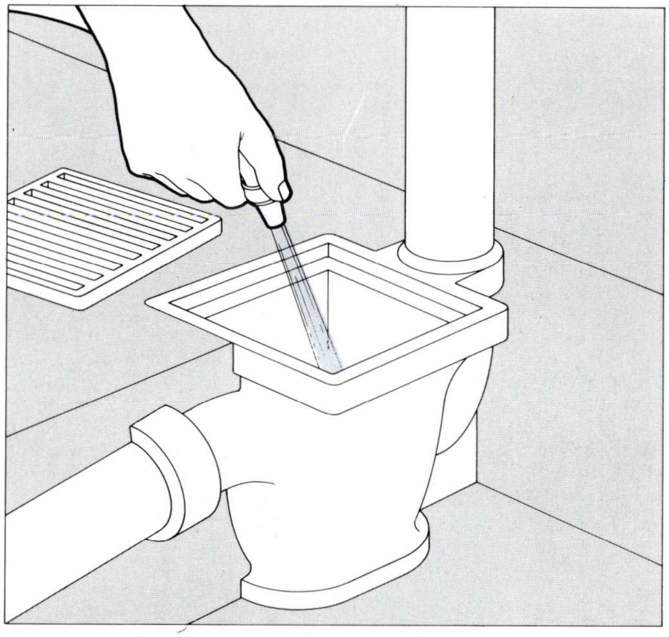

Einen Gartenschlauch einsetzen. Wenn der Außengully, in den die Regenwasserrohre münden, verstopft und überflutet ist, auf jeden Fall versuchen, den Gully mit einem scharfen Wasserstrahl aus dem Gartenschlauch freizuspülen. Falls die Überflutung nur vergrößert wird, schadet das außerhalb des Hauses nichts. In schwierigen Fällen eine Reinigungsspirale benutzen.

Die Grundleitung reinigen

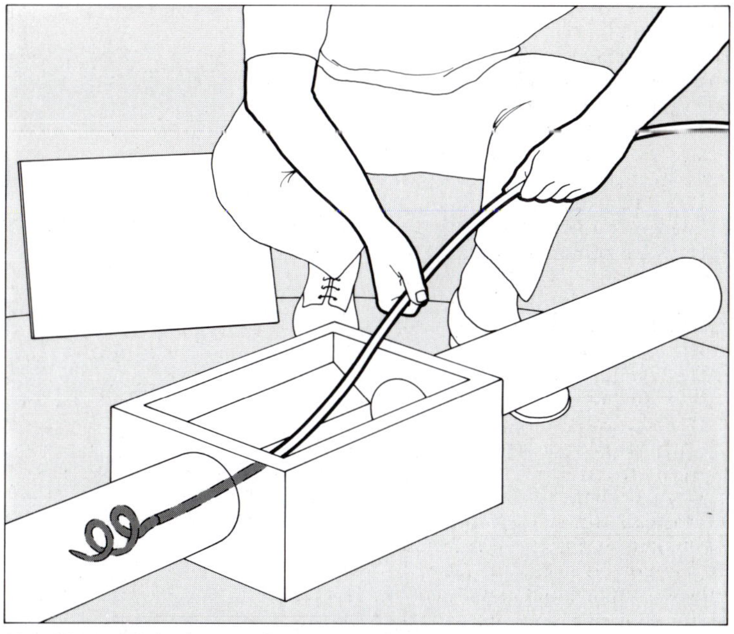

Vom Wartungsschacht aus arbeiten. Im Wartungsschacht den Deckel von der Reinigungsöffnung der Grundleitung entfernen und die Verstopfung mit einer Reinigungsspirale beseitigen. Falls das nicht mit der Kralle der Reinigungsspirale gelingt, die Kralle durch eine Spezialreinigungsscheibe aus Gummi ersetzen. Mit der Scheibe die Ablagerungen zusammendrücken und aus dem Rohr ziehen.

2 Große Ersparnisse durch kleine Reparaturen

Kostspielige Wassertropfen. Die meisten Hausbesitzer wissen inzwischen, wie man einen tropfenden Wasserhahn alten Typs repariert. Das ist bei modernen, komplizierteren Hähnen schon schwieriger, und man stößt dabei gelegentlich auf ein ganzes Bündel von Klempnerproblemen. Allerdings spart man durch die Reparatur auch doppelt: Wassergeld und Klempnerkosten.

Alles, was man zum erstenmal macht, erscheint einem schwierig – ob man nun ein Omelett backt oder eine Geräteschnur ersetzt. Das gleiche gilt für Klempnerarbeiten. Die Reparatur eines tropfenden Hahnes ist an sich eine einfache Sache, kann aber für den Anfänger schwierig sein: Der Hahn bzw. das Auslaufventil (fast alle Hähne sind eigentlich Ventile) muß zerlegt werden – was oft der komplizierteste Teil des Unternehmens ist –, und man muß den Defekt finden. Hat man jedoch einmal gelernt, die alltäglichen Probleme, die an Waschbecken, Spüle, WC-Becken und Badewanne auftreten, zu meistern, so spart man Geld und die lästige Wartezeit auf den Klempner. Es gibt Arbeiten in Bad und Küche, die ein Klempner gar nicht übernehmen würde, z. B. das Auswechseln einer gesprungenen Kachel oder einer zerbrochenen Seifenschale. Andere Reparaturen sind so simpel, daß ein hochbezahlter Klempner sie heutzutage nur ungern übernimmt; er nutzt seine Zeit lieber für größere, gewinnbringendere Aufträge.

Selbst jemand, der glaubt, zwei linke Hände zu haben, kann Klempnerarbeiten meistern lernen. Einige Grundregeln erleichtern die Arbeit.

☐ Immer Schritt für Schritt vorgehen und die Geduld bewahren.

☐ Zuerst die Wasserzufuhr unterbrechen. Wenn man an einem Auslaufventil arbeitet, das Becken darunter zustöpseln, damit keine Schrauben und andere Kleinteile in den Abfluß fallen.

☐ Wenn man eine Armatur abbaut, die Teile in der Reihenfolge der Demontage und ihrer Lage gemäß ablegen. Das erleichtert die spätere Montage.

☐ Durch Korrosion festsitzende Verbindungen niemals mit Gewalt lösen, sondern mit Kriechöl behandeln. Das Öl eine Zeitlang – eventuell auch über Nacht – einwirken lassen.

☐ Wenn eine Armatur zerlegt ist, die Einzelteile genau auf Abnutzung und Korrosion untersuchen. Das rechtzeitige Auswechseln eines Teils erspart späteren Ärger und zusätzliche Arbeit.

☐ Einige Standardersatzteile sollten immer im Haus sein: verschiedene Dichtungen für Auslaufventile und Schwimmerventile sowie O-Ringe verschiedener Größen. So erspart man sich viel Lauferei und braucht außerdem das Wasser nicht während der ganzen Zeit abzustellen, in der man die passenden Teile beschafft.

Der Einkauf der richtigen Ersatzteile kann sich als der schwierigste Teil der Reparatur erweisen. Am besten wendet man sich an einen Sanitärladen – dort gibt es eine größere Auswahl an Zubehör und besser geschultes Personal als in Baumärkten und Eisenwarenhandlungen. Grundsätzlich sollten die Ersatzteile von der Firma kommen, die auch die defekte Armatur hergestellt hat, damit die Teile auf jeden Fall zusammenpassen.

Bei der Suche nach Ersatzteilen muß man auf erhebliche Schwierigkeiten gefaßt sein. Obwohl Armaturen und Fittings (Formstücke) weitgehend genormt sind, produzieren viele Hersteller mehrere Hahn- bzw. Ventiltypen, die sich im Design und gelegentlich auch in der Funktionsweise unterscheiden. Da Armaturen oft jahrzehntelang halten, kann es vorkommen, daß man für das installierte Modell keine Ersatzteile mehr bekommt; dann muß die ganze Armatur ausgewechselt werden.

Wartung und Reparatur von Auslaufventilen

Die vielen Wasserhähne bzw. Auslaufventile in einem modernen Haushalt sind teuer zu ersetzen, halten aber bei entsprechender Wartung viele Jahre. Um sie umgehend und wirtschaftlich zu reparieren, muß man sie zunächst auseinandernehmen und wieder zusammensetzen können.

Auslaufventile sehen ganz verschieden aus, aber ihr unterschiedliches Äußeres verbirgt einen Aufbau, der sich im wesentlichen gleicht. Es gibt drei Grundtypen von Ventilen im Haushalt: Wandventile mit horizontalem Wasserzulauf, Standventile mit vertikalem Wasserzulauf und Mischventile mit zwei Zuläufen für warmes und kaltes Wasser, aber nur einem Auslauf. Hier werden an einem Standventil die wesentlichen Teile eines Wasserhahns gezeigt. Grundsätzlich besteht er aus dem Ventiloberteil und dem Ventilgehäuse. Die älteren Standventile haben einen Drehgriff und eine glockenförmige Kappe zur Abdeckung der inneren Mechanik *(rechts)*. Neuere Ventile haben einen Knaufgriff, der gleichzeitig Schutzkappe für die inneren Teile ist *(gegenüber, unten)*.

Der Handgriff oder Kopf des Ventils steckt auf einer senkrechten Spindel, in die ein Gewinde geschnitten ist, so daß sie im Ventilgehäuse auf und ab bewegt werden kann. Die Ventilmutter hat außen ein Gewinde, mit dem sie in das Ventilgehäuse geschraubt wird. Im unteren Ende der Spindel sitzt ein kleiner Kunststoffstift mit einer Scheibe – der Ventilplatte. Die Dichtungsscheibe ist entweder auf Stiftende gezogen oder mit einer kleinen Mutter unter der Ventilplatte befestigt. Das Ventil wird geschlossen, indem man die Spindel durch Drehen des Handgriffs in das Gehäuse schraubt. Dabei wird die Dichtung abgesenkt und auf einen erhabenen Metallring im Gehäuse – den Sitz – gedrückt. Die Dichtung und der Sitz dichten so miteinander ab, daß kein Wasser in den Auslauf gelangt. Bei offenem Ventil verhindert die Stopfbuchse am oberen Spindelende, daß das Wasser am Griff austritt. Die Buchse enthält eine wasserdichte Packung.

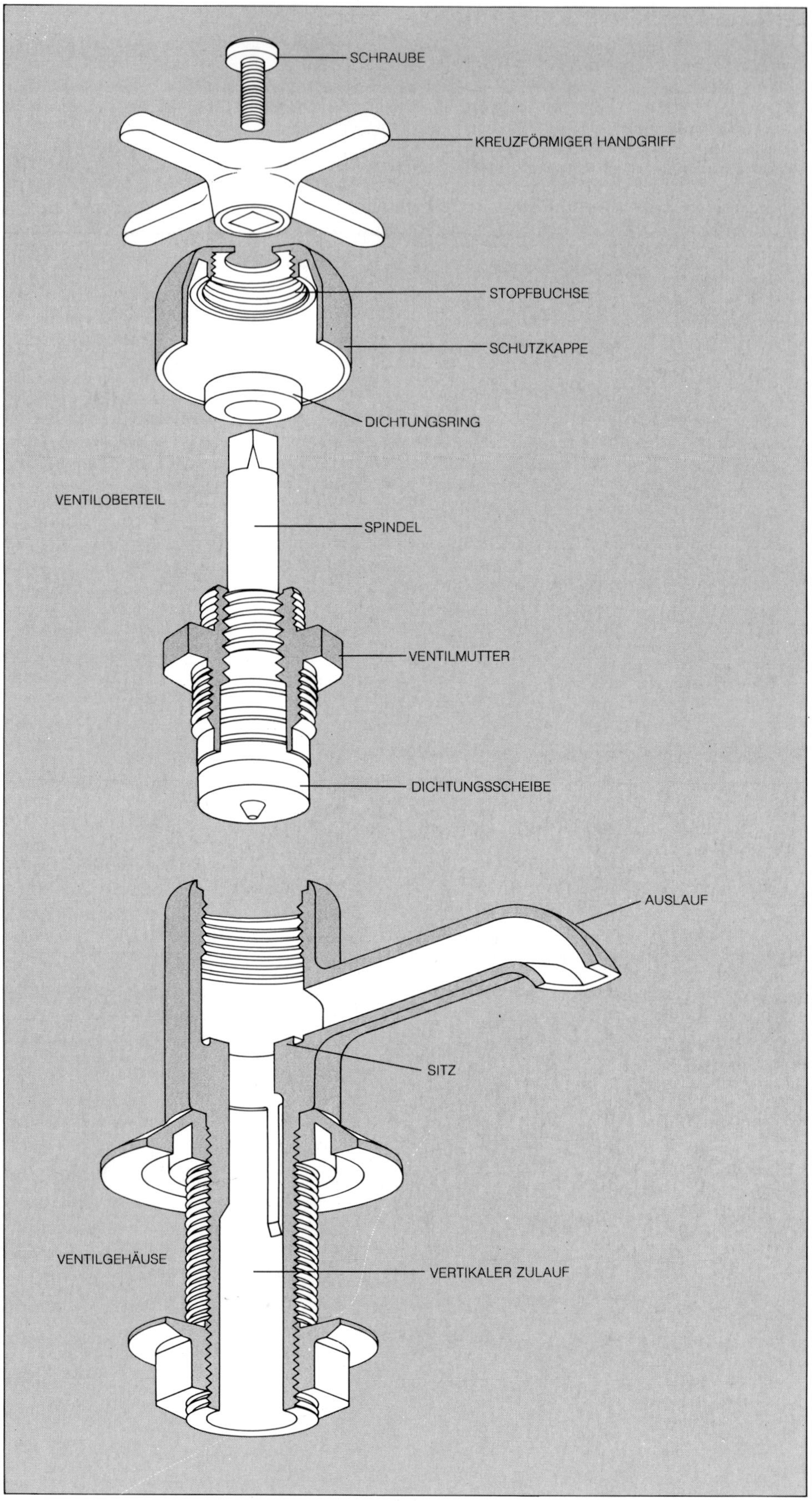

Der Aufbau eines Ventils. Die Abbildung rechts zeigt die Teile eines normalen Standventils mit kreuzförmigem Handgriff. Bei diesem Modell ist die Stopfbuchse in die verchromte Abdeckung integriert, und die Dichtungsscheibe wird durch einen kleinen Knopf gehalten.

Den Handgriff entfernen

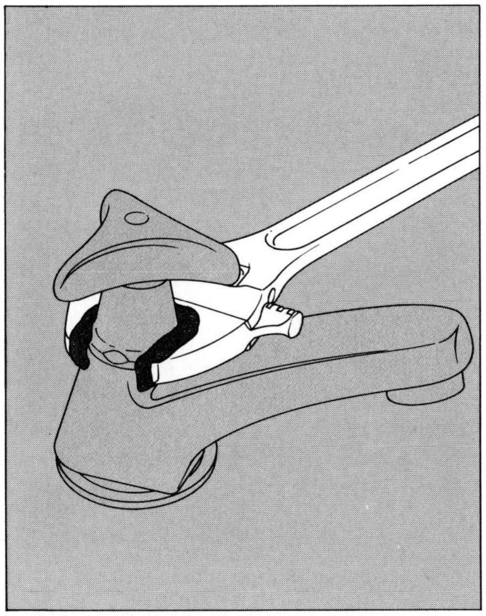

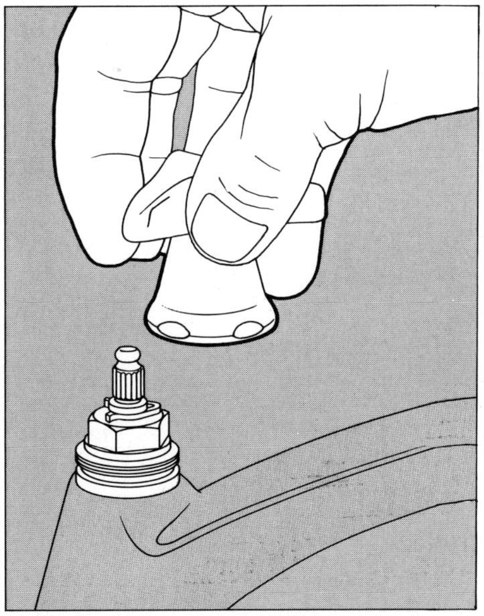

1 **Den Griff abschrauben.** Eine verstellbare Einmaulzange oder eine Armaturenzange verwenden. Zum Schutz der verchromten Oberfläche die Spannbacken des Schlüssels mit Schaumgummi belegen. Den Schlüssel an der Basis der Schutzkappe ansetzen, die Kappe lösen und dann von Hand losschrauben.

2 **Das Ventiloberteil freilegen.** Die Kappe mit dem Handgriff abnehmen und beiseite legen. Wenn sich Handgriff und Kappe voneinander lösen, die vorspringende Lippe an der Unterkante des Griffs in die Kappenöffnung zurückdrücken. Damit sind die Spindel, Ventilmutter und Stopfbuchse zugänglich.

Einen Knaufgriff abnehmen

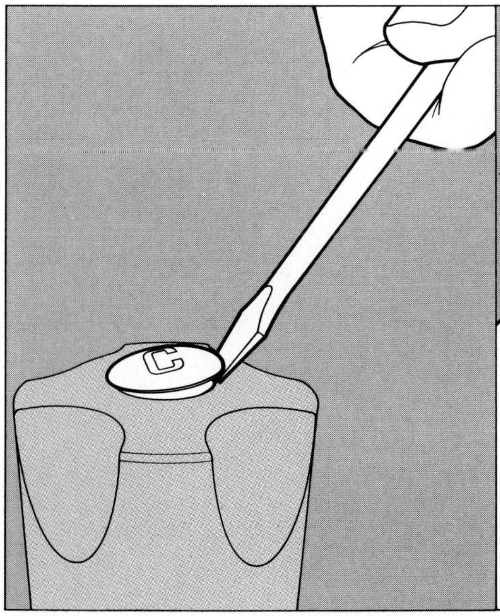

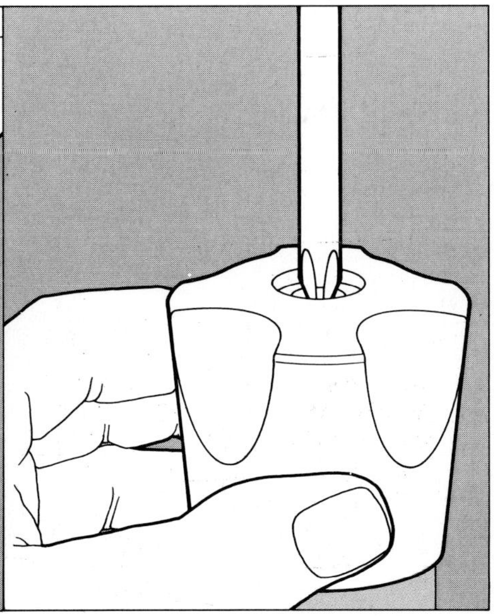

Die Schraube finden. Die Handgriffe verdeckter Hähne sind gelegentlich mit Schrauben befestigt, die von dem roten oder blauen Kunststoffknopf auf dem Griff verdeckt sind. Den Knopf mit der Spitze des Schraubenziehers abheben *(oben)* und die freigelegte Schraube lösen *(oben rechts)*.

Eine Knaufvariante

Abziehbare Griffe. Befindet sich unter dem Kunststoffknopf keine Befestigungsschraube, kann der Handgriff einfach abgezogen werden *(oben)*. Die Spindel unter einem solchen Knauf sieht etwas anders aus als die unter normalen Handgriffen *(oben)*. Sie ist kanneliert und mit einem Gummiring – einem O-Ring – versehen.

Was tun, wenn ein Ventil tropft?

Ein tropfendes Auslaufventil ist nicht nur eine ärgerliche Geräuschbelästigung, es führt auch zu Ablagerungen und später zu Aufrauhungen im Beckenboden und kann erstaunlich viel Wasser kosten. Ständiges Tropfen hat meistens eine der drei folgenden Ursachen: eine abgenutzte Dichtungsscheibe am Ventilteller, eine abgenutzte Stopfbuchsendichtung oder Korrosions- und Kalkablagerungen auf dem Ventilsitz.

Wenn ein Ventil tropft, nachdem man es abgedreht hat, ist die Dichtungsscheibe am Ventilteller abgenutzt. Man sollte die Dichtung so schnell wie möglich ersetzen.

Eine abgenutzte Stopfbuchsendichtung ist ein häufiger und oft vernachlässigter Defekt. Dabei tritt, sobald das Ventil aufgedreht wird, oben an der Spindel Wasser aus und läuft über die Schutzkappe oder – bei einteiligen Hähnen – direkt über das Gehäuse. In Gegenden mit hartem Wasser lagert sich dann auf dem Chrom Kalk ab, der schwer zu entfernen ist. Die Stopfbuchse kann entweder mit graphitimprägnierter Asbestschnur, die in verschiedenen Stärken erhältlich ist, oder mit Teflonband abgedichtet werden *(gegenüber)*.

Gelegentlich muß auch der Ventilsitz überprüft werden. Wenn der Hahn, nachdem man die Dichtungsscheibe ersetzt hat, immer noch tropft, ist vermutlich der Sitz defekt. Im Laufe der Zeit kann die Sitzoberfläche durch Korrosion oder Kalk rauh geworden sein, so daß die Dichtungsscheibe nicht plan aufliegt. Dieser Fehler wird beseitigt, indem man den Sitz planfräst. Dafür gibt es ein spezielles Werkzeug, die Sitzfräse, die im Sanitärfachhandel oder Werkzeugverleih erhältlich ist. Dieses Gerät wird in das Ventilgehäuse geschraubt, so daß die Frässcheibe auf dem Sitz aufliegt. Der Sitz wird dann plangefräst, indem man das Werkzeug dreht *(gegenüber)*. Meist ist es freilich billiger, den Sitz oder die ganze Armatur auszuwechseln.

Ehe man ein Ventil repariert, wird am nächstgelegenen Absperrventil die Wasserzufuhr unterbrochen. Dann dreht man das Ventil auf und läßt den Leitungsabschnitt leerlaufen. Man sollte eine Armaturenzange mit glatten Backen verwenden, um die verchromte Oberfläche des Ventils nicht zu beschädigen, oder sie mit einem Lappen schützen. Dann wird der Beckenabfluß verschlossen, damit keine Kleinteile hineinfallen, und das Waschbecken mit einem Handtuch ausgelegt, damit es nicht durch hineinfallende Teile oder Werkzeuge beschädigt wird. Die Teile des Ventils werden in der Reihenfolge nebeneinandergelegt, in der man sie ausbaut, so daß man sie später leichter wieder zusammensetzen kann.

Eine Dichtungsscheibe auswechseln

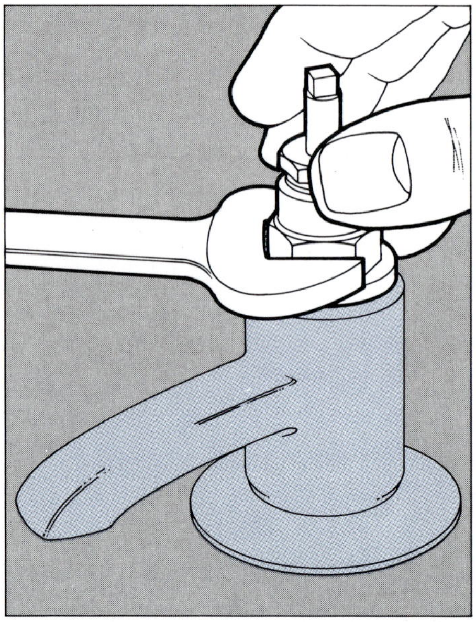

1 Das Ventiloberteil abschrauben. Mit einem passenden Schraubenschlüssel das Ventiloberteil an der Ventilmutter lösen. Sie wird sichtbar, wenn die Schutzkappe abgeschraubt oder der aufgesteckte Griff abgezogen ist *(vorige Seite)*.

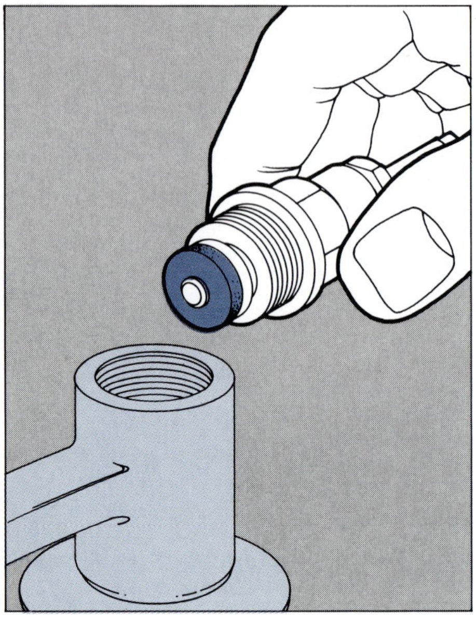

2 Die Dichtungsscheibe freilegen. Wenn das Ventiloberteil am Sechskant gelöst ist, das ganze Ventil herausnehmen. Am unteren Ende der Spindel befindet sich unter dem Ventilteller die abgenutzte Ventildichtungsscheibe.

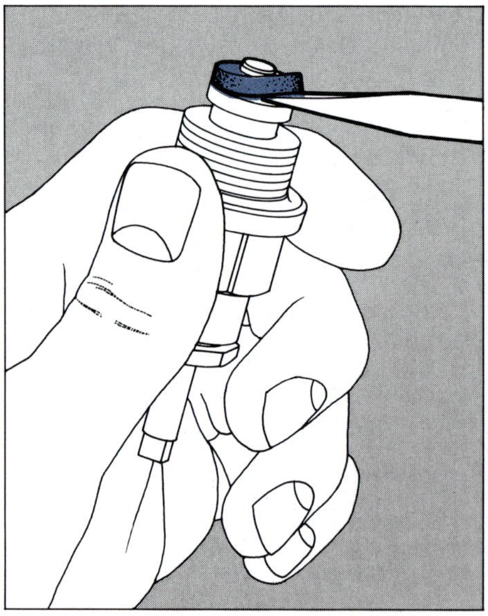

3 Die Ventildichtungsscheibe abnehmen. Meistens ist die Dichtungsscheibe über einen kleinen Knopf am Ventilteller gezogen, so daß sie stramm sitzt und nicht abfallen kann. Die Dichtung mit der Schraubenzieherspitze vom Ventilteller abheben. Dann die alte Dichtung durch eine passende neue ersetzen.

Eine Dichtungsmutter lösen

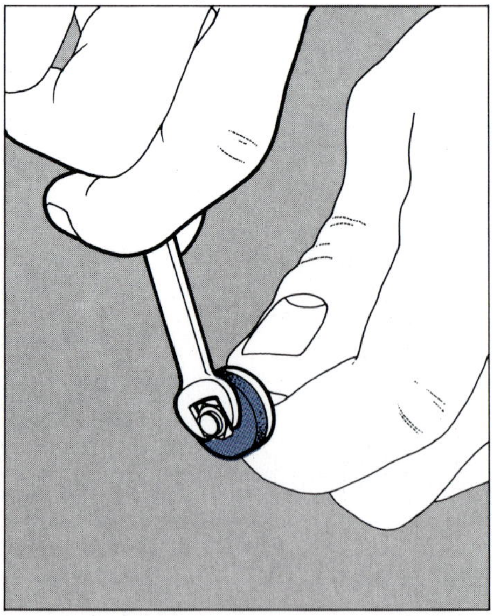

Die Mutter entfernen. Wenn die Ventildichtungsscheibe mit einer kleinen Mutter unter dem Ventilteller befestigt ist, die Mutter mit einem passenden Schlüssel lösen und dann die Dichtung austauschen. Die Mutter mit etwas Kriechöl behandeln, wenn sie sich nicht löst, und eine Zeitlang warten. Bei einigen Ventilen sind der Ventilteller und die Dichtung nicht an der Spindel befestigt und bleiben bei der Demontage auf dem Sitz liegen.

Eine Sitzfräse benutzen

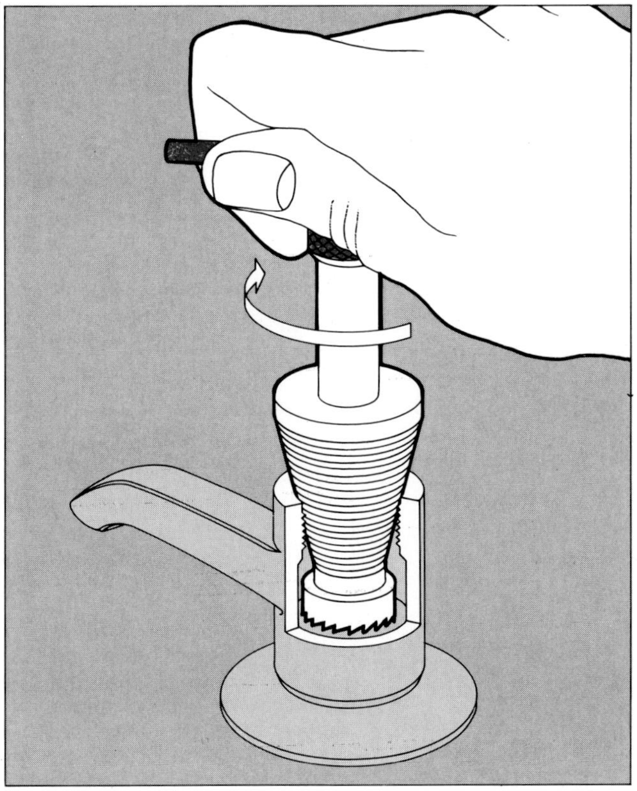

Einen Sitz planfräsen. Wenn der Sitz korrodiert oder beschädigt ist, so daß die Ventildichtung nicht mehr plan auf ihm aufliegt und nicht mehr dicht abschließt, den Sitz mit dem Spezialwerkzeug planfräsen. Die Frässcheibe auf der Sitzoberfläche aufliegen lassen und den Sitz mit ein oder zwei Umdrehungen der Fräse glätten. Nicht zuviel Material vom Ventilsitz abnehmen.

Eine Stopfbuchse abdichten

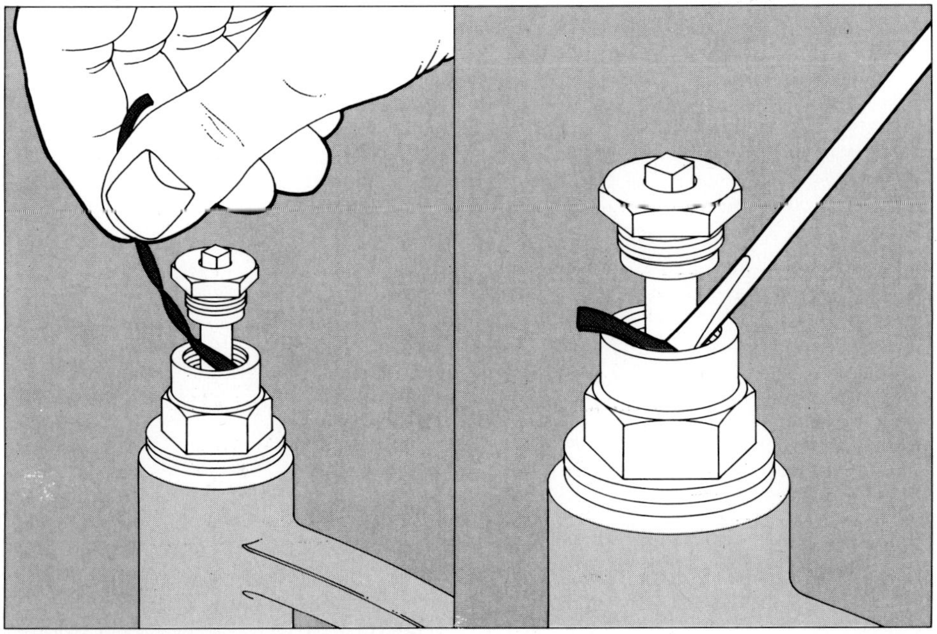

Mit Dichtungsband arbeiten. Wenn die Dichtung zwischen Stopfbuchsenwand und Spindel verhärtet oder aufgerieben ist, so daß sie ihre Funktion nicht mehr erfüllt, wird sie mit Dichtungsband (Teflonband) erneuert. Zunächst den Handgriff abnehmen, so daß die Stopfbuchsenmutter des Ventiloberteils freiliegt. Die Stopfuchsenmutter lösen. Dann etwas Dichtungsband in den Spalt zwischen Stopfbuchse und Spindel drücken. Die Buchsenmutter festziehen und den Griff aufschrauben.

Einen O-Ring ersetzen

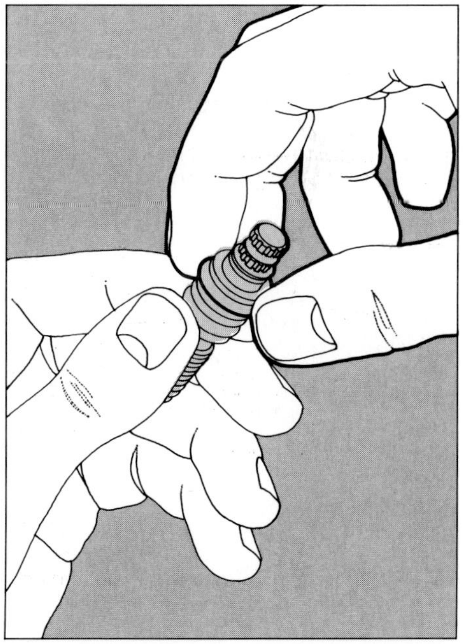

Einige Mischventile haben nicht die übliche Stopfbuchsendichtung, sondern O-Ringe, mit denen sie oben an der Spindel abgedichtet werden. Die O-Ringe mit der Hand von der Spindel abziehen und durch neue ersetzen. Dabei ist darauf zu achten, daß die Ringe die richtige Größe haben.

Zerlegen eines Einhandmischers

Bei Einhandmischern in Küche und Bad werden Wassermenge und -temperatur mit einem einzigen Hebel oder Handgriff reguliert; solche Zapfventile funktionieren im allgemeinen jahrelang ohne Wartung. Sobald sie zu tropfen oder undicht zu werden beginnen, wird jedoch nicht selten die ganze Einheit ausgetauscht.

Beim verbreitetsten Einhandmischer dreht man das Wasser an und ab, indem man den Hebel nach oben bzw. nach unten drückt. Durch die Hebelbewegung wird im Auslaufgehäuse eine Kartusche auf und ab bewegt, die den Wasserfluß reguliert.

Wie beim normalen Spindelventil ist auch beim Einhandmischer die erste Schwierigkeit das Zerlegen. Schrauben werden vom Hersteller oft an merkwürdigen Stellen versteckt. Wenn – wie hier *(rechts)* – keine Schraube sichtbar ist, ist sie wahrscheinlich unter einem Zierknopf verborgen, der erst vorsichtig abgehoben werden muß.

Häufig stellt sich nach der Demontage heraus, daß nur eine Kleinigkeit das Tropfen verursacht hat, z. B. Schmutzablagerungen zwischen den Teilen. In diesem Fall braucht man die Teile nur gründlich mit Seifenwasser und einer Zahnbürste zu reinigen. Wenn das Ventil nur wenig tropft, hat sich möglicherweise die Befestigung des Hebels gelöst *(Arbeitsgang 4 und 6)*. Wenn Wasser zwischen der Kartusche und dem Gehäuse austritt, kann das an alten oder schadhaften O-Ringen liegen *(Arbeitsgang 3)*.

In den meisten Fällen muß die Kartusche allerdings erneuert werden. Dafür ist es unbedingt notwendig, sich ein identisches Ersatzteil zu besorgen, da diese Teile nicht genormt sind und jeder Hersteller einen anderen Typ produziert. Zu diesem Zweck wendet man sich an die nächstgelegene Firmenvertretung und läßt sich das zuständige Ersatzteillager nennen.

Man sollte den Einhandmischer vorsichtig zerlegen und sich merken, welche Teile in welcher Reihenfolge zusammengehören. Eine Skizze kann dabei sehr hilfreich sein.

1 **Die Hebelkappe lösen.** Die Schraube in der Kappe mit einem Schraubenzieher herausschrauben. Dann die Kappe abnehmen. Bei einigen Modellen wird der Hebel oder Handgriff durch einen Sprengring gehalten, den man abziehen muß, um das Ventil zu zerlegen.

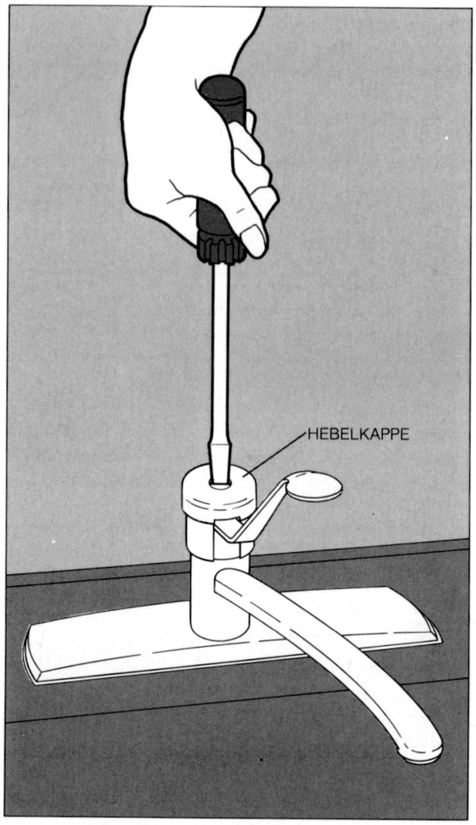

2 **Den Hebel abnehmen.** Wenn die Hebelkappe entfernt ist, den Hebel nach unten drücken und die Spitze des Schraubenziehers in das Schraubenloch stecken. Mit dem Schraubenzieher den Kolben der Kartusche nach unten drücken und gleichzeitig das Hebelgehäuse mit dem nach oben gelegten Hebel abziehen.

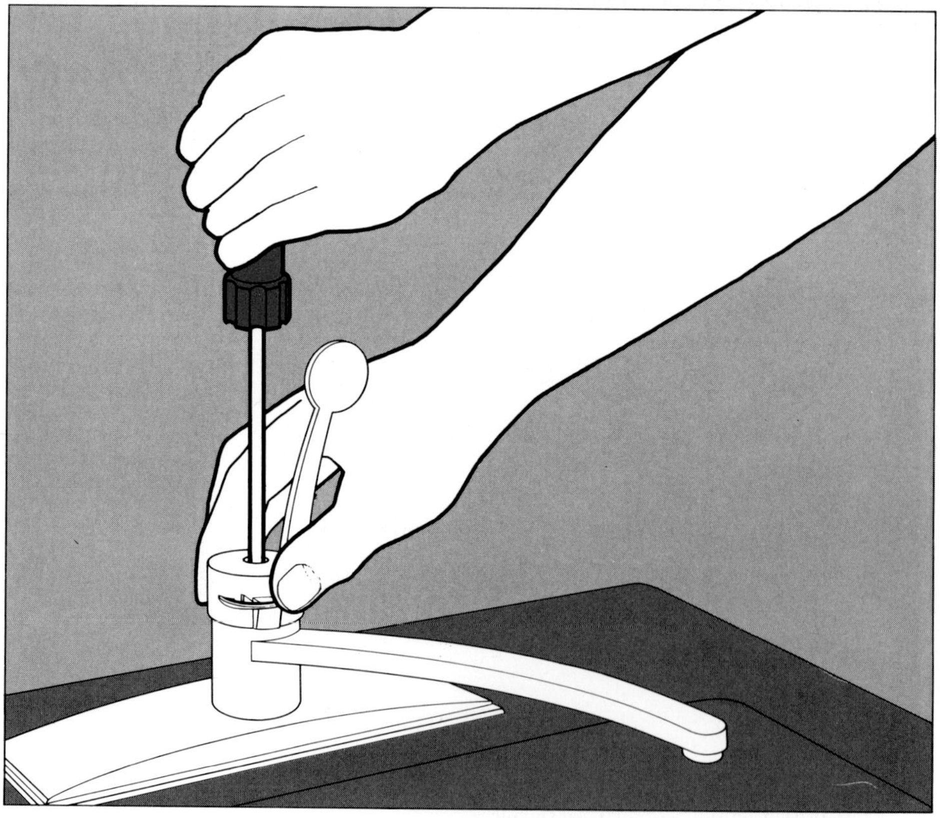

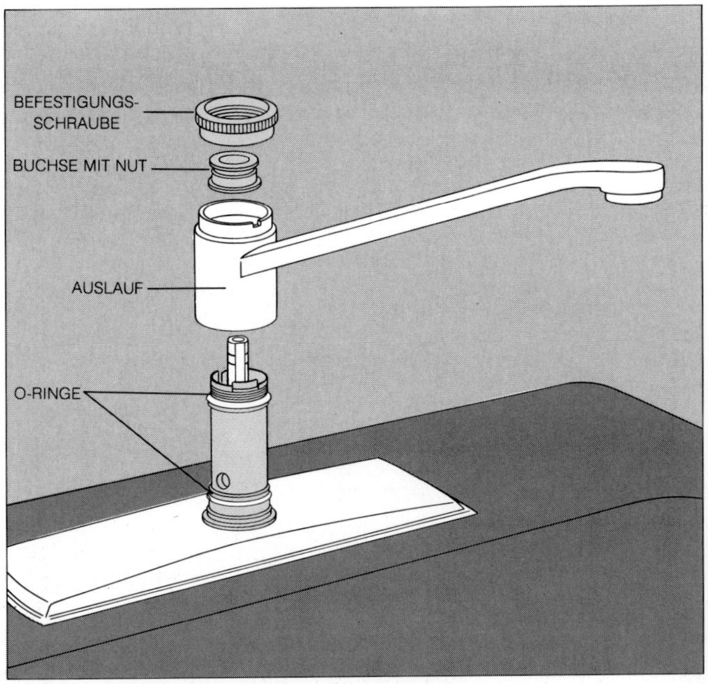

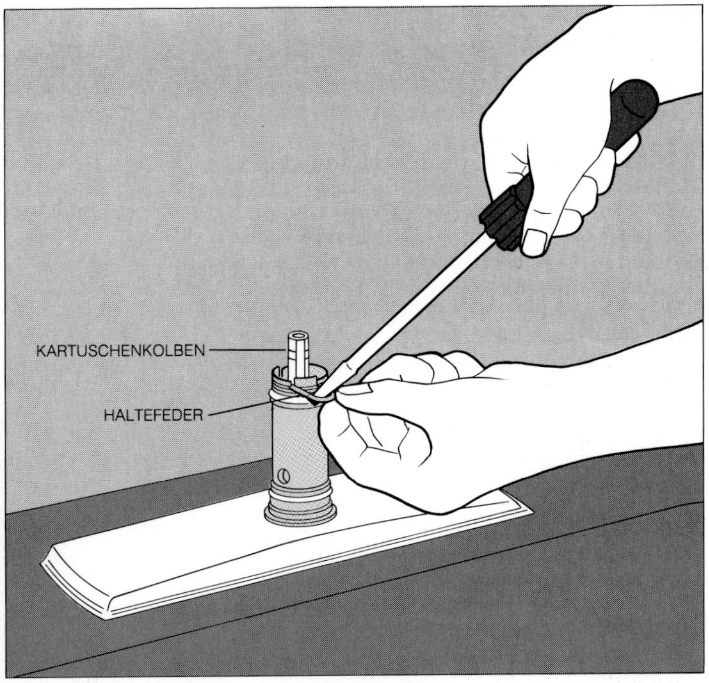

3 **Den Auslauf entfernen.** Die Gehäusemutter herausdrehen und die mit einer Nut versehene Buchse entfernen. Dann das Gehäuseteil mit dem Auslauf unter leichtem Hin- und Herdrehen hochziehen, wodurch das eigentliche Gehäuse mit den O-Ringen zugänglich wird. Wenn das Wasser aus dem Gehäuse ausgetreten ist, sobald das Wasser lief, die O-Ringe durch eingefettete neue ersetzen. Bei der Montage Arbeitsgang 6 folgen.

4 **Die Haltefeder entfernen.** Tropft der Einhandmischer, obwohl er abgestellt ist, sicherstellen, daß der Hebel in der Nut der Buchse fest eingerastet ist *(Arbeitsgang 6)*. Wenn der Hahn trotzdem noch tropft, die Kartusche austauschen. Mit einem Schraubenzieher die kupferne Haltefeder, die die Kartusche im Gehäuse sichert, herausheben. Dann die Kartusche herausziehen.

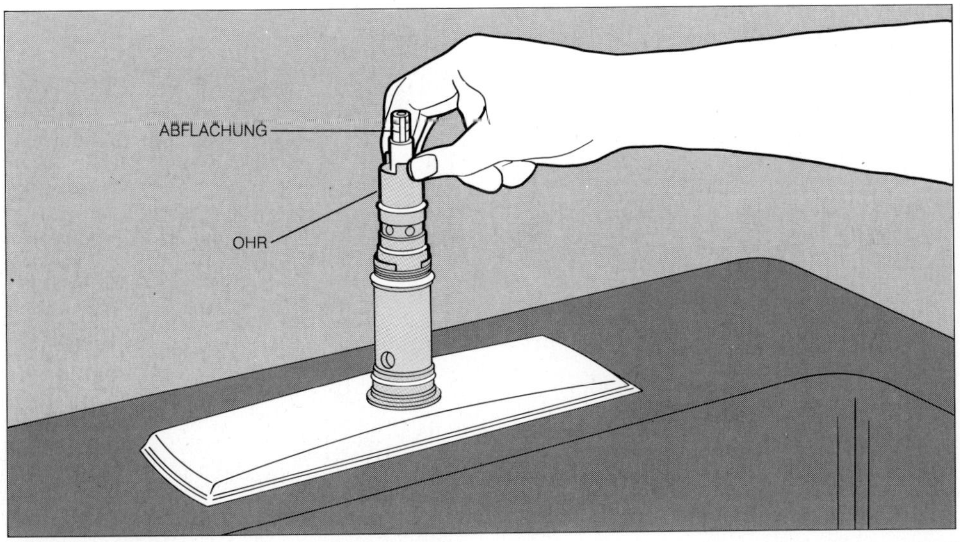

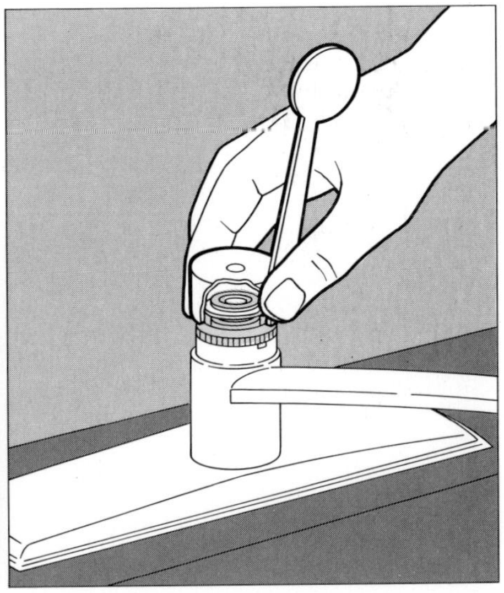

5 **Die Teile zusammensetzen.** Mit hochgezogenem Kolben die Kartusche an ihren Ohren wieder in das Gehäuse schieben. Die Ohren müssen nach vorn und hinten zeigen und in die Aussparungen passen. Die rote Kolbenfläche nach vorne drehen, damit die Öffnungen für heißes und kaltes Wasser nicht vertauscht werden. Die Haltefeder anbringen und dann den Auslauf und die Buchse mit der Gehäusemutter sichern.

6 **Den Hebel anbringen.** Den Kolben der Kartusche so hoch wie möglich ziehen, eventuell mit Hilfe einer Zange. Den Hebel ganz nach oben stellen und auf das Auslaufgehäuse setzen. Der Ring im Hebelgehäuse muß in die Nut der Buchse einrasten. Dazu den Hebel vorsichtig seitlich hin und her bewegen, bis das Gehäuse einrastet. Zuletzt die Kappe mit der Schraube befestigen.

Einfach und vielseitig: Mischbatterien

Anstelle der alten Badewannenstandventile gibt es heutzutage kombinierte Mischventile: Mischbatterien zum Füllen der Wanne und zum Duschen. Sie sind wirtschaftlich und zugleich praktisch, denn sie bieten eine Duschmöglichkeit, ohne daß eine gesonderte Dusche installiert werden muß. Das warme und kalte Wasser läuft in der gewünschten Temperatur – je nach Einstellung – aus einem gemeinsamen Auslauf direkt in die Badewanne oder durch einen Schlauch in die Handdusche bzw. -brause.

Das Mischventil muß der Bestimmung entsprechen, nach der Warm- und Kaltwasserversorgungsleitungen unter dem gleichen Druck stehen sollen. Damit das auch bei unerwarteten Druckunterschieden im Versorgungsnetz gewährleistet ist und sich niemand etwa unter der Dusche verbrüht, haben moderne Mischbatterien eine automatische Druckausgleichsregulierung.

Die Wartung dieser Mischbatterien ist einfach, sobald man ihre Konstruktion verstanden hat *(rechts)*. Trotz ihres unterschiedlichen Aussehens ist der innere Aufbau der diversen Modelle gleich. Die meisten Defekte sind auf Verschleiß an den O-Ringen in der Mischbatterie zurückzuführen: Wasser quillt unter dem Zugknopf hervor oder es tropft oder fließt aus dem Wannenauslauf, wenn der Zugknopf auf „Dusche“ steht. Oder es kommt umgekehrt Wasser aus der Handdusche, wenn der Verteilerknopf auf „Wanne“ steht. Diese Fehler können dadurch behoben werden, daß man die abgenutzten O-Ringe ersetzt – eine einfache Reparatur, die gegenüber gezeigt wird. Wenn Wasser aus dem Auslauf tropft, obwohl beide Handgriffe zugedreht sind, muß bei einem oder beiden Ventilen die Dichtungsscheibe ausgewechselt werden *(S. 26–28)*.

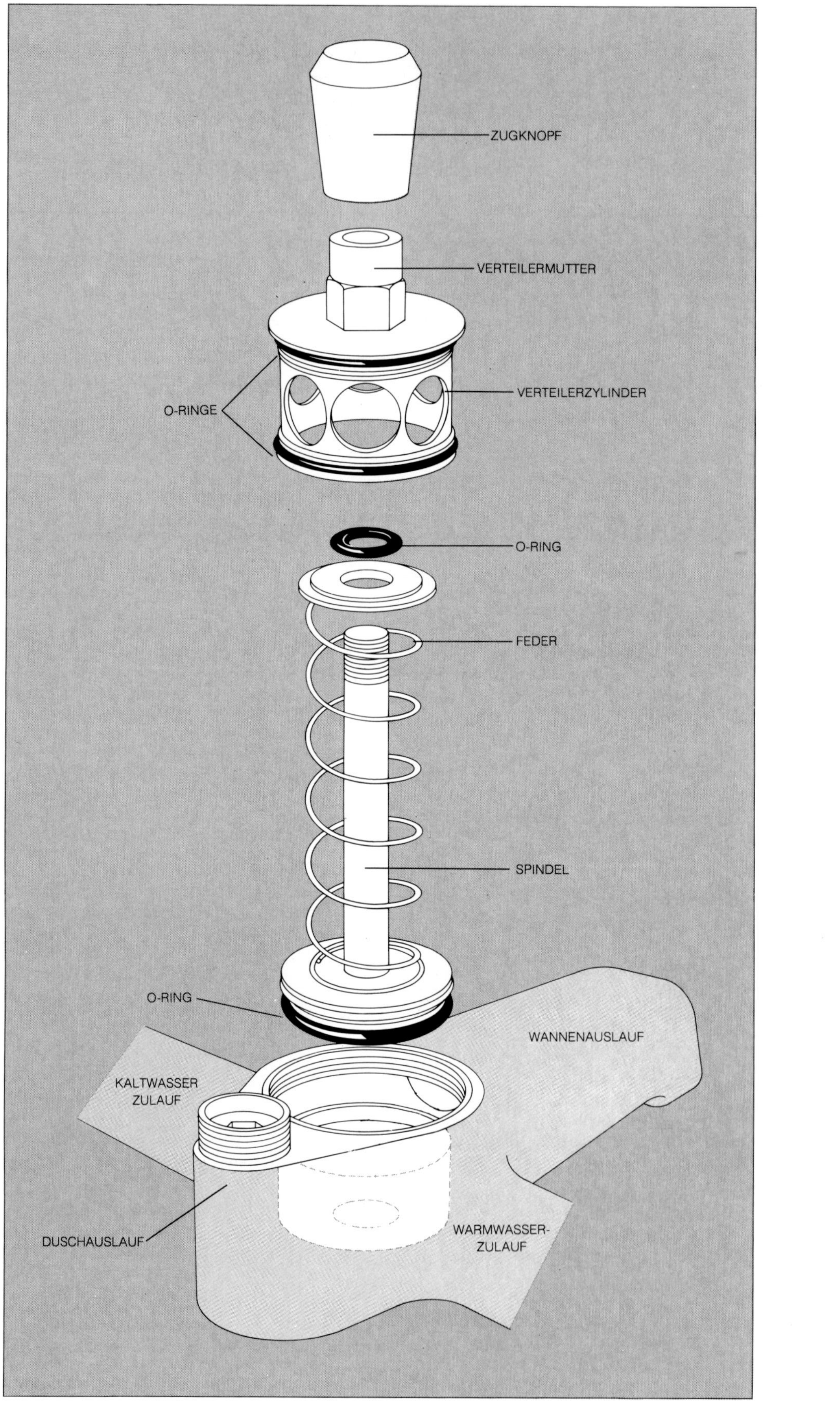

Der Aufbau einer Bademischbatterie. Der Mechanismus des Verteilers besteht aus einer Feder und einer Spindel, an deren oberen Ende eine Gummischeibe oder -dichtung sitzt, die in den Verteilerzylinder paßt. Normalerweise hält die Feder die Dichtung in einer Position, die den Duschauslauf verschließt. Zieht man den Zugknopf hoch, wird die Federkraft überwunden, und die Dichtung verschließt den Wannenauslauf. Der Wasserdruck hält die Dichtung so lange in dieser Position, bis das Wasser wieder abgedreht wird.

1 Den Umsteller zerlegen. Den Zugknopf mit einer Hand hochziehen. Dann mit einem Maulschlüssel die Verteilermutter lösen *(oben)* und den Umsteller herausnehmen.

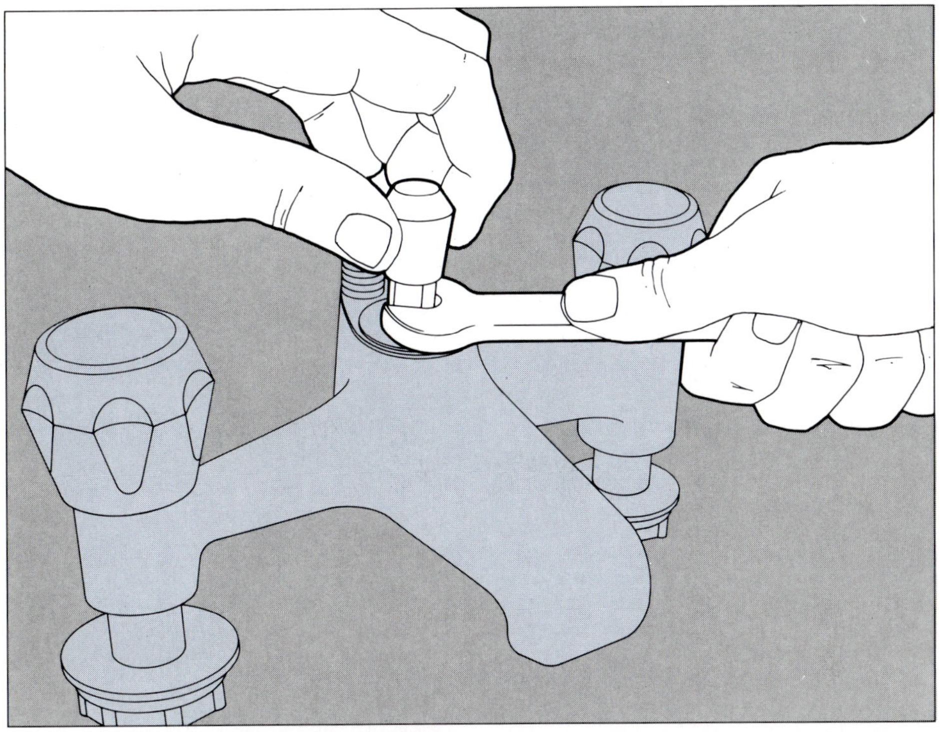

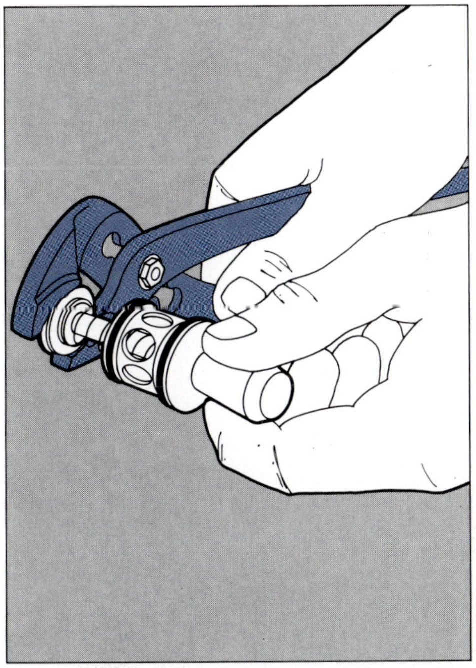

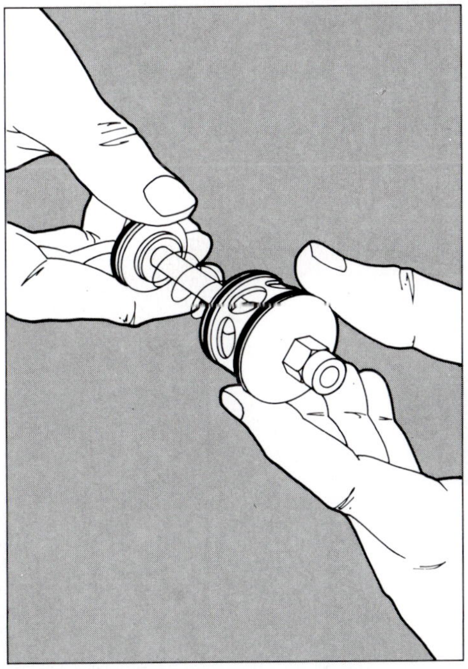

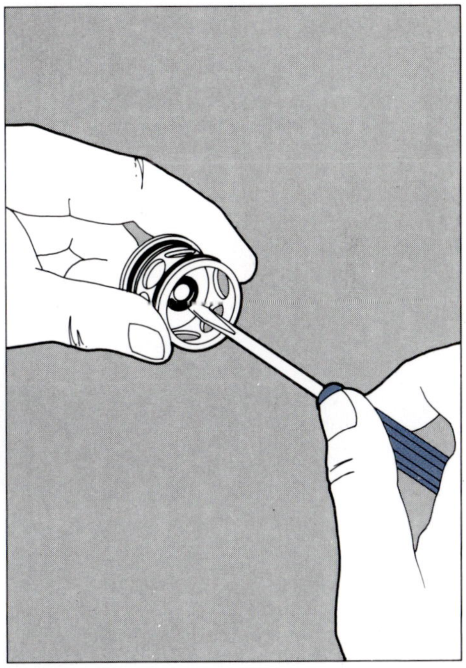

2 Den Zugknopf abschrauben. Mit einer Armaturenzange die Scheibe am unteren Ende der Spindel festhalten. Dann mit der anderen Hand den Zugknopf lösen; dazu den Knopf gegen den Uhrzeigersinn drehen. Den Knopf ganz abschrauben.

3 Die Spindel lösen. Vorsichtig den Verteilerzylinder von der Spindel abziehen und die Feder ablegen. Dadurch sind alle Teile sichtbar, die auf der gegenüberliegenden Seite abgebildet sind. Alle O-Ringe, bis auf den zwischen der Spindel und dem Verteilerzylinder, sind leicht zugänglich. Es empfiehlt sich, bei dieser Gelegenheit alle O-Ringe zu ersetzen; wenn einer abgenutzt ist, sind es die anderen wahrscheinlich auch.

4 Die O-Ringe austauschen. Alle O-Ringe entfernen, den kleinen im Verteilerzylinder mit der Spitze eines Schraubenziehers *(oben)*. Neue, passende O-Ringe aufziehen und mit der Spitze des Schraubenziehers in die richtige Position bringen. Den Mechanismus wieder zusammensetzen und den Zugknopf aufschrauben. Den Verteiler von oben in die Mischbatterie einsetzen. Zuletzt durch das Anziehen der Verteilermutter sichern.

Ein Abflußsieb ersetzen

Wenn unter einem Becken am Abfluß Wasser austritt, läßt sich das eventuell leicht beheben, indem man das Abflußsieb von unten löst und den Rand mit Installationskitt abdichtet. Häufig ist allerdings auch das Sieb selbst korrodiert und zerbricht schon beim Heraushebeln. Es ist einfach zu ersetzen und billig. Siebe sind entweder mit einer Kontermutter *(unten)* oder einer Schraube *(gegenüber, unten)* befestigt. Die mit einer Schraube gesicherten Siebe sind oft Teil einer Einheit mit integriertem Überlaufrohr. Siebe mit Kontermutter werden im allgemeinen bei Nirosta-Becken verwendet, da sich die Kontermutter anziehen läßt, ohne daß das Metallbecken verformt wird.

Vor dem Ausbau des alten Siebes entfernt man zunächst das Tauchrohr und den Geruchverschluß und anschließend die Kontermutter bzw. die Sicherungsschraube. Dann wird das alte Sieb herausgehebelt.

Der Einbau eines Siebes mit Kontermutter

1 **Abdichten der Abflußöffnung.** Die Wasserzufuhr unterbrechen. Den alten Kitt um die Abflußöffnung entfernen und den Rand sorgfältig abtrocknen. Installationskitt in einer 3 mm dicken Schicht unter dem Rand des Siebes auftragen und das Sieb einsetzen; kräftig andrücken, damit sich der Kitt gleichmäßig verteilt.

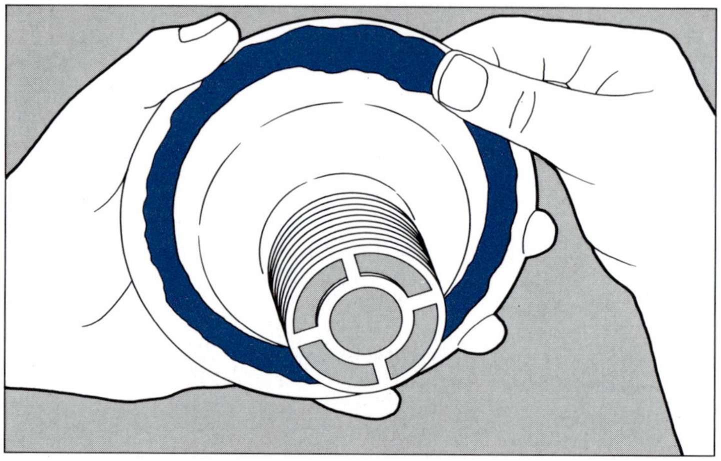

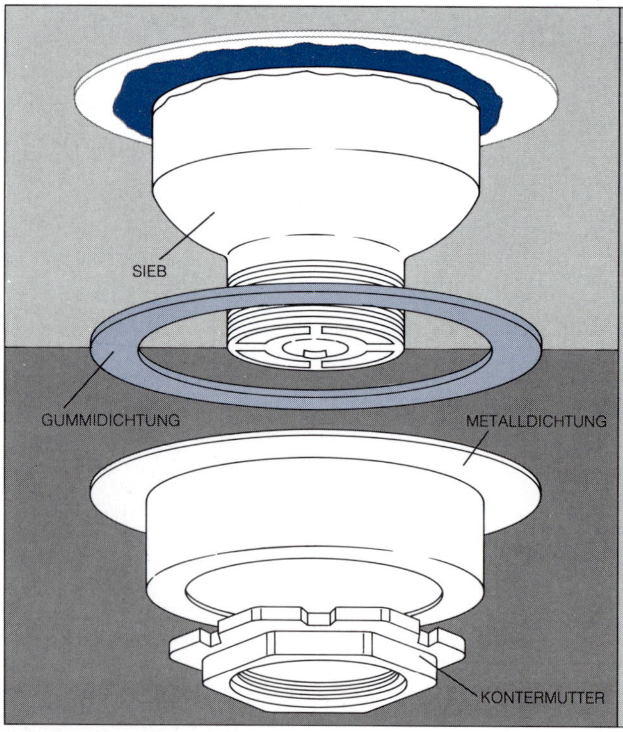

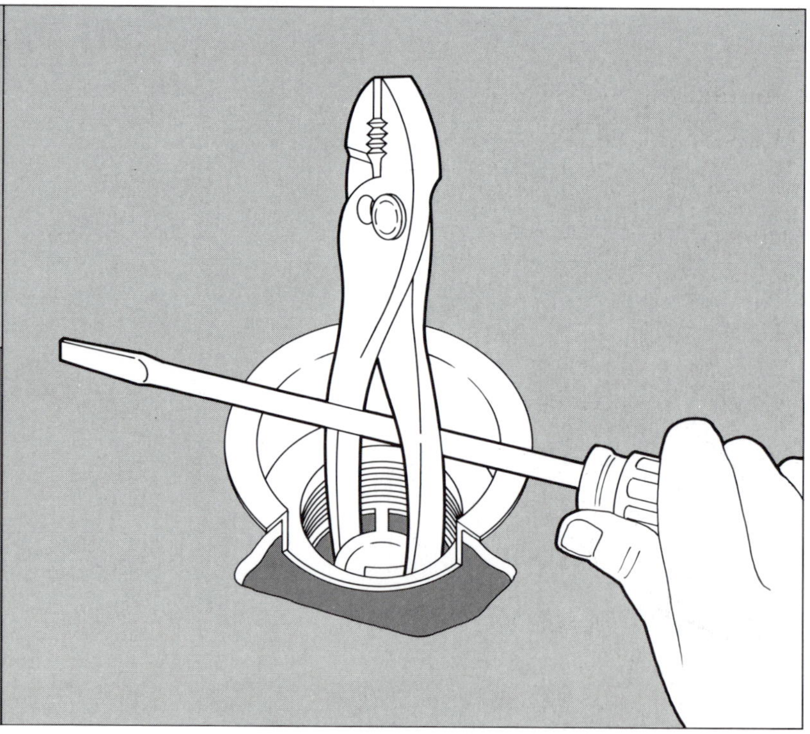

2 **Das Sieb befestigen.** Die Gummi- und die Metalldichtung von unten auf das Sieb stecken. Die Kontermutter von Hand anziehen, um das Sieb zu fixieren, während man unter dem Becken arbeitet. Eine Zange mit den Griffen in das Sieb stecken und einen Schraubenzieher zwischen die Griffe legen *(oben rechts)*. Während man die Kontermutter festzieht, hält ein Helfer mit Hilfe des Schraubenziehers das Sieb fest.

3 **Die Kontermutter festziehen.** Die Kontermutter mit einer Rohrzange oder mit Hammer und Paßstift mehrere Umdrehungen fester ziehen. Bei letzterem Verfahren sehr vorsichtig vorgehen, damit das Becken nicht beschädigt wird, falls der Paßstift abrutscht. Die Kontermutter nicht zu stark anziehen, damit sich das Metallbecken nicht verbiegt oder die Keramik springt.

4 **Den Geruchverschluß befestigen.** Das Tauchrohr ersetzen, falls es korrodiert oder verbogen ist. Die Buchse des Siebes über das Tauchrohr schieben und die Überwurfmuttern festziehen. Dann die Überwurfmuttern des Geruchverschlusses festziehen. Überschüssigen Installationskitt mit einem weichen Tuch abwischen. Wasser aufdrehen und prüfen, ob irgendwo ein Leck ist.

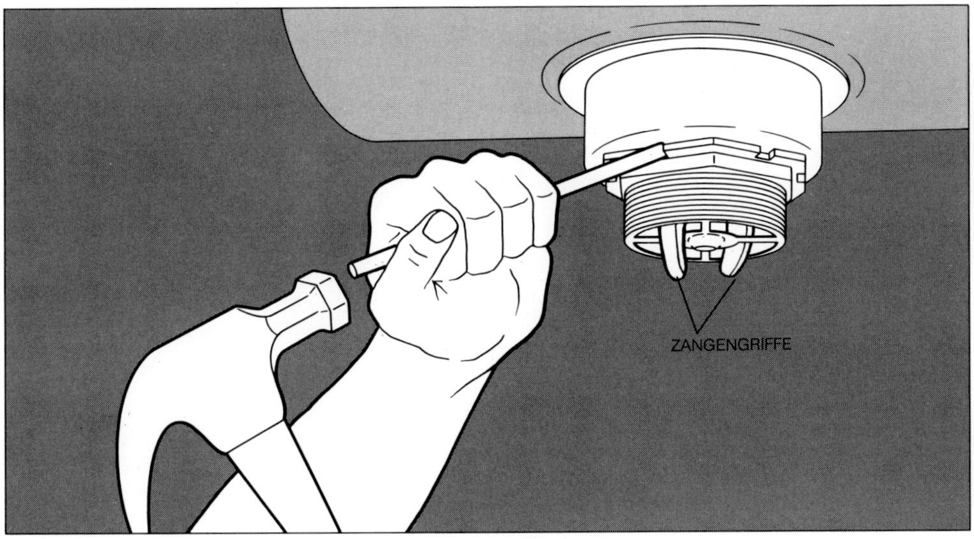

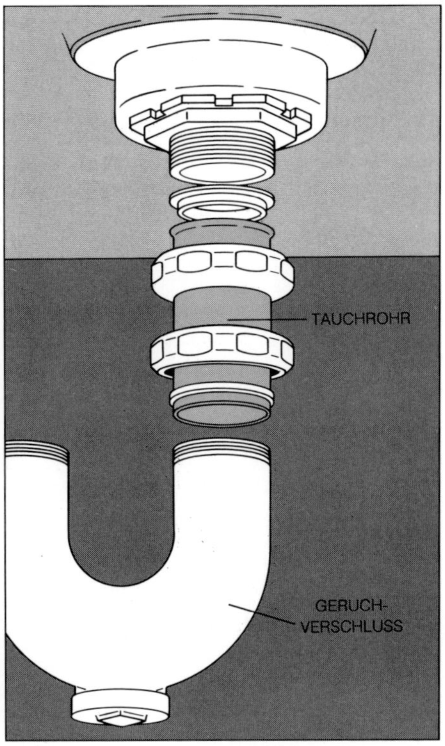

Ein Sieb mit Schraube

Das Sieb einbauen. Ein mit einer Schraube befestigtes Sieb *(unten)* wird ganz ähnlich eingebaut wie ein durch eine Kontermutter gesichertes. Die Kittschicht unter dem Rand des Siebes auftragen und das Sieb anschließend in das Abflußloch im Becken drücken. Das Siebunterteil und die Dichtung genau unter das Sieb im Becken setzen. Dann die Siebschraube anziehen, die Sieb und Unterteil verbindet und sichert.

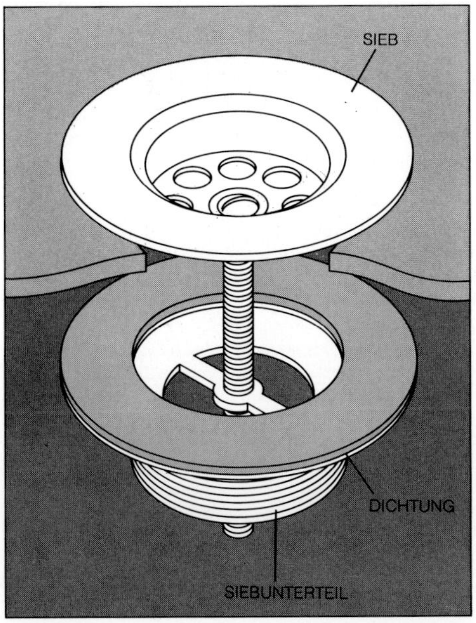

Ein integrierter Überlauf

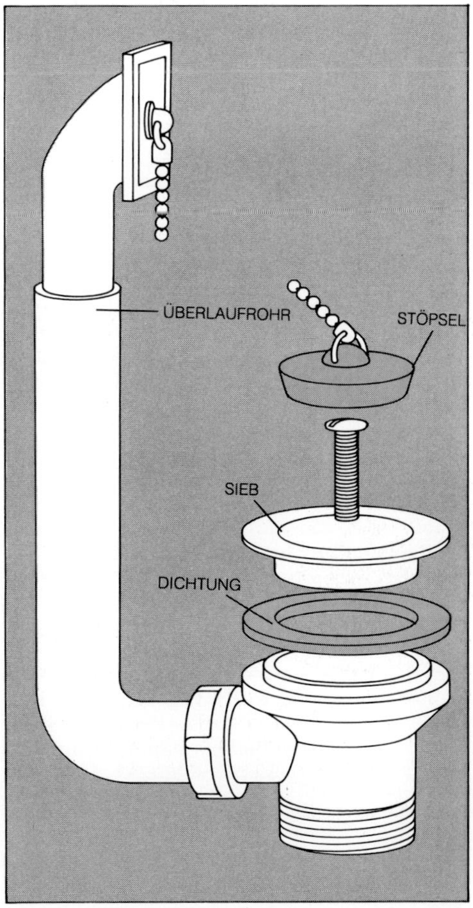

Die Einheit einbauen. Ein mit einem Überlauf kombinierter Beckenabfluß ist leicht zu installieren. Er ist, abgesehen vom metallenen Abflußsieb, aus festem Kunststoff und wird bei Becken ohne integrierten Überlauf verwendet. Der Überlauf wird in das Überlaufrohr gesteckt, das mit einer Überwurfmutter am Siebunterteil befestigt ist. Das Sieb mit Installationskitt in das Becken setzen und mit der Schraube befestigen.

Einstellen und Reparieren von Exzenteranlagen

Der Verschluß eines Abflusses durch einen Metallstöpsel, der mit einem metallenen Futter oder Ring abdichtet, ist nie so dicht wie der altmodische Gummistöpsel. Außerdem besteht dieser Verschluß aus mehreren beweglichen Teilen und muß gelegentlich nachgestellt werden. Trotzdem ist er praktisch und ziemlich verbreitet, und man sollte lernen, auftretende Defekte zu beheben. Was Ärger bereitet, ist meistens nur ein Stöpsel, der nicht ordentlich schließt, und die beiden Feinde aller Abflußsysteme – Verstopfungen und Lecks.

Bei Metallverschlüssen sind fehlerhafte Verbindungen oft die Ursache für Probleme. Der Zugknopf auf dem Becken ist Teil einer dreigliedrigen Verbindung. Sie besteht aus einer senkrechten Hebestange, einem senkrechten Bügel, der flach und gelocht ist, und einer wippenartigen, horizontalen Stange, die über eine Plastikkugel als Drehpunkt im Innern des Abflußrohres den Stöpsel auf und ab bewegt. Zum Einstellen dieser Mechanik muß man zwei einfache Arbeiten an der Hebestange und am Bügel ausführen. Bei einigen Modellen ist die waagerechte Stange direkt mit der Hebestange verbunden.

Haare und ähnliche Abfälle sind die häufigste Ursache einer Verstopfung. Um den Abfluß zu reinigen, muß der Stöpsel entfernt werden, indem man entweder den Stöpsel aus dem Abfluß heraushebt bzw. -dreht oder die waagerechte Stange ausbaut *(gegenüber, oben)*. Der Stöpsel wird gründlich gesäubert. Danach wird der Abfluß gereinigt.

Es gibt zwei Arten von Lecks. Wenn Wasser aus dem Hebemechanismus unter dem Bekken tropft, schließen die Schraubverbindungen an dem Abfluß-T-Rohr, in das die Querstange mit der Plastikkugel läuft, nicht richtig ab. Man zieht zunächst die Überwurfmutter über der Plastikkugel fest; wenn das nichts nützt, wird die Überwurfmutter abgenommen und die Dichtung hinter der Plastikkugel ersetzt. Schwieriger wird es, wenn Wasser außen am Abfluß herunterläuft. Durch das Aufschlagen des Stöpsels auf das Abflußfutter kann die Kittdichtung unter dem Futter brüchig geworden sein. Wenn man die Kontermutter unter dem Becken löst, kann man das Futter etwas anheben und den Kitt erneuern. Häufiger ist jedoch Korrosion an Teilen des Abflusses die Ursache solcher Lecks – ein Zeichen dafür, daß der Abfluß erneuerungsbedürftig ist. Um ein solches Leck wirklich gut zu reparieren, sollte man den ganzen Abfluß bis zum Geruchverschluß ersetzen *(gegenüber, unten)*.

1 Die Hebestange einstellen. Wenn der Stöpsel in geschlossenem Zustand nicht richtig abdichtet, die Hebestange neu einstellen (den senkrechten Stab, der vom Zugknopf durch das Bekken nach unten führt). Den Knopf so hoch wie möglich ziehen und die Schraube am Bügel mit einer Armaturenzange lösen. Den Stopfen nach unten drücken, so daß der Abfluß verschlossen ist (der Bügel hebt sich dabei etwas), und die Schraube wieder anziehen. Wenn der ganze Mechanismus immer noch klemmt, Arbeitsgang 2 ausführen.

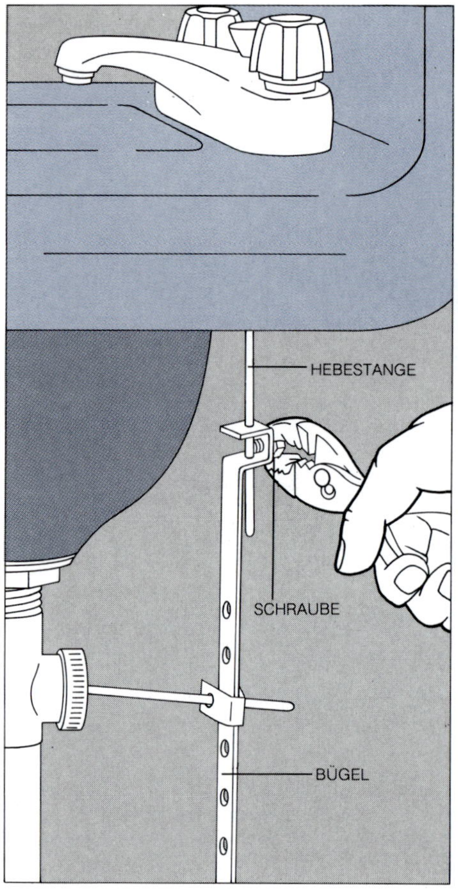

2 Die Querstange einstellen. Mit den Fingern die Feder zusammendrücken, die die Querstange im Bügel hält, und die Querstange herausziehen. Die Querstange ein Loch höher durch Bügel und Haltefeder stecken. Den Mechanismus ausprobieren und, falls erforderlich, Arbeitsgang 1 wiederholen.

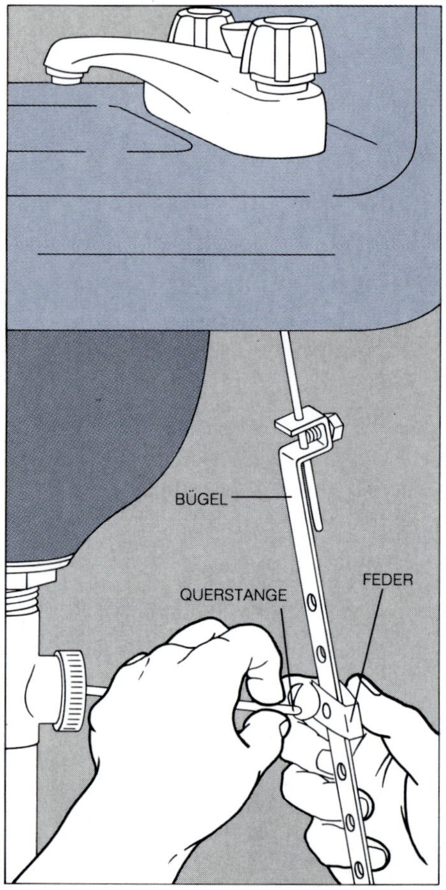

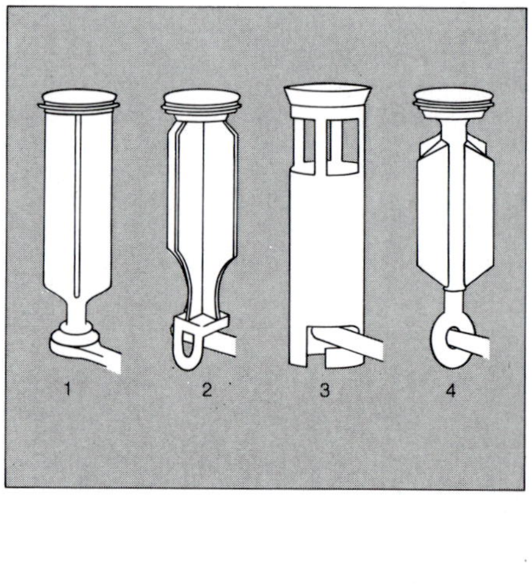

Verschiedene Arten von Stöpseln. Diese vier Stöpseltypen haben dieselbe Funktion, aber sie werden auf verschiedene Art ein- und ausgebaut. Typ 1 und 2 ruhen auf dem Ende der Querstange; man kann sie herausheben, wenn man den Zugknopf auf „Auf“ stellt. Typ 3 ist durch ein Schloß mit der Querstange verbunden, und man löst den Stöpsel durch eine Vierteldrehung gegen den Uhrzeigersinn. Wenn sich der Stöpsel auf keine der beiden beschriebenen Arten herausnehmen läßt, handelt es sich um Typ 4: Die Querstange liegt in einer Öse unter dem eigentlichen Stöpsel. Um ihn herauszunehmen, muß man die Querstange lösen und sie ganz oder teilweise aus dem T-Rohr unter dem Becken herausziehen *(gegenüber, oben)*.

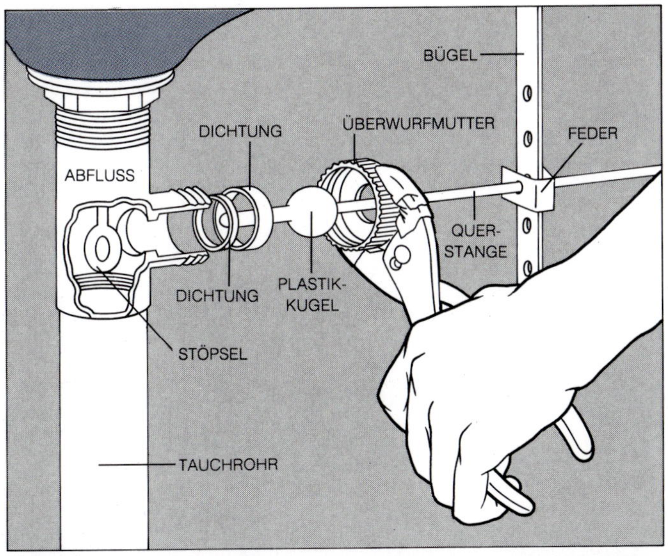

Die Querstange lösen. Mit einer umwickelten Einmaul- oder mit einer Armaturenzange die Überwurfmutter am T-Rohr des Abflusses lösen. Die Feder am Bügel zusammendrücken und die Querstange aus dem T-Stück herausziehen. Dann den Stöpsel aus dem Abfluß nehmen.

Will man ein Leck abdichten oder den ganzen Mechanismus auswechseln, geht man zunächst wie in Arbeitsgang 1 vor *(gegenüber, oben)*. Eine Undichtigkeit der Überwurfmutter läßt sich manchmal durch Nachziehen der Mutter beseitigen, es empfiehlt sich aber, die Kunststoff- und die Gummidichtung im T-Stück auf Abnutzung zu überprüfen und gegebenenfalls zu ersetzen. Die erforderlichen Arbeiten werden im folgenden Schritt für Schritt beschrieben.

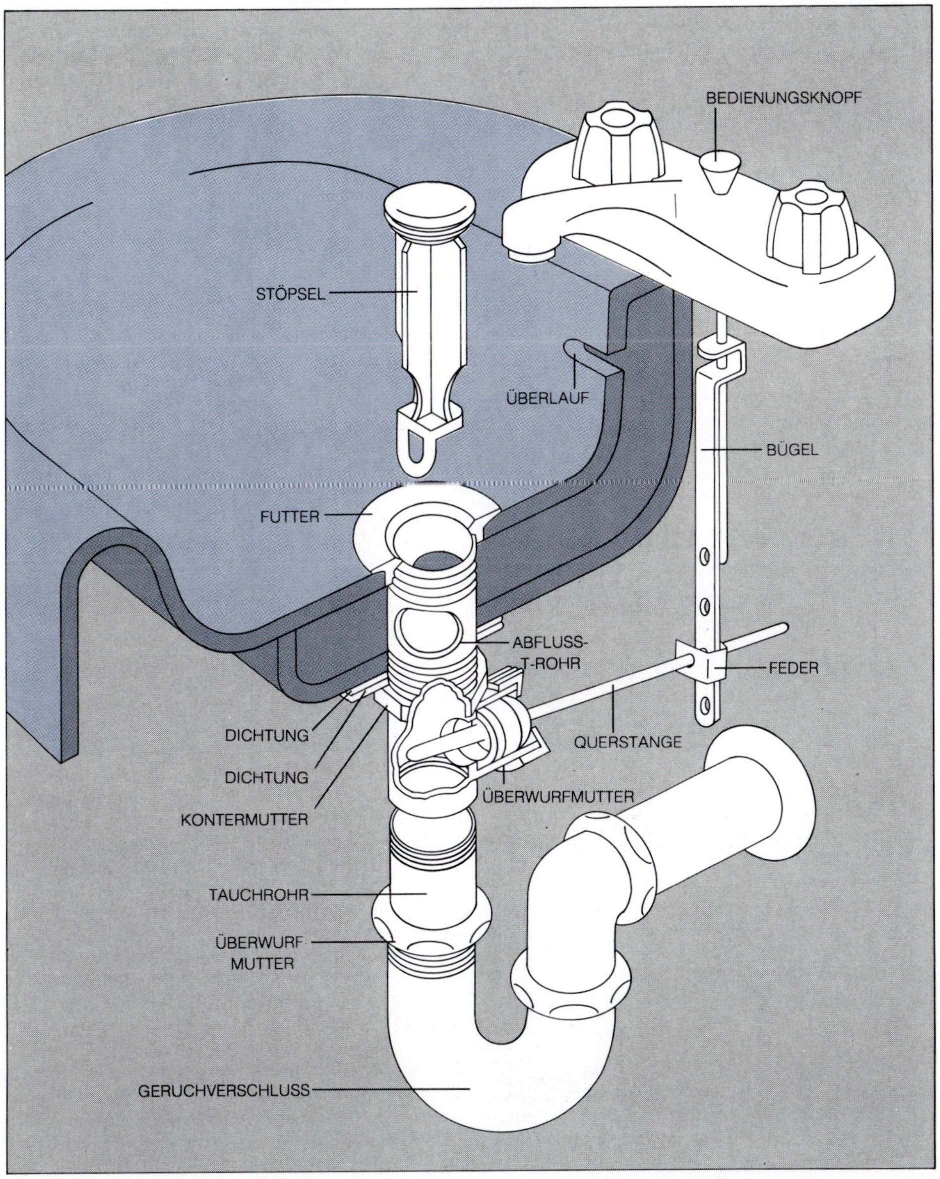

Den Abfluß erneuern. Zuerst die Querstange aus dem Abfluß-T-Rohr ziehen *(oben)*. Dann die Überwurfmutter zwischen Tauchrohr und Geruchverschluß lösen; danach die Überwurfmutter zwischen Abfluß-T-Rohr und Tauchrohr lösen und das Tauchrohr in den Geruchverschluß schieben, so daß es nicht im Weg ist. Die Kontermutter lösen, die das Abfluß-T-Rohr unter dem Becken sichert, und das T-Rohr von dem Futter im Becken abschrauben. Ein altes, korrodiertes Rohr läßt sich häufig nicht auf Anhieb lösen; man sollte ruhig mit der Zange Kraft anwenden, auch wenn man dabei das Abflußrohr etwas zusammendrückt. Das Futter mit einem stumpfen Messer oder der Spitze eines Schraubenziehers aus dem Becken herausheben; dabei vorsichtig vorgehen, damit die Beckenoberfläche nicht beschädigt wird. Den Kitt aus der Beckenöffnung kratzen und die Stelle mit einem trockenen Tuch säubern. Das alte Tauchrohr wegwerfen (zu jeder Abflußeinheit gehört ein neues), die Überwurfmutter, die es am Geruchverschluß sichert, jedoch behalten. Falls erforderlich, die dazugehörige Dichtung erneuern.

Bei allen folgenden Arbeitsgängen werden die Überwurfverschraubungen mit der Hand fest angezogen. Zunächst die Überwurfmutter und die Dichtung auf das neue Tauchrohr schieben, dann das Tauchrohr nach unten in den Geruchverschluß drücken. Unter den Rand des Beckenfutters etwas Installationskitt streichen, dann das Futter in die Abflußöffnung drücken. Die Dichtung und Kontermutter auf das T-Rohr setzen und das Rohr an das Futter schrauben. Anschließend das Tauchrohr an dem T-Rohr befestigen. Die Überwurfmuttern und die Kontermutter festdrehen bzw. festziehen. Dabei vorsichtig vorgehen, damit das Keramikbecken nicht springt.

Wenn auch die Exzenteranlage ersetzt worden ist, die Querstange in das Abfluß-T-Rohr stecken und die Überwurfmutter festziehen. Die Hebestange von oben durch den Ventilsockel oder das Becken stecken und mit der Schraube am Bügel befestigen. Die Querstange durch ein Loch des Bügels stecken und mit der Feder fixieren. Den Mechanismus auf seine Funktionstüchtigkeit überprüfen und gegebenenfalls das Hebegestänge neu einstellen *(gegenüber, oben)*.

Montage neuer Geruchverschlüsse an Spülen und Becken

Unter jedem Abfluß, der an die häuslichen Abwasserleitungen angeschlossen ist, befindet sich ein Geruchverschluß mit einer Wassersperre, die verhindert, daß Faulgase aus dem Abwässersystem austreten. Der Geruchverschluß besteht aus einem U-förmigen Rohrstück, in dem immer Wasser steht. Wenn Wasser aus dem Abfluß nachläuft, wird das Wasser im Geruchverschluß verdrängt; ein Teil des abfließenden Wassers wiederum bleibt in dem U-Rohr stehen, wodurch die Wassersperre erneuert wird.

Zudem erleichtert ein Geruchverschluß den Zugang zu den Rohren unter der Ablaufstelle. Will man eine Verstopfung in einem Beckenabfluß beseitigen, wird lediglich der Geruchverschluß geöffnet, und man braucht nicht mit der Reinigungsspirale von oben durch das Abflußrohr vorzugehen *(S. 19)*.

Der Geruchverschluß verhindert auch den Verlust kleiner Wertgegenstände, die versehentlich in den Abfluß fallen. Ein Ring oder eine Kontaktlinse findet sich oft auf dem Boden des U-Rohrs wieder. Man nimmt den Geruchverschluß ab und dreht ihn um, damit der Gegenstand herausfällt.

Geruchverschlüsse mit einem waagerechten Anschlußstück zur Abwasserleitung, dem Wandrohr, heißen Rohrgeruchverschlüsse. Geschlossene Flaschengeruchverschlüsse *(gegenüber, unten)* gibt es mit senkrechten und waagerechten Anschlußrohren oder flexiblen Anschlußschläuchen. Flexible Anschlußschläuche werden aus optischen Gründen nur unter Becken mit Unterbauschrank verwendet.

Geruchverschlüsse können aus den üblichen Installationsmaterialien, wie Blei, verchromtem Messing oder Kunststoff, bestehen. Die besten sind verchromt und der Haltbarkeit wegen relativ schwer. Man sollte sich im Rahmen seiner finanziellen Möglichkeiten für möglichst schwere Geruchverschlüsse entscheiden – es lohnt sich immer, insbesondere bei häufig benutzten Sanitäranlagen. Die anzuschließenden Rohre – also das Tauchrohr, das den Geruchverschluß mit dem Abfluß des Beckens bzw. der Spüle verbindet, und das Wandrohr zwischen Geruchverschluß und Abwasserleitung – sollten dem Geruchverschluß in Gewicht und Material entsprechen. Man kann auch einen Geruchverschluß aus Kunststoff an ein Metallrohr anschließen – die Anschlußtechnik ist immer dieselbe. (Es ist darauf zu achten, daß der Geruchverschluß den gleichen Rohrdurchmesser hat wie das vorhandene Rohr, an das er angeschlossen wird.)

Drei Anschlußarten von Rohrgeruchverschlüssen

Einen einfachen Anschluß demontieren. Einen Eimer unter den Geruchverschluß stellen und die Reinigungsöffnung aufschrauben, um den Geruchverschluß zu entleeren. Mit einer Armaturenzange die Überwurfmuttern zwischen Geruchverschluß und Tauchrohr sowie Geruchverschluß und Wandrohr lösen. Das Wandrohr – falls es ersetzt werden muß – aus der Wand ziehen und die Rosette beiseite legen. Falls erforderlich, auch die Gummiringdichtung des Wandrohrs ersetzen.

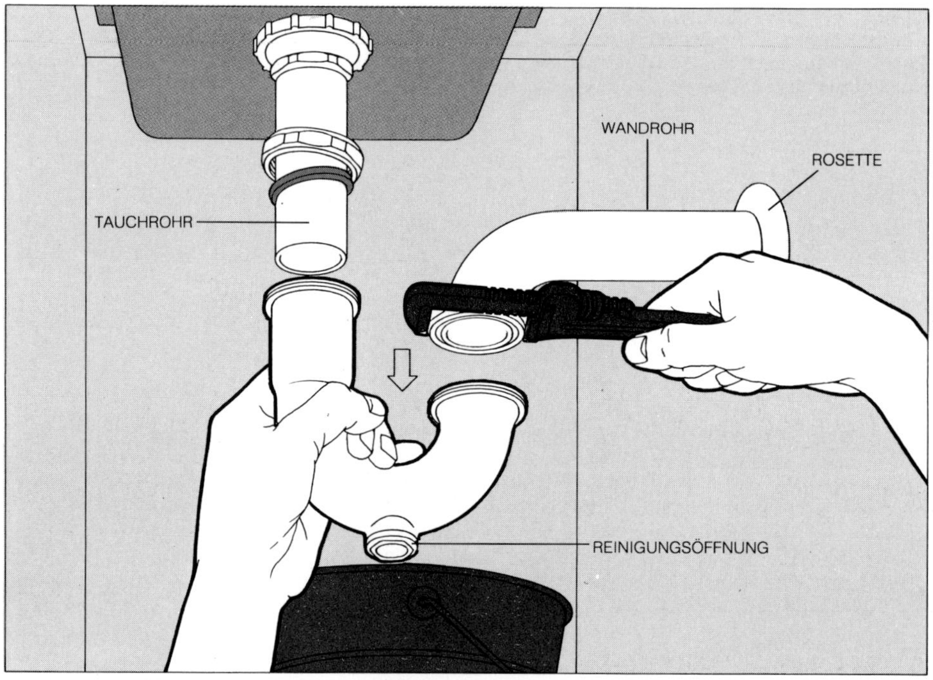

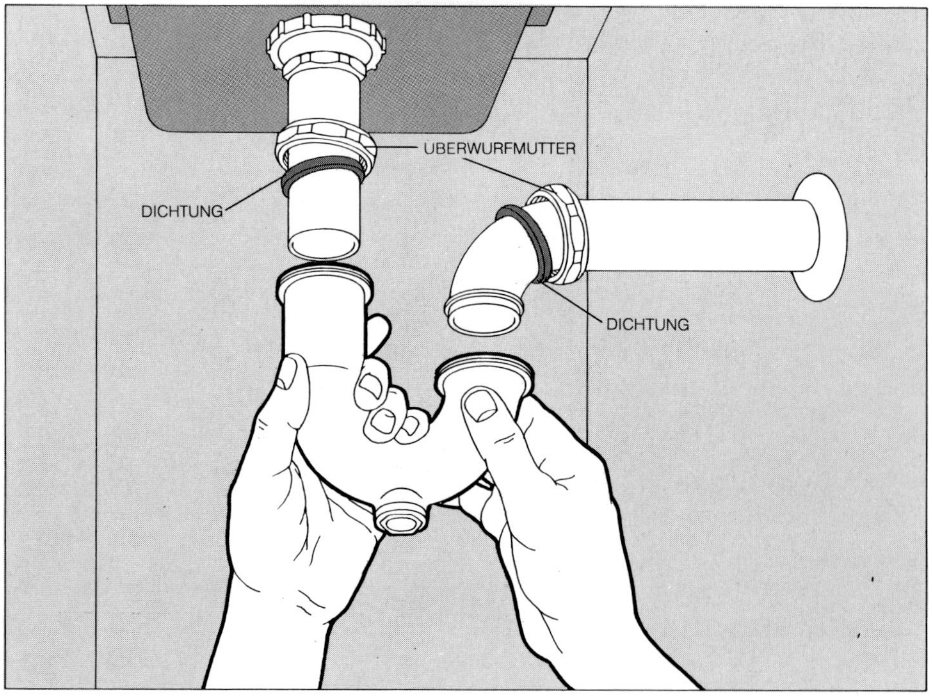

Einen neuen Geruchverschluß installieren. Falls das Wandrohr ersetzt werden soll, die Rosette auf das neue Rohr aufschieben und das Rohr in die Gummiringdichtung stecken. Die Rosette an die Wand schieben. Die Überwurfmuttern und Dichtungen, die zum neuen Geruchverschluß gehören, auf das Tauchrohr und das Wandrohr schieben, die Überwurfmuttern zuerst. Den Geruchverschluß zwischen dem Tauchrohr und dem Wandrohr in Position bringen und die Muttern festdrehen.

Ein Wandrohranschluß mit Bogen. Die Überwurfmuttern des U-förmigen Geruchverschlusses lösen und auf den Geruchverschluß bzw. das Tauchrohr zurückschieben. Das U-Rohr abnehmen. Der Rohrbogen ist direkt auf das Wandrohr geschraubt. Den Bogen gegen den Uhrzeigersinn abschrauben. Beim Einbau eines neuen Geruchverschlusses zuerst Bogen und U-Rohr auseinanderschrauben. Die Überwurfmutter und die Dichtung auf das Tauchrohr schieben, den Bogen aufschrauben, den Geruchverschluß gegen das Tauchrohr und den Bogen halten und beide Überwurfmuttern festdrehen. Vor dem Verschrauben nicht das Einlegen der Dichtungen vergessen.

Ein direkter Anschluß. Das eine Ende des Geruchverschlusses ist mit einer Überwurfmutter am Tauchrohr befestigt. Das andere Ende ist direkt in das Wandrohr geschraubt. Bevor man den Geruchverschluß ausbaut, muß man ihn vom Tauchrohr lösen. Zuerst die Verschraubungen zwischen Tauchrohr und Abfluß und zwischen Tauchrohr und Geruchverschluß lösen. Das Tauchrohr in den Geruchverschluß schieben; dann den ganzen Geruchverschluß mit einer Zange gegen den Uhrzeigersinn vom Wandrohr schrauben. Das alte Tauchrohr in den neuen Geruchverschluß einsetzen und das Gewinde des Wandrohrs mit Installationskitt oder Teflonband belegen.

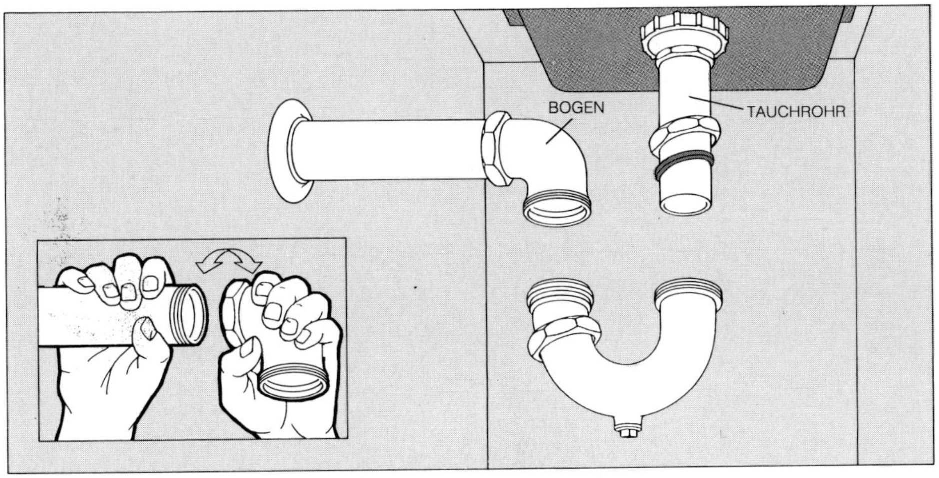

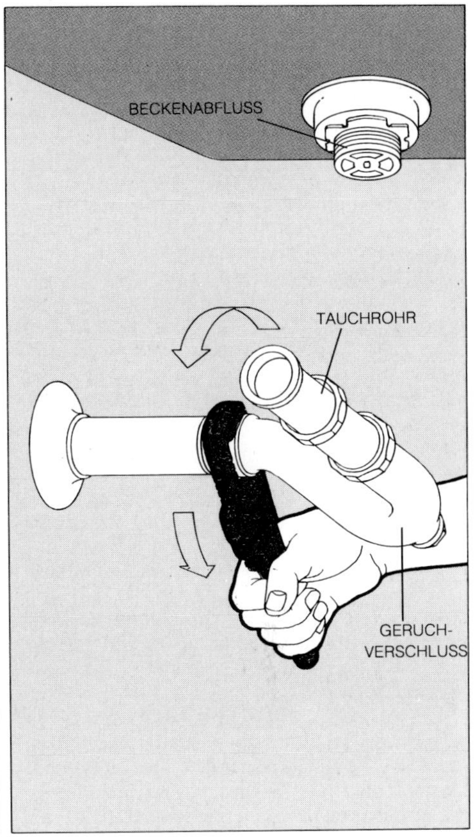

Einbau eines Flaschengeruchverschlusses

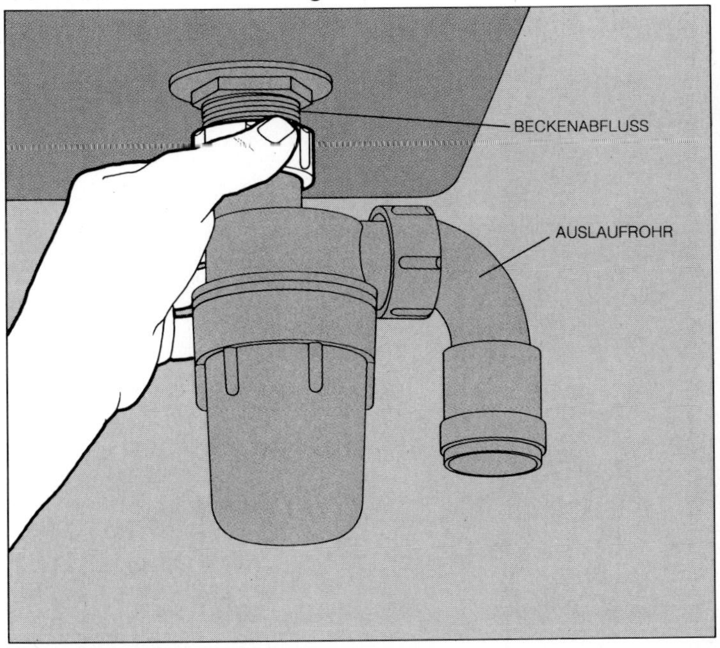

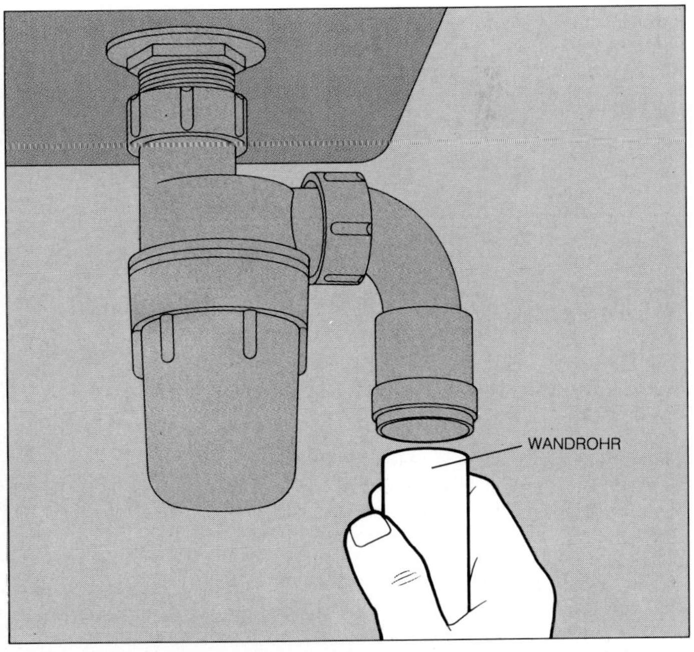

1 **Den Geruchverschluß anpassen.** Die Flasche am Gewinde des Beckenabflusses befestigen; dazu die Kunststoffüberwurfmuttern von Hand festziehen. Man braucht dazu das Auslaufrohr, das auch mit einer solchen Überwurfmutter am Geruchverschluß befestigt ist, nicht abzunehmen.

2 **Den Geruchverschluß montieren.** Das Wandrohr am Geruchverschluß befestigen, indem man es in das Auslaufrohr des Geruchverschlusses schiebt, bis es fest in der integrierten Gummiringdichtung steckt. Die Auslaufrohre haben meistens eine einfache Steckverbindung.

Instandhaltung des WC-Spülkastens

Eines der häufigsten kleineren Klempnerprobleme ist ein Toilettenspülkasten, der nicht richtig funktioniert. Er läuft entweder nicht ganz voll oder nicht richtig leer – was sich jedoch leicht ändern läßt.

Die Spülsysteme sehen zwar unterschiedlich aus, funktionieren aber alle nach demselben Prinzip. Bei Betätigung der Spülung wird eine Dichtung angehoben, und der Spülkasten entleert sich durch ein Spülrohr in das WC-Becken. Dabei sinkt ein Schwimmer ab, der das Wasserzulaufventil öffnet. Der Spülkasten füllt sich mit Wasser, bis der Schwimmer wieder seine Normalstellung erreicht und das Zulaufventil schließt. Zugleich fällt die Dichtung wieder auf ihren Sitz zurück und verhindert das Abfließen des Wassers.

Wenn ständig Wasser aus dem Spülkasten durch das Spülrohr rinnt, bedeutet das meistens, daß die Dichtung, die die Spülrohröffnung eines Spülmechanismus mit Heberrohr abdichtet, hart geworden ist und ersetzt werden muß *(rechts)*.

Eine Absaugspülung hat statt einer Dichtung eine Membran, die etwas schwieriger zu ersetzen ist *(gegenüber)*. Wenn der Spülkasten mehrmals betätigt werden muß, ehe die Spülung funktioniert, heißt das meistens, daß die Membran ersetzt werden muß. Bei diesem System wird bei Betätigung des Gestänges ein Metallteller angehoben, der im dickeren Ende des Heberrohrs sitzt. Die Kunststoffmembran auf diesem Teller wird durch das Gewicht des Wassers nach unten gedrückt. Dadurch werden die Öffnungen in dem Teller verschlossen; das Wasser gelangt in die Umlenkung und von da in den zum Spülrohr führenden Schenkel des Heberrohres. Das löst wiederum die Heberwirkung aus, wodurch der Spülkasten entleert wird. Fällt der Wasserstand unter ein bestimmtes Niveau ab, so gelangt Luft in das Heberrohr, die Heberwirkung wird gestoppt und der Metallteller sinkt ab. Wenn sich der Spülkasten füllt, fließt von unten Wasser durch die Löcher in dem Teller und an der Membran vorbei. Eine abgenutzte Membran dichtet die Heberrohröffnung nicht wirksam ab, so daß beim Anheben des Metalltellers Wasser an den Rändern der Membran abfließt, statt nach oben zu steigen und die Heberwirkung auszulösen.

Wenn der Spülmechanismus überhaupt nicht funktioniert, kann es sein, daß der Draht, der das Gestänge mit dem Heberrohr verbindet, sich gelöst hat oder gebrochen ist. Die Reparatur ist einfach *(gegenüber)*. Hat das Heberrohr ein Leck, muß es meistens ersetzt werden. Probleme beim Füllen des Spülkastens haben ihre Ursache häufig in defekten Schwimmerventilen *(S. 42–45)*.

Ein Spülmechanismus mit Heberrohr

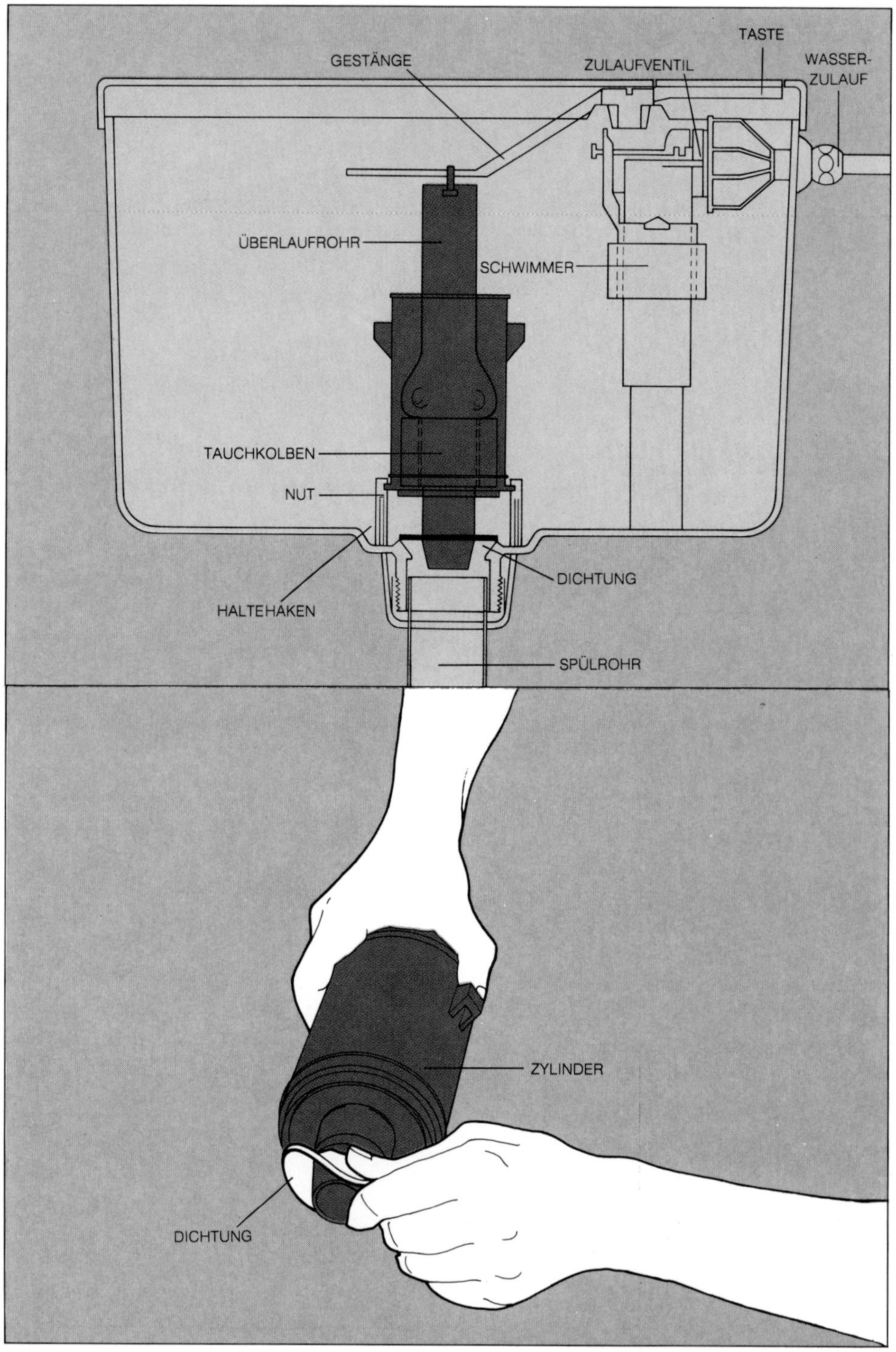

Eine Dichtung ersetzen. Ein Zylinder ist mit den Nasen an seiner Basis in die Haken am Boden des Spülkastens gehängt. Wird das Gestänge betätigt, bewegt sich der Tauchkolben im Zylinder nach oben und hebt die Dichtung von ihrem Sitz an der Spülrohröffnung; das Wasser läuft in das WC-Becken. Der Schwimmer sinkt mit dem Wasserstand ab und öffnet dabei das Zulaufventil. Auch der Tauchkolben sinkt langsam ab und verschließt das Spülrohr. Indem sich der Spülkasten füllt, erreicht der Schwimmer wieder seine Normalstellung und verschließt das Zulaufventil. Um eine abgenutzte Dichtung zu erneuern, den Deckel des Spülkastens abnehmen und den Spülkasten entleeren *(gegenüber, Arbeitsgang 1)*. Zunächst den Zylinder nach links oder rechts drehen, um die Nasen aus ihrer Verankerung zu lösen, dann mit dem Überlauf am Gestänge aushängen. Die abgenutzte Dichtung abziehen *(oben)* und ersetzen und den Sitz der Spülrohröffnung mit Seife reinigen.

Die Membran einer Absaugspülung ersetzen

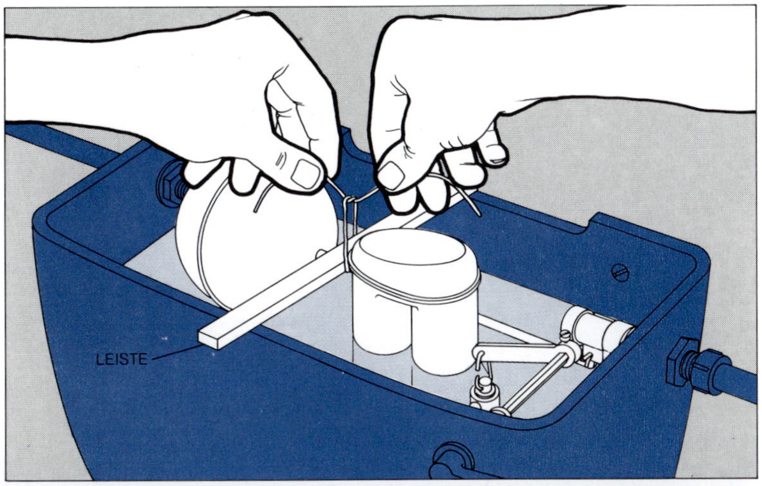

1 Den Schwimmerarm hochbinden. Um den Schwimmerarm zu fixieren, eine Leiste quer über den Spülkasten legen und den Schwimmerarm mit einer Schnur daran festbinden *(links)*. Würde der Arm mit dem Wasserspiegel absinken, so würde sich das Zulaufventil öffnen und das Wasser nachströmen lassen. Wenn der Arm fixiert ist, die Spülung betätigen.

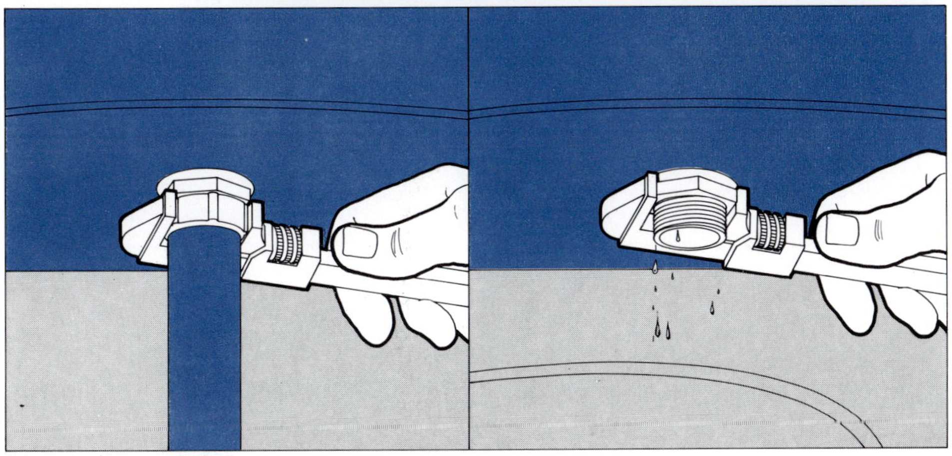

2 Den Spülkasten entleeren. Eine Wanne unter den Spülkasten stellen. Mit einer Einmaulzange die große sechseckige Mutter lösen, die das Spülrohr am Spülkasten sichert *(ganz links)*. Das Spülrohr vorsichtig lösen. Die Mutter, die das Heberrohr hält, ist jetzt zugänglich. Wenn auch diese Verschraubung gelöst wird, läuft das im Spülkasten verbliebene Wasser in die Wanne *(links)*.

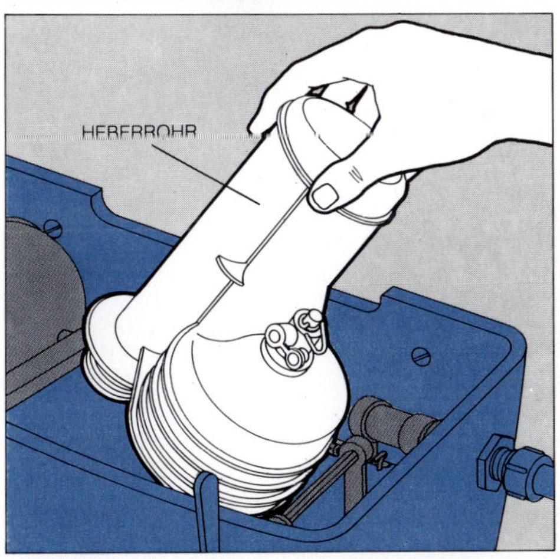

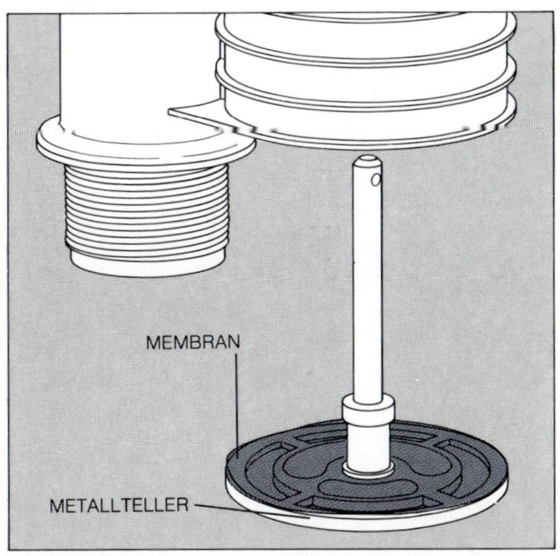

3 Das Heberrohr entfernen. Das Gestänge vom Heberrohr lösen und das Heberrohr aus dem Spülkasten heben *(oben)*. Läßt sich das Heberrohr nicht ohne weiteres herausheben, so ist es möglicherweise durch Bolzen im Boden des Spülkastens befestigt. Die Bolzen lokalisieren und entfernen. (Bei einigen Modellen müßte sich der Metallteller auch einzeln herausnehmen lassen.)

4 Die Membran ersetzen. Den Metallteller mit dem Mittelstab aus dem dickeren Schenkel des Heberrohrs herausnehmen *(oben)*. Die dünne Kunststoffmembran entfernen. Eine neue Membran über den Stab ziehen, bis sie auf dem Metallteller ruht und diesen abdeckt. Den Mechanismus montieren und das Spülrohr wieder anschließen.

Den Verbindungsdraht ersetzen

Einen neuen Draht herstellen. Den defekten Verbindungsdraht entfernen und wegwerfen. Den Draht nicht im Spülkasten liegen und verrosten lassen. Mit der Zange ein Stück steifen Draht von 10 cm Länge – möglicherweise aus einem Drahtkleiderbügel – zuschneiden. Den Draht erst durch das Loch des Heberrohrarms und dann durch das Loch im Gestänge stecken. Dann die Drahtenden mit der Zange zusammendrehen.

Schwimmerventile

Der Wasserstand in einem WC-Spülkasten wird durch ein Zulauf- bzw. Schwimmerventil geregelt. Geöffnet und geschlossen wird es durch einen starren Metall- oder Kunststoffarm, an dessen Ende sich ein (meist kugelförmiger) Schwimmer befindet. Wenn nach Betätigung der Spülung der Wasserspiegel im Spülkasten sinkt, wird durch den Schwimmer, der mitsinkt, über den Schwimmerarm das Zulaufventil geöffnet, so daß das Wasser in den Spülkasten fließt. Wenn das Wasser – und mit ihm der Schwimmer – steigt und seinen Höchststand erreicht, wird das Ventil geschlossen.

Auf den folgenden Seiten sind die drei gängigsten Typen von Schwimmerventilen abgebildet und beschrieben. Sie unterscheiden sich im wesentlichen durch das Dichtungselement, das aus einer Gummischeibe *(rechts)*, einer Membran *(gegenüber)* oder einer Druckausgleichsmembran *(umseitig)* besteht. Wenn der Spülkasten überläuft, ist meistens die Dichtungsscheibe oder -membran verhärtet und schließt nicht mehr richtig. Der Defekt läßt sich im allgemeinen durch das Auswechseln des Dichtungselements beseitigen. Zwei weitere zweckmäßige Maßnahmen werden auf der nächsten Seite gezeigt: das Einstellen des Wasserstands und die Reparatur eines Schwimmers.

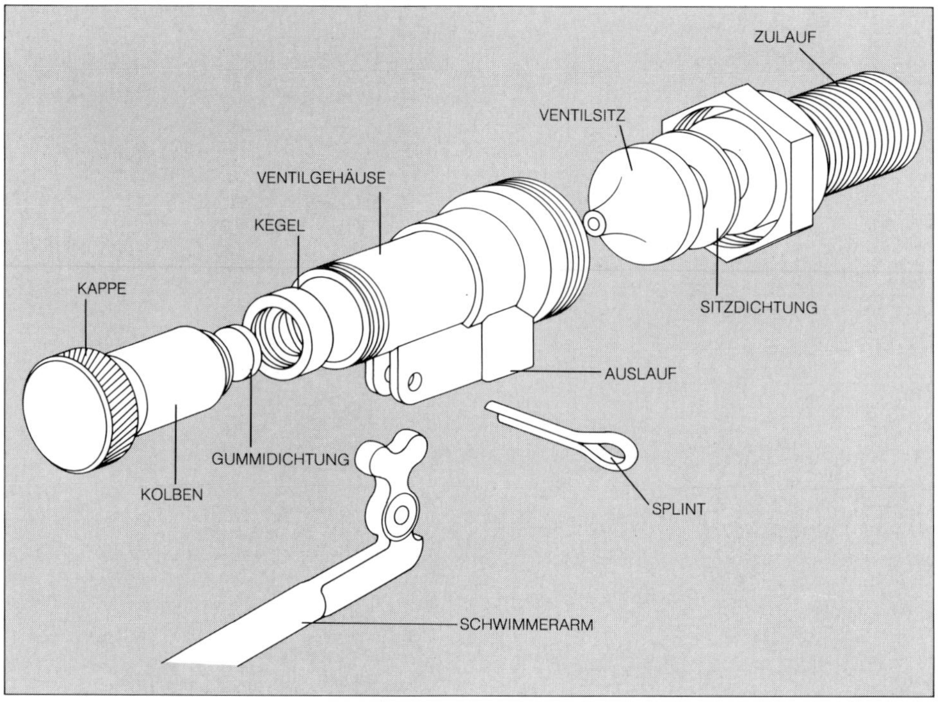

Ein Ventil mit Gummidichtung. Wichtigstes Teil dieses Ventils ist ein Kolben, der sich je nach Betätigung des Schwimmerarms im Ventilgehäuse hin- und herbewegt und an dessen Ende die Dichtung sitzt. Wird der Schwimmerarm durch das nachlaufende Wasser angehoben, drückt der Kolben mit der Dichtung gegen den Ventilsitz – einen auswechselbaren Kunststoffkegel – und stoppt die Wasserzufuhr. Wenn sich der Schwimmerarm während des Spülvorgangs senkt, zieht er den Kolben mit der Dichtung von dem Kegel weg, und das Wasser strömt ungehindert in den Spülkasten.

Eine Gummischeibe auswechseln

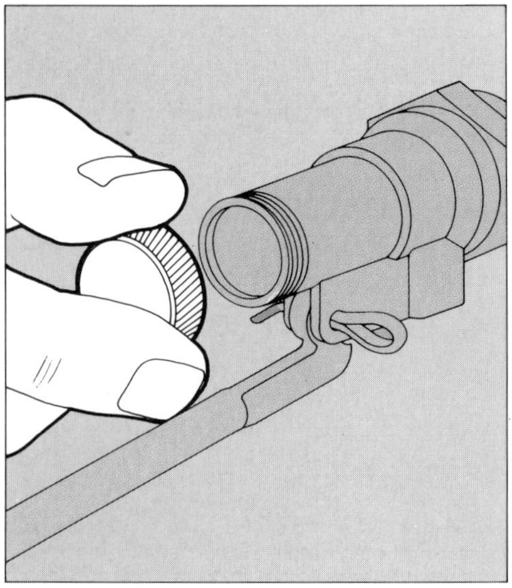

1 Den Deckel abnehmen. Die Wasserzufuhr unterbrechen und den Deckel des Spülkastens abnehmen. Die Metallkappe des Schwimmerventils *(oben)* entfernen und beiseite legen. Zum Lösen des Schwimmerarms den Splint mit einer Zange zusammenbiegen und herausziehen und beiseite legen.

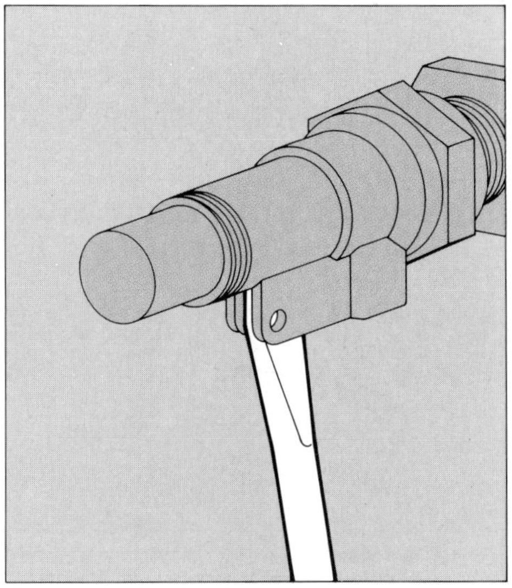

2 Den Ventilkolben entfernen. Auf der Unterseite des Ventilgehäuses den Schlitz orten, in dem der Schwimmerarm gesessen hat; der Kolben des Ventils hat an der entsprechenden Stelle auch einen Schlitz. In diese Öffnung die Spitze eines Schraubenziehers einführen und den Kolben zum offenen Ende des Ventilgehäuses drücken *(oben)*. Dabei die Hand darunterhalten, um den Kolben aufzufangen.

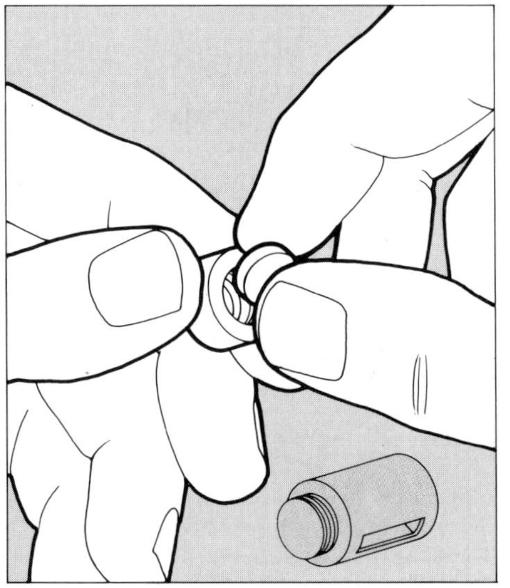

3 Die Gummidichtung auswechseln. Mit einer Zange den mit einem Gewinde versehenen Kegel, der die Dichtungsscheibe hält, vom Kolben schrauben. Die alte Gummidichtung mit der Hand herausnehmen *(oben)*. Eine neue, genau passende einsetzen.

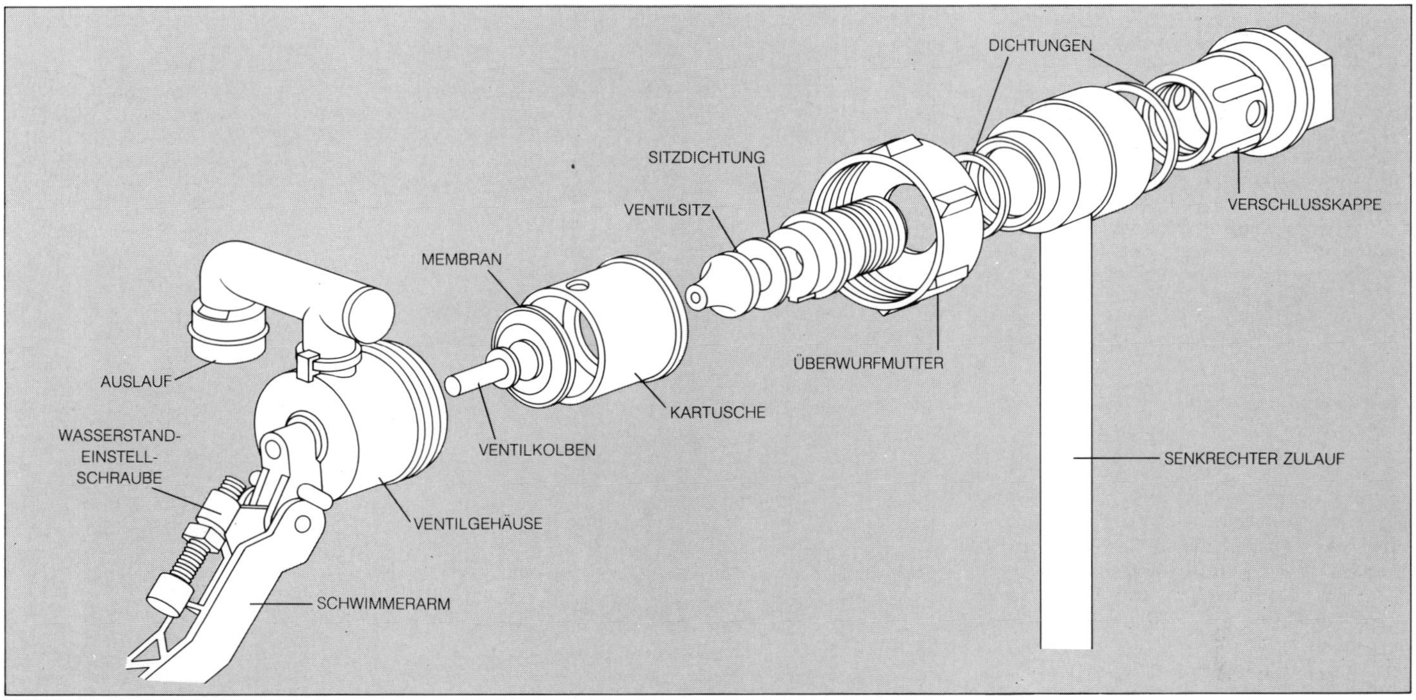

Das Membran-Schwimmerventil. Der kennzeichnende Teil eines Membran-Schwimmerventils ist eine dünne Gummimembran. Der äußere Rand der Membran schließt mit den Wänden einer Kartusche im Ventilgehäuse ab. Wenn der Schwimmerarm steigt, wird das verstärkte Mittelstück der Membran gegen den kegelförmigen Ventilsitz gedrückt und stoppt den Wasserzulauf. Das oben gezeigte Modell hat einen senkrechten Wasserzulauf, andere Modelle haben einen waagerechten. Der Luftsprudler am Ventilauslauf reduziert die Geräusche beim Vollaufen des Spülkastens.

Die Membran eines Membran-Schwimmerventils erneuern

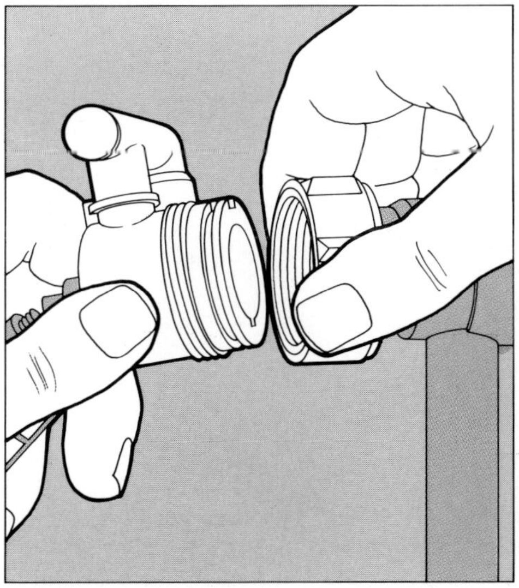

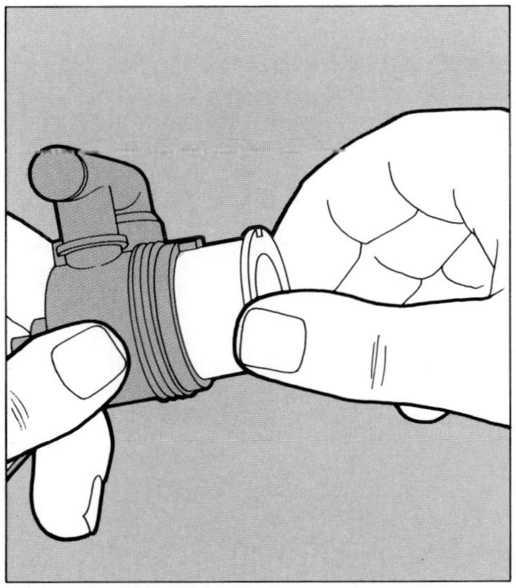

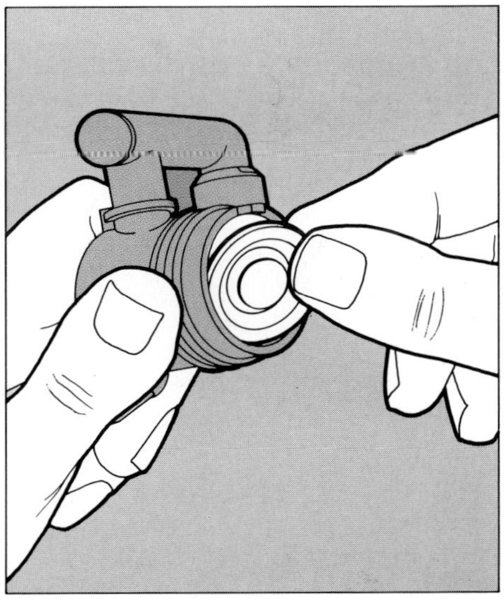

1 Die Überwurfmutter lösen. Nachdem die Wasserzufuhr unterbrochen und der Deckel des Spülkastens abgenommen ist, das Ventilgehäuse *(oben)* aufschrauben, um an die Kartusche innerhalb des Gehäuses zu gelangen.

2 Die Kartusche entsichern. Die Kartusche, die in das Ventilgehäuse fest eingerastet ist, vorsichtig herausnehmen *(oben)*. Die Kartusche enthält den kegelförmigen Ventilsitz mit einer Dichtung. Die Kartusche beiseite legen.

3 Die Membran herausnehmen. Mit der Klinge eines Taschenmessers, das man in das Ventilgehäuse einführt, die schwarze Gummimembran vom Ventilkolben abziehen. Die lose Membran mit der Hand herausnehmen *(oben)* und die neue Membran in das Ventilgehäuse drücken. Die Kartusche wieder einsetzen und mit der Überwurfmutter am Ventilgehäuse sichern.

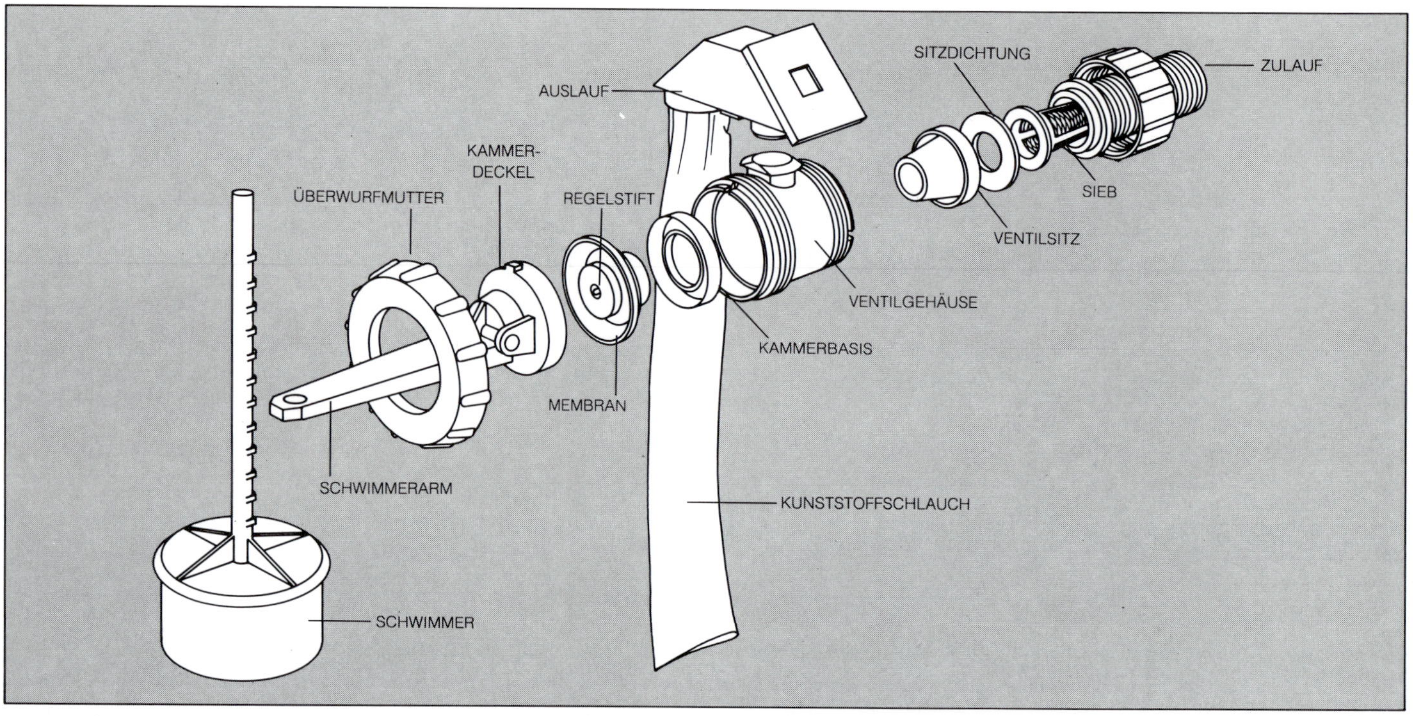

Das Membran-Druckausgleichsventil. Die Membran dieses Ventils hat in der Mitte einen Regelstift, durch den Wasser in eine Druckausgleichskammer fließt. Bei gefülltem Spülkasten ist dadurch der Wasserdruck auf beiden Seiten der Membran in der Kammer gleich. Wenn sich der Schwimmerarm senkt, gibt er eine Steueröffnung in der Druckausgleichskammer frei, und das Wasser fließt aus der Kammer ab. Der sinkende Druck auf der einen Seite der Membran führt dazu, daß sie sich wölbt, den Ventilsitz freigibt und das Wasser nachfließt. Der dadurch steigende Schwimmerarm verschließt die Steueröffnung und läßt in der Kammer wieder den Druckausgleich eintreten. Der Kunststoffschlauch dämpft das Wassergeräusch beim Vollaufen. Der Wasserstand wird reguliert, indem man den Schwimmerarm am Schwimmer entsprechend einhängt.

Die Membran eines Membran-Druckausgleichsventils erneuern

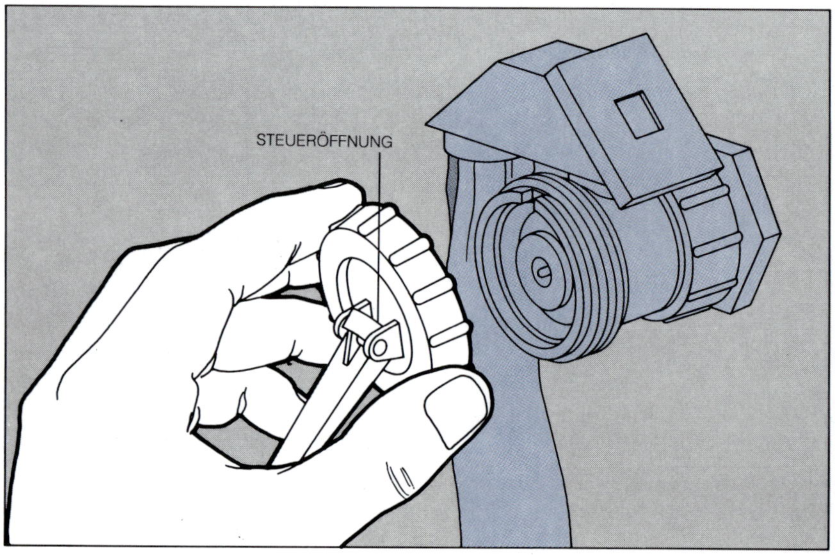

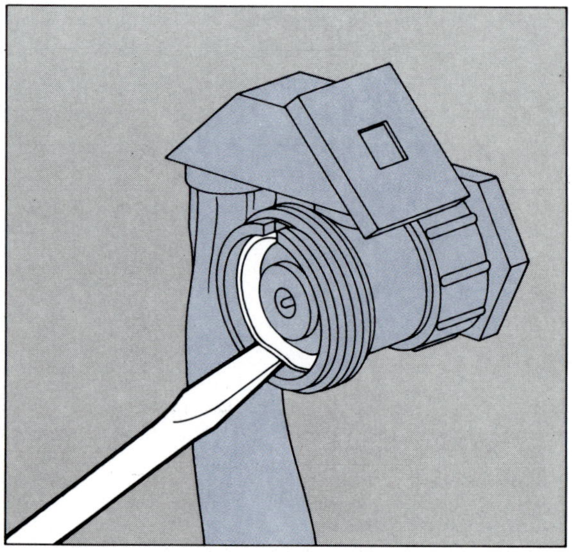

1 Den Schwimmerarm abschrauben. Die Wasserzufuhr unterbrechen und den Spülkasten öffnen. Die Überwurfmutter des Ventils – sie befindet sich über der Druckausgleichskammer – abschrauben. Den Deckel der Kammer und den damit verbundenen Schwimmerarm abnehmen *(oben)*. Die Steueröffnung im Kammerdeckel reinigen und die Dichtung überprüfen.

2 Die Membran entfernen. Die Spitze eines kleinen Schraubenziehers zwischen den äußeren Rand der Membran und das Ventilgehäuse schieben und die alte Membran herausheben *(oben)*. Die neue Membran hineindrücken. Den Deckel der Druckausgleichskammer und den Schwimmerarm wieder einbauen, dabei auf die Deckelzunge achten. Dann die Überwurfmutter festdrehen.

Den Wasserstand regulieren

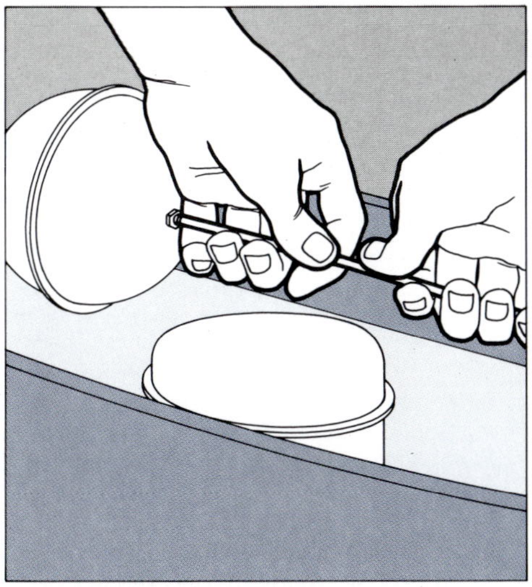

Den Schwimmerarm verändern. Hat das Ventil einen metallenen Schwimmerarm, läßt sich der Wasserstand im Wasserkasten sehr leicht regulieren. Wenn man den Schwimmerarm vorsichtig nach oben biegt, schließt sich das Zulaufventil erst bei einem höheren Wasserspiegel – und umgekehrt. Der empfohlene Wasserspiegel liegt mindestens 20 mm unter dem Schwimmerventil.

Eine Notreparatur am Schwimmer

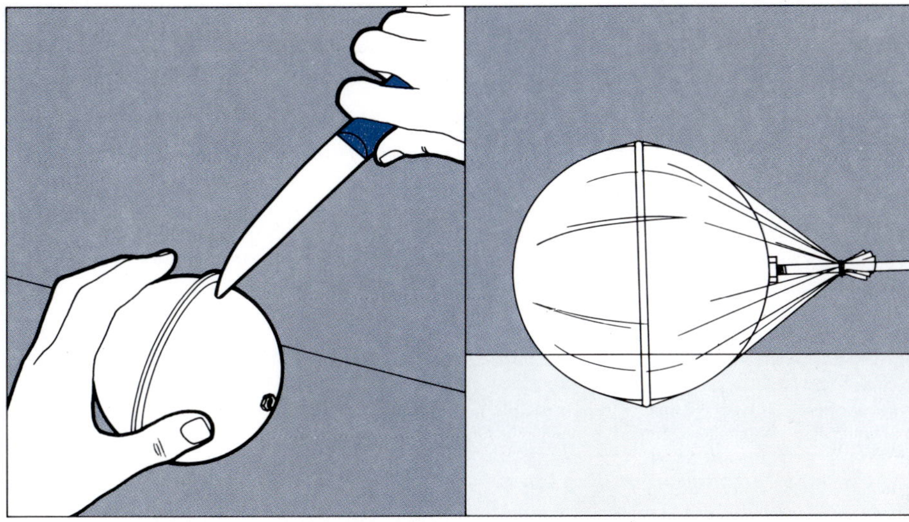

Ein Loch in der Schwimmerkugel reparieren. Wenn ein Schwimmer ein Loch hat und absinkt, schließt das Ventil nicht mehr, so daß ständig Wasser durch den Auslauf abfließt. Den Schwimmerarm hochbinden und den Schwimmer abschrauben. Den Schwimmer entleeren und wieder befestigen. Einen Plastikbeutel über den Schwimmer ziehen und mit Schnur oder Gummiband fest zubinden.

Einen WC-Sitz auswechseln

Die Befestigungsbolzen lösen. Um die beiden Bolzen zu entfernen, müssen die Muttern unter dem Beckenrand gelöst werden. Wenn sie sich nicht von Hand lösen lassen, sollte man es mit einer Zange oder einem Ringschlüssel versuchen. Sind die Bolzen so festgerostet, daß sie sich nicht lösen lassen, nach dem rechts beschriebenen Verfahren vorgehen.

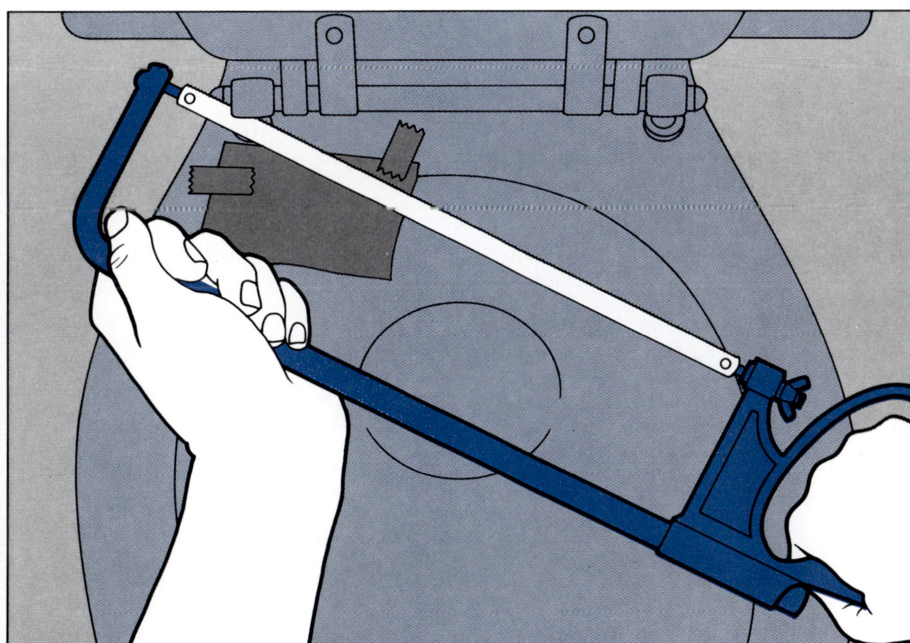

Festgerostete Bolzen lösen. Die festgerosteten Bolzen mit Kriechöl einsprühen und das Öl 30 Minuten oder über Nacht wirken lassen. Dann nochmals versuchen, die Bolzen zu lösen. Dabei keine Gewalt anwenden, da das Porzellanbecken sehr leicht springen kann. Sonst die Bolzenköpfe mit einer Eisensäge absägen. Dort sägen, wo die Dichtungen sitzen. Das Porzellan mit Pappe schützen.

Ausbesserungsarbeiten im Bad

Wie die Rohrleitungen müssen auch die schöneren Teile der häuslichen Installationen – Fliesen, Seifenschalen, Handtuchhalter sowie die Glasur der Porzellananteile von Armaturen – gelegentlich überholt werden. Verchromte Oberflächen werden durch Kalkablagerungen stumpf; Keramik und Porzellan verfärben sich durch Rostablagerungen – meist weil das Auslaufventil, das tropft, schon lange hätte repariert werden sollen – oder durch Chemikalien im Wasser. Man läßt etwas Schweres fallen, und schon hat man eine Stoßstelle in der Wanne. Fliesen fallen von der Wand, weil sie entweder schlecht angebracht waren oder sich mit der Zeit durch die hohe Feuchtigkeit im Bad lösen. Und schließlich eines der häufigsten Probleme im Bad: die Abdichtung der Fuge zwischen Wanne und Wand bröckelt. Ihre Ausbesserung kann in regelmäßigen Abständen nötig werden, da die Wanne jedesmal, wenn man sie füllt oder leert, ihr Gewicht verändert und entsprechend arbeitet.

Die Tabelle und die Anleitungen auf den folgenden Seiten sollen helfen, diese Probleme zu bewältigen. Gelegentlich muß man auch zwei Verfahren kombinieren. Auf S. 49 befindet sich z. B. die Anleitung, wie man eine defekte Handtuchstange ersetzt. Wenn sich nun herausstellt, daß die Montageplatte der neuen Handtuchstange zu klein ist, um den von der alten Montageplatte hinterlassenen Fleck abzudecken, muß man die Montageanleitung abwandeln: Man ersetzt die ganze Fliese *(gegenüber)* und befestigt dann die Handtuchstange auf der neuen Fliese, wie auf S. 49 in Arbeitsgang 1 und 2 ausführlich beschrieben.

Bei allen Arbeiten, die man sich vorgenommen hat, sollte man Vorsichtsmaßnahmen treffen. Beim Herausmeißeln einer Fliese ist es ratsam, wegen der feinen Splitter eine Schutzbrille zu tragen, und beim Umgang mit scharfen Reinigungsmitteln sollte man Gummihandschuhe anziehen. Im Umfeld der zerbrechlichen Keramikoberflächen eines Badezimmers ist mit schweren Werkzeugen vorsichtig zu hantieren, damit keine weiteren Reparaturen nötig werden.

Reinigung von Fliesen und Armaturen

Problem	Maßnahme
Fliesenkleber auf Fliesenoberflächen	Sofort mit einem feuchten Tuch abwischen. Wenn der Kleber schon fest geworden ist, mit einer Rasierklinge vorsichtig abkratzen und die Fliesen mit Nitroverdünnung reinigen. Die Verdünnung nicht mit Gegenständen aus Kunststoff in Berührung bringen.
Schmutzige Fugen zwischen Fliesen Beläge auf Fliesen	Mit Zahnbürste und Haushaltsreiniger abwaschen. Beläge mit milder Seifenlauge entfernen. Die Fliesen mit kaltem Wasser abspülen und mit einem trockenem Tuch nachwischen.
Rauhe Oberflächen von Fliesen oder emaillierten Wannen durch Kalkablagerungen	Kalkablagerungen mit Essig oder speziellem Kalklösungsmittel entfernen.
Verfärbte Emaille in Badewannen	Um emaillierte Oberflächen aufzufrischen, eine Mischung aus Weinstein und Peroxid verwenden. Genug Peroxid einrühren, damit eine Paste entsteht; mit einer kleinen, harten Bürste kräftig schrubben.
Verschmutzte oder verfärbte WC-Becken	Spülung betätigen, um die Beckenoberfläche anzufeuchten. Toilettenreiniger oder Chlorbleiche hineingeben. Einige Minuten wirken lassen, dann mit einer Toilettenbürste reinigen und mit Wasser nachspülen. Den Reiniger nie mit Chlorbleiche oder Ammoniak mischen. Die chemische Reaktion setzt giftige Dämpfe frei.
Verschmutzte Chromoberflächen	Mit mildem Haushaltsreiniger waschen und mit einem trockenen Tuch polieren. Ablagerungen mit Essig entfernen. Keine Metallpoliermittel oder Scheuersand verwenden; sie beschädigen die Oberfläche.
Rostbeläge in Becken und Wannen	Leichten Rostbelag mit einer aufgeschnittenen Zitrone abreiben. Starken Belag mit 5%iger Oxalsäurelösung oder 10%iger Chlorwasserstoffsäurelösung entfernen. Mit einem Lappen auftragen, eine Sekunde einwirken lassen, gründlich abspülen. Falls erforderlich, wiederholen.
Grüne Kupferflecken in Spülen und Wannen	Mit einer Mischung aus kräftiger Seifenlauge und Ammoniak abwaschen. Lassen sich die Flecken nicht entfernen, 5%ige Oxalsäurelösung einsetzen. Wenn die Flecken immer wiederkommen, eventuell das ganze Teil ersetzen.

Eine Fliese ersetzen

1 Die Fliese entfernen. Mit Hammer und Meißel die Fliese in der Mitte zerschlagen (dabei eine Schutzbrille tragen), dann die Teile herausheben. Wenn die Fliese heil herauszulösen ist und weiter verwendet werden soll, die Rückseite sauberkratzen. Das Fliesenbett freimachen.

2 Die Fliese einsetzen. Kleber auf der Rückseite auftragen und die Fliese so andrücken, daß sie mit den umgebenden Fliesen plan abschließt. Sofern die Fliese nicht Distanznasen hat, Streichhölzer in die Fugen stecken, um die Fliese richtig zu plazieren. Über Nacht trocknen lassen.

3 Fugenfüller auftragen. Zum Füllen der Zwischenräume zwischen den Fliesen wird ein Fugenfüller benutzt. Den Fugenfüller mit den Fingern, einem feuchten Schwamm oder einem Teigschaber in die Fugen drücken. Überschüssige Masse mit einem feuchten Tuch abwischen.

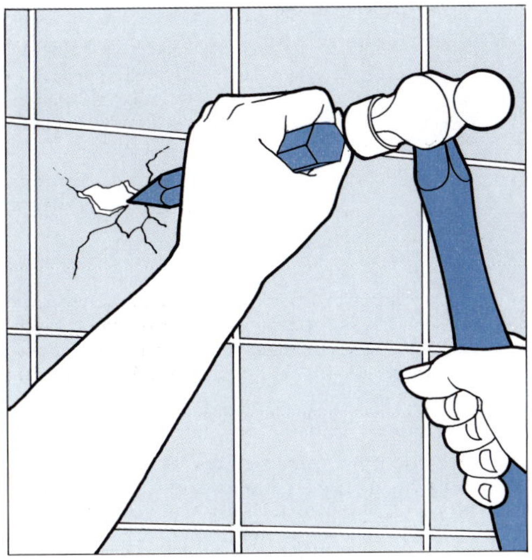

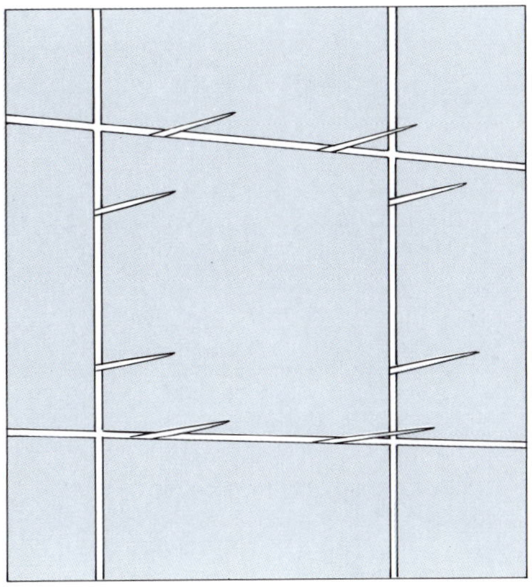

Eine Fliese zuschneiden

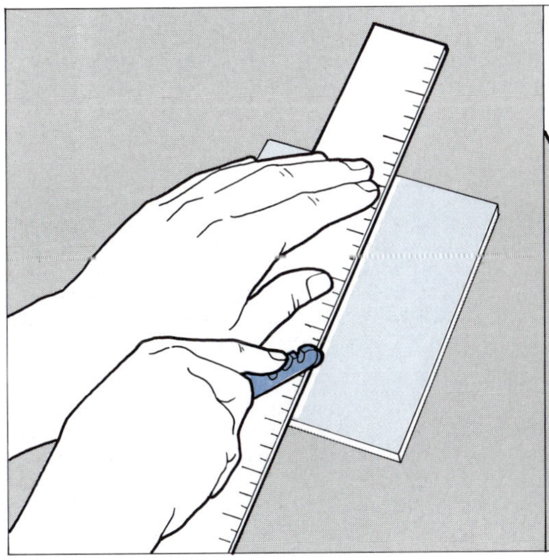

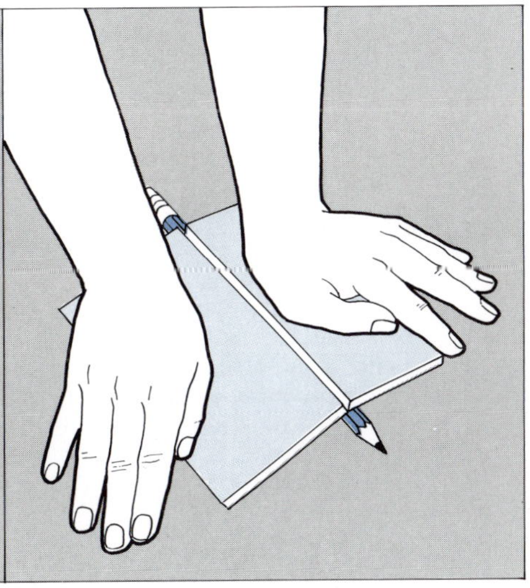

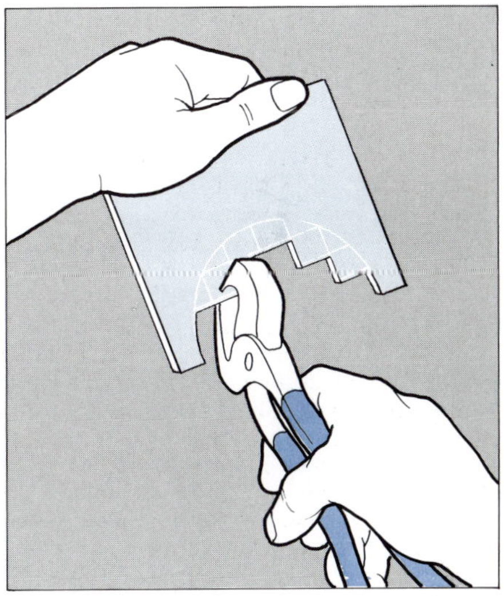

Ein gerader Schnitt. Wenn eine Fliese zugeschnitten werden muß, damit sie in ein schmales Feld neben einem Becken paßt, den Schnitt zunächst mit einem Fettstift anzeichnen. Dann die Fliese entlang der angezeichneten Linie mit einem Glas- oder Fliesenschneider ritzen: Unter kräftigem Andrücken den Schneider gleichmäßig an der Linie entlangziehen *(oben links)*. Einen Bleistift auf eine ebene Unterlage legen und die Fliese so über dem Bleistift plazieren, daß Schnitt und Bleistift deckungsgleich übereinanderliegen. Nun kräftig auf beide Seiten der Fliese drücken *(oben)*.

Einen Bogen schneiden. Um eine Fliese einem gebogenen Teil anzupassen, den zu entfernenden Teil der Fliese anzeichnen. Dann mit dem Glasschneider ein Gittermuster hineinschneiden und die Teile mit einer Zange herausbrechen. Zum Schluß den Rand sorgfältig glattfeilen.

Die Fugen zwischen Wanne und Wand abdichten

Die Fuge schließen. Am einfachsten ist es, die Fuge zwischen Wand und Badewanne mit wasserfester, dauerelastischer Dichtungsmasse zu füllen. Die Spitze der Tube schräg abschneiden und die Dichtungsmasse langsam in die Fuge drücken, dabei die Tube möglichst gleichmäßig und langsam an der Fuge entlangführen. Einen Finger in eine Mischung aus Wasser und viel Spülmittel tauchen und damit die Dichtungsmasse glattstreichen. Wenn die Dichtungsmasse nicht haftet, Wanne und Fliesen gut entfetten, mit Grundiermittel streichen, ablüften lassen und abspritzen. Mindestens 24 Stunden lang trocknen lassen.

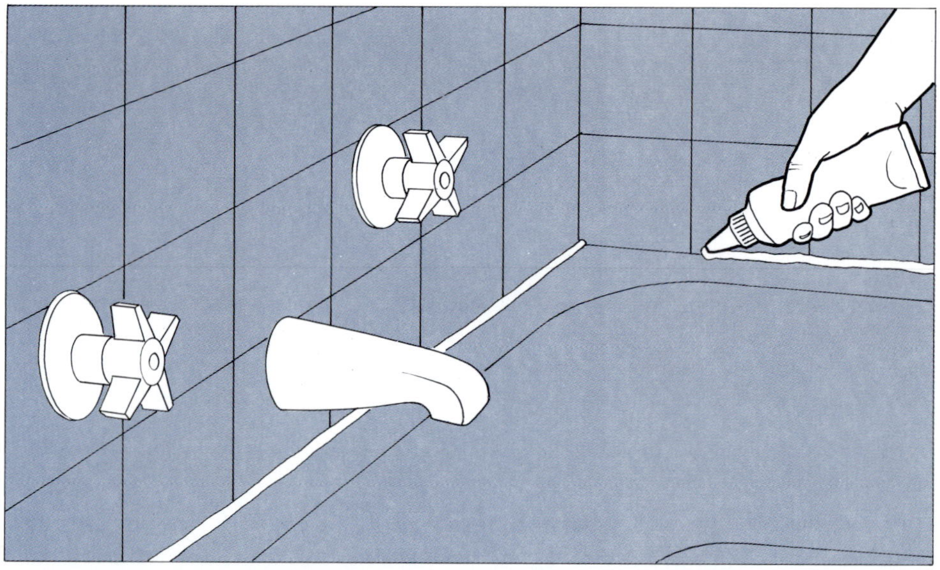

Winkelfliesen setzen. Wenn die Dichtungsmasse immer wieder in kurzer Zeit erneuert werden muß, Winkelfliesen mit viertelkreisförmigem Querschnitt verwenden; sie sind als Bausätze im Handel erhältlich. Sie lassen sich mit Dichtungsmasse leicht über die Badewannenfuge kleben.

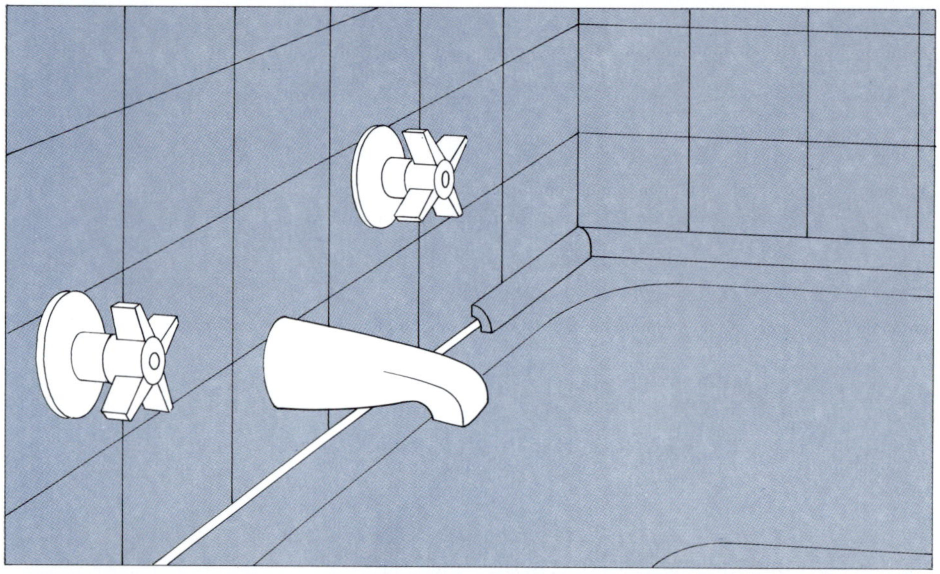

Abgestoßene Emaillierung ausbessern. Abgestoßene Stellen in einer Badewanne oder einem Waschbecken können abgedeckt werden, indem man Epoxidharzlack in mehreren dünnen Schichten aufträgt. Der Lack ist in vielen Farben erhältlich. Die abgestoßene Stelle zunächst mit Reinigungsbenzin säubern. Dann eine kleine Menge Lack und Härter anmischen. Den Lack in mehreren Schichten mit einem sehr kleinen Pinsel auftragen; darauf achten, den Übergang an den Rändern der abgestoßenen Stelle möglichst unauffällig zu machen. Jede Lackschicht 1 Stunde trocknen und durchhärten lassen.

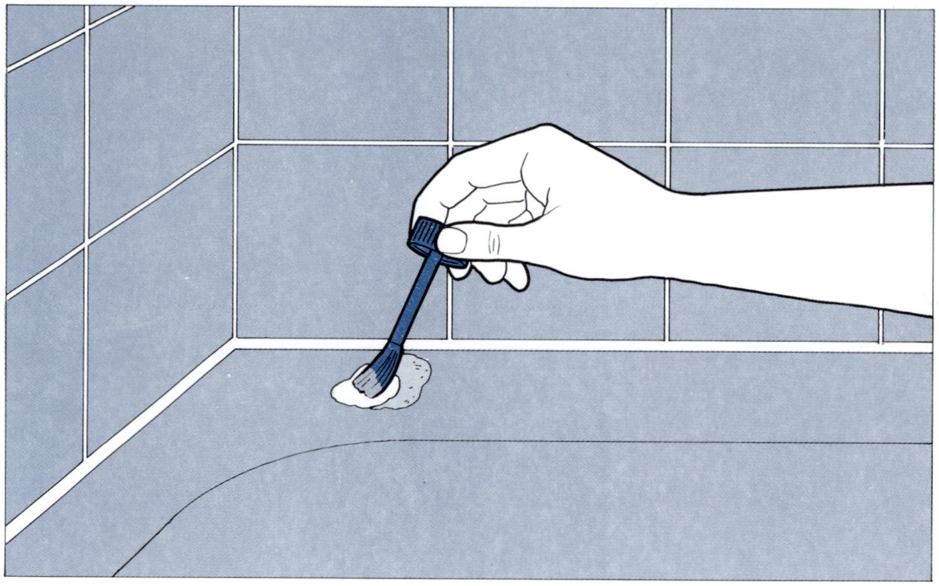

Sanitärzubehör aus Keramik

Es ist nicht schwer, zerbrochene Seifenschalen, schadhafte Handtuchstangen oder Haltegriffe zu ersetzen. Man sollte sie aber möglichst nicht gegen ein identisches Teil austauschen, denn meist ist es leichter, ein Teil mit einer anderen Befestigung zu verwenden.

Die meisten Zubehörteile sind mit Mörtel an der Wand befestigt, der nicht leicht zu verarbeiten ist. Es empfiehlt sich daher, den Haltegriff oder die Handtuchstange durch ein Teil zu ersetzen, das an die Wand geschraubt wird. Eine leichte Seifenschale kann mit Fliesenkleber befestigt werden; man sollte aber keine mit einem Handgriff wählen, damit man nicht automatisch versucht ist, sich daran festzuhalten.

Eine Seifenschale austauschen

1 **Die alte Seifenschale entfernen.** Zunächst den Fugenfüller aus den Fugen um die Seifenschale kratzen. Die übrigen Fliesen mit Kreppband schützen. Dann vorsichtig mit einem Hammer die gesprungenen Teile der Seifenschale lockern (Schutzbrille tragen). Den Meißel in der Fuge ansetzen und die Schale heraushämmern. Alten Fugenfüller und Fliesenkleber entfernen.

2 **Die neue Schale einsetzen.** Eine Schale wählen, deren Befestigungsfläche genauso groß ist wie die der alten. Die Rückseite der neuen Schale mit Fliesenkleber bestreichen und die Schale ansetzen. Mit Kreppband fixieren, bis der Kleber ausgehärtet ist. 24 Stunden aushärten lassen, dann die Fugen mit Fugenfüller verstreichen.

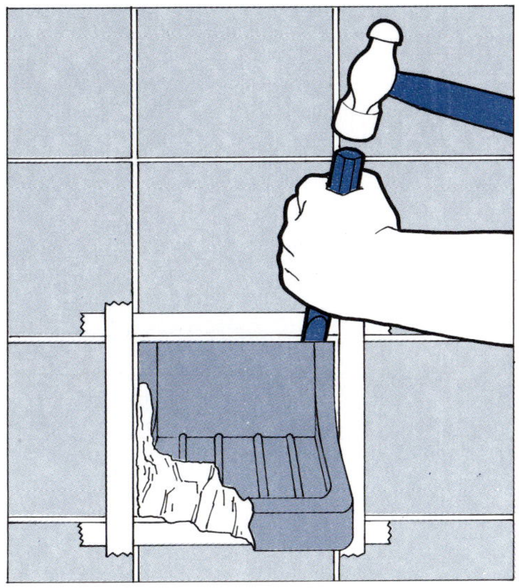

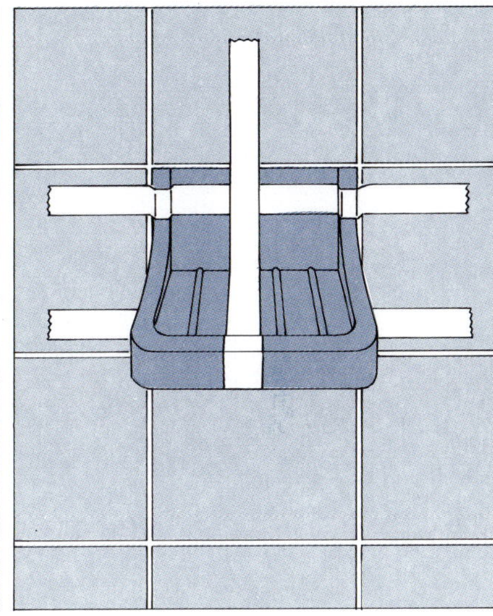

Einen Haltegriff oder eine Handtuchstange ersetzen

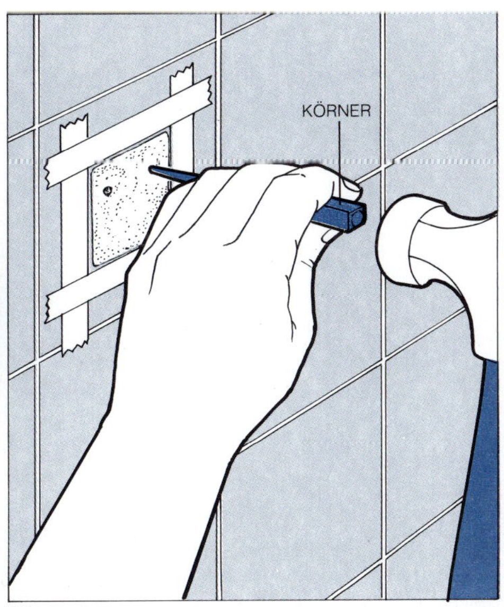

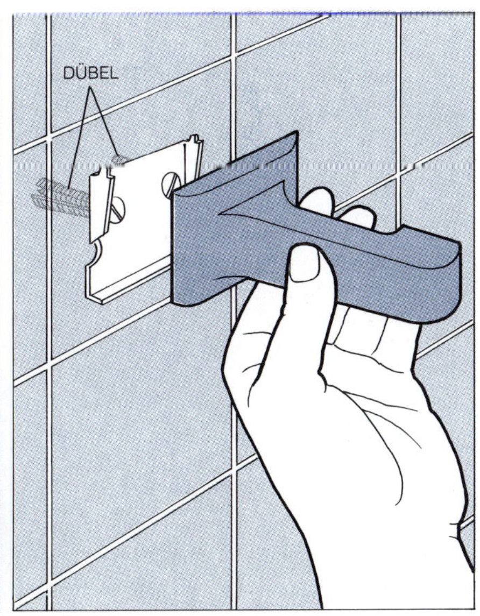

1 **Das alte Teil entfernen.** Wenn ein Haltegriff oder eine Handtuchstange schadhaft werden, beim Entfernen kein tiefes Loch entstehen lassen. Die Stelle sollte mit den umliegenden Fliesen möglichst eine Fläche ergeben. Die betreffende Fliese mit Kreppband schützen und mit Hammer und Meißel, dann mit Schleifvorsatz und Bohrmaschine die verbliebenen Vorsprünge so gut wie möglich einebnen. In der Nähe des Kreppbands mit der Hand schleifen.

2 **Durch Fliesen bohren.** Die Montageplatte des neuen Teils so anbringen, daß die alte Befestigungsstelle verdeckt wird. Mit einem Hammer und einem Körner die Fliese ankörnen, so daß der Bohrer nicht abrutscht. Dann mit einem Steinbohrer die Befestigungslöcher bohren.

3 **Die Montageplatte anbringen.** Die meisten neuen Teile haben verdeckte Montageplatten, d. h. daß die Montageplatten, die an die Wand geschraubt werden, von der Armatur selbst verdeckt werden. Wenn die Fliese in Mörtel eingelegt ist, die Befestigungsschrauben in Kunststoffdübeln verankern *(oben)*. Soll das Teil an einer hohlen Wand befestigt werden, Hohlraumdübel oder entsprechende Anker benutzen.

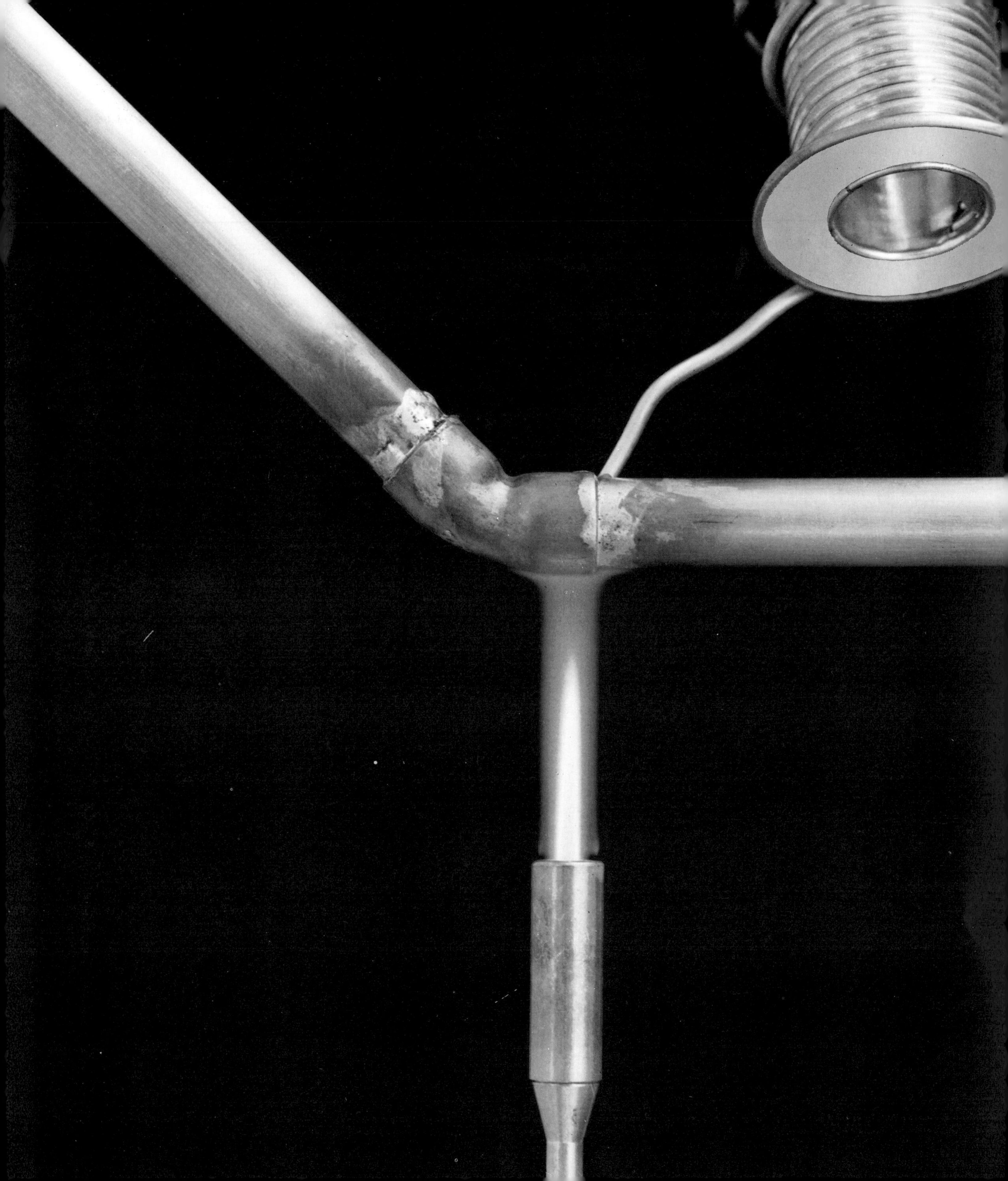

3 Umgang mit Rohren

Eine Lötverbindung herstellen. Kupferrohr – das für Wasserleitungen meistverwendete Material – läßt sich am sichersten mit Lötfittings verbinden. Rohrleitung und Fitting, hier ein 45°-Winkel, werden mit einer Gaslötlampe *(unten)* so weit erhitzt, daß das Lot *(oben)* bei Berührung mit der Leitung schmilzt. Dann wird das Lot rund um die Naht von Rohr und Fitting gehalten, bis – wie links am fertig gelöteten Fitting – ein Ring aus geschmolzenem Metall entstanden ist.

Nur selten ist man tatsächlich gezwungen, ein Stück Rohr aus einer Leitung herauszuschneiden und zu ersetzen – etwa wenn eine Versorgungsleitung einfriert und platzt, eine Verbindung undicht wird oder ein Abflußrohr vollkommen verstopft ist. Weit häufiger kommt es vor, daß durch geänderte Bedürfnisse der Familie eine neue Rohrleitung mit neuen Zapfstellen und Geräten nötig wird. Aber ob man diese Arbeiten nun freiwillig oder gezwungenermaßen in Angriff nimmt: dank neuer Materialien und vereinfachter Techniken sind sie leichter zu meistern, als man glaubt.

Neue Materialien haben die Installationsarbeiten grundlegend verändert. Egal, welche Rohrleitungen man im Haus vorfindet – Kupfer, Stahl, Gußeisen, Kunststoff oder Blei –, in der Regel kann man bei einer Reparatur oder der Installation einer neuen Leitung zwischen mehreren Materialien wählen. Eine ganze Reihe von Verbindungsstücken ermöglicht es, fast alle Rohrarten miteinander zu verbinden *(S. 53)*. Um sich die Arbeit zu erleichtern, sollte man ein Material wählen, das sich leicht verarbeiten läßt: z. B. Kunststoff für Abflußrohre und bestimmte Kaltwasserleitungen. Kunststoff läßt sich leicht mit der Säge zuschneiden und mit Lösungsmittel und Kleber verbinden. Für sämtliche Klempnerarbeiten hervorragend geeignet ist Kupferrohr, da es nicht korrodiert und sehr widerstandsfähig ist. Es läßt sich gut zuschneiden und verarbeiten und ist je nach Verwendungszweck in verschiedenen Ausführungen erhältlich. Gelötete Kupferrohrverbindungen *(gegenüber und S. 56–57)* sind am widerstandsfähigsten, Schraubverbindungen dagegen einfacher herzustellen und dort angeraten, wo die Arbeit mit der Lötlampe zu unpraktisch oder zu gefährlich ist *(S. 55–56)*.

Selbst bei Reparaturarbeiten an einer alten Rohrleitung brauchen die neu installierten Stücke nicht unbedingt aus dem ursprünglichen Material zu sein – sie müssen aber unbedingt den Bauvorschriften und den Richtlinien der zuständigen Wasser- und Abwasserwerke entsprechen. Das gilt erst recht für Neuinstallationen von insbesondere Wasserleitungen, aber auch Abwasserrohren. Es ist also auf jeden Fall erforderlich, sich vor dem Beginn irgendwelcher Arbeiten bei den zuständigen Institutionen – deren Auflagen sich von Land zu Land unterscheiden – beraten zu lassen, und bei bestimmten Arbeiten möglicherweise unumgänglich einen Fachmann oder zugelassenen Installateur hinzuzuziehen.

Defekte Gußfallrohre ersetzt man am besten – sofern zulässig – durch Kunststoffrohre: Sie sind leicht und außerdem einfach zu verarbeiten. Kupfer sollte allerdings nicht mit Zink oder verzinkten Rohren in Verbindung gebracht werden; die elektrochemische Reaktion zwischen den beiden Metallen würde die Verbindung zerfressen.

Ganz gleich, welches Material man verwendet, die Arbeit läßt sich erleichtern, wenn man wie ein Installateur vorgeht und soviel wie möglich an der Werkbank montiert. Selbst längere Rohrleitungen können dort zusammengesetzt und dann in Abschnitten eingebaut werden. Auf diese Weise erledigt man einen großen Teil der Montage an einem gut beleuchteten, bequemen Arbeitsplatz statt in den engen, dunklen Ecken und Winkeln, durch die Leitungen oft verlegt werden müssen. Wer mit Lötverbindungen arbeiten will, vermeidet auf diese Weise auch das Löten an feuergefährlichen Stellen des Hauses und in der Nähe elektrischer Leitungen.

Materialien und Fittings für jeden Zweck

Wasserleitungen aus Blei gab es schon im alten Rom, und man findet sie auch heute noch in älteren Häusern. Allerdings arbeiten Installateure heutzutage vorwiegend mit Kupfer, Gußeisen, Stahl, Messing und Kunststoff. Meist werden jedoch mehrere Materialien miteinander kombiniert, da für jeden Verwendungszweck Wirtschaftlichkeit, Haltbarkeit und Eignung in einem möglichst günstigen Verhältnis zueinander stehen sollten. Die Kombination darf jedoch nicht willkürlich erfolgen, da bestimmte Materialien nur unter Einhaltung besonderer Vorsichtsmaßnahmen miteinander kombiniert und verbunden werden können.

Kupfer wird vor allem für Versorgungsleitungen verwendet. Es läßt sich gut verarbeiten und ist sehr haltbar. Im Fachhandel ist Kupferrohr in zwei Qualitäten erhältlich: Entweder als starres, dünnwandiges Rohr in Längen von 5 Metern (die preiswertere Qualität für gerade Rohrleitungen) oder als weiches oder „entspanntes" Rohr in Ringen von 25 Meter Länge, das sich von Hand biegen läßt. Beide Kupferrohrarten gibt es auch mit PVC-Mantel. Dieses sogenannte WICU-Rohr ist besonders für unterirdische Installationen geeignet.

In den letzten Jahren wird immer häufiger mit Kunststoffrohr gearbeitet: Es ist leicht und billig und läßt sich einfach verbinden. Je nach Verwendungszweck, sei es für Wasserleitungen oder für Abwasserrohre, werden verschiedene Kunststoffe eingesetzt. „PVC-hart" ist stabil genug, um dem Druck der Wasserversorgung standzuhalten, da es aber bei Erhitzung weich wird und sich verformt, ist es lediglich für Kaltwasserleitungen geeignet. PVC-hart läßt sich leicht verkleben. Rohre aus Polyethylen (PE-hart) sind so elastisch, daß sie nicht platzen, wenn die Leitung einmal einfriert. Sie werden mit Klemmringverschraubungen verbunden und in der Regel als Kaltwasserversorgungsleitungen im Freien verlegt.

Verzinkter Stahl ist das widerstandsfähigste Material für Versorgungsleitungen und wird verwendet, wenn mit starker mechanischer Beanspruchung zu rechnen ist. Stahlrohr wird stets durch Schraubgewinde verbunden. Möglicherweise findet sich ein Installateur, der die gewünschten Längen und die Gewinde schneidet.

Gußeisenrohre werden nur als Abwasserrohre verwendet. Heutzutage werden sie durch Dichtmanschetten mit Spannbändern verbunden; früher waren bleivergossene Steckverbindungen üblich.

Praktische Erwägungen, wie leichte Handhabung, Preis und Haltbarkeit, sind nicht die einzigen Kriterien bei der Auswahl des Materials. Auch die Gesetze und Bauvorschriften der jeweiligen Gegend können bei der Auswahl bestimmend sein. Manchmal ist ein Material in einem Teil des Rohrnetzes erlaubt und in einem anderen verboten; auch die Art der Rohrverbindung kann vorgeschrieben sein. Ehe man Geld in Material investiert, muß man sich unbedingt über die örtlichen Bestimmungen informieren.

Bei metrischen Kupfer- und Kunststoffrohren mißt man den Außendurchmesser in Millimetern; Stahlrohre werden in Zoll gemessen. Soll ein Stück Rohr ersetzt werden, mißt man den Durchmesser mit dem Lineal und besorgt dann ein Rohr von gleichem Durchmesser. Wer eine Versorgungsleitung neu installieren will, sollte sich bei der Wahl des Rohrdurchmessers nach den Herstellerangaben für das anzuschließende Gerät richten. Die Größe eines Abwasserrohrs muß den Bestimmungen der DIN 1986 bzw. denen der zuständigen Institutionen entsprechen: eine längere Rohrleitung erfordert einen größeren Durchmesser, um einen guten Abfluß zu gewährleisten.

Um eine Rohrleitung zu installieren, sind Formstücke, sogenannte „Fittings", unentbehrlich; sie verbinden die Rohre. Ein Fitting ist immer dann erforderlich, wenn eine Rohrleitung sich verzweigt, den Durchmesser ändert, mit einer anderen Leitung verbunden wird oder – bei starrem Material – die Richtung ändert. Die gebräuchlichsten Fittings werden gegenüber gezeigt. Die Formen sind allen Leitungstypen gemeinsam – der Unterschied besteht nur in der Art, in der die Verbindung ausgeführt wird.

Bei der Verbindung von Kupfer mit Stahl müssen bestimmte Vorsichtsmaßnahmen getroffen werden. Die Gewinde des Kupferrohrs werden mit Dichtungsband umwickelt, um eine elektrochemische Reaktion zwischen den verschiedenen Metallen zu verhindern, die die Verbindungen zerfrißt. In Wasserleitungen darf Kupfer – in Fließrichtung gesehen – immer nur hinter verzinktem Stahlrohr montiert werden.

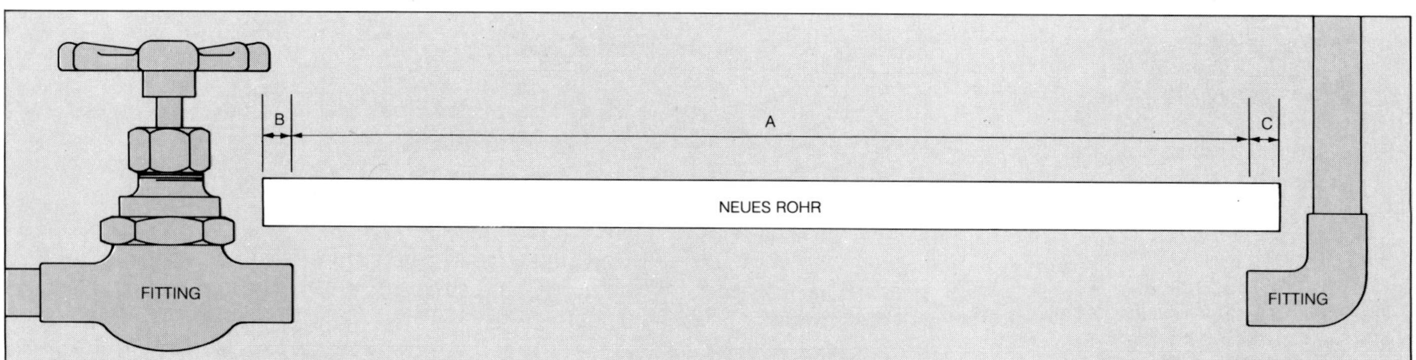

Wieviel Rohr wird benötigt? Um die Rohrlänge für das Stück zwischen zwei Fittings zu bestimmen, den Abstand zwischen den Öffnungen der Fittings ermitteln *(Abstand A)*. Dann abmessen, wie weit die neue Rohrleitung in jedes Fitting hineinreicht *(Abstände B und C)* und die drei Maße addieren. Ist ein Fitting montiert, die Stelle für das zweite markieren, einen Helfer das Fitting daranhalten lassen und den Abstand abmessen.

Vier Arten von Verbindungsstücken

Abzweigungen und Winkel. Mit einem Bogen oder Winkel werden starre Rohre um Ecken geführt; im Fachhandel sind Fittings mit Winkeln bis 90° erhältlich. Ein 90°-T-Stück ist für den Anschluß einer neuen Leitung gedacht. Eine Abwandlung, das 45°-T-Stück, wird meist in Abwasser- und Entlüftungsrohren verwendet, um verschiedene Abflüsse in ein gemeinsames Fallrohr zu führen. Ein T-Stück kann auch, mit einem Deckel verschlossen, als Reinigungsöffnung dienen.

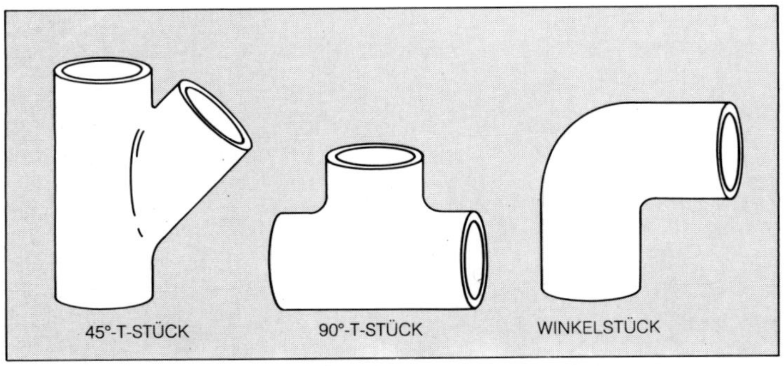

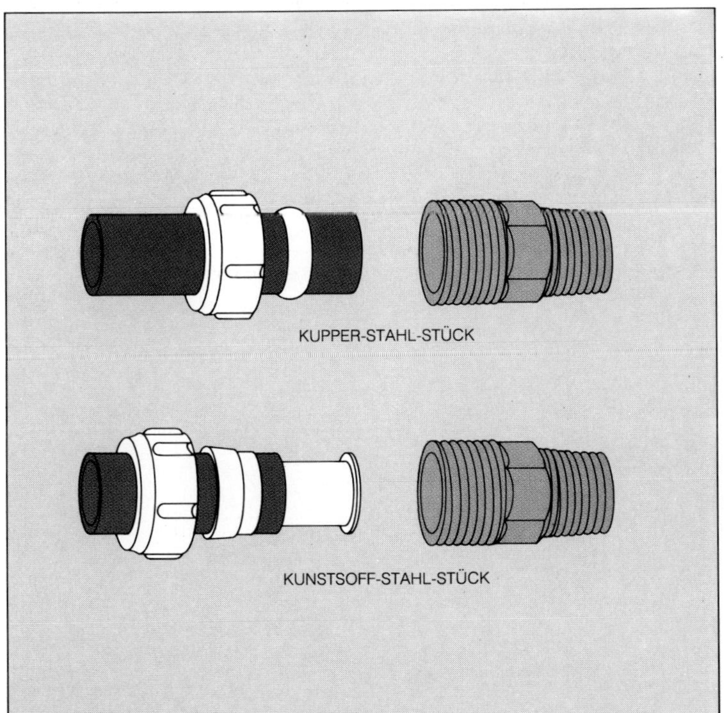

Übergangsstücke. Rohrleitungen aus unterschiedlichen Materialien werden mit Fittings verbunden, die beide Materialien fest zusammenfügen und gleichzeitig elektrochemische Reaktionen zwischen den Metallen verhindern, die deren Verbindung zersetzen können. Ein Kupfer-Stahl-Fitting hat an einem Ende eine Schneidringverschraubung und am anderen ein Gewinde für Stahlrohr. Das Kunststoff-Stahl-Fitting hat eine Klemmringverschraubung speziell für Kunststoff und ein Gewinde für Stahlrohre.

Fittings zur Verlängerung einer Rohrleitung. Soll eine Rohrleitung einfach in gerader Linie verlängert werden, ist eine Muffe erforderlich, um die Rohrenden miteinander zu verbinden. Ein Doppelnippel mit Schraubgewinden an beiden Enden dient zur Verlängerung von Stahlrohren. Ein Reduktionsstück verbindet Rohre von unterschiedlichem Durchmesser. Auch T-Stücke und Winkel sind als Reduktionsstücke erhältlich.

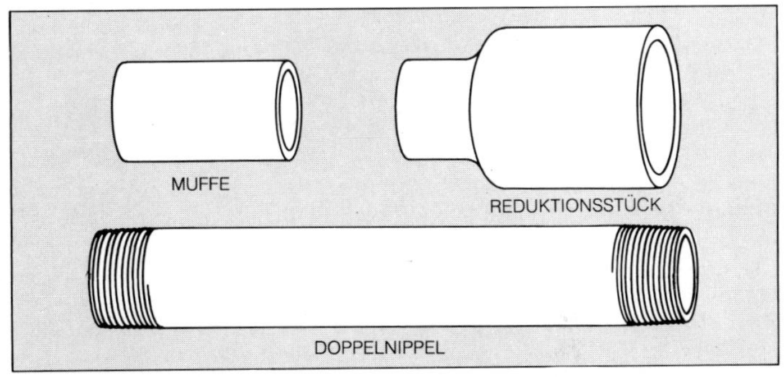

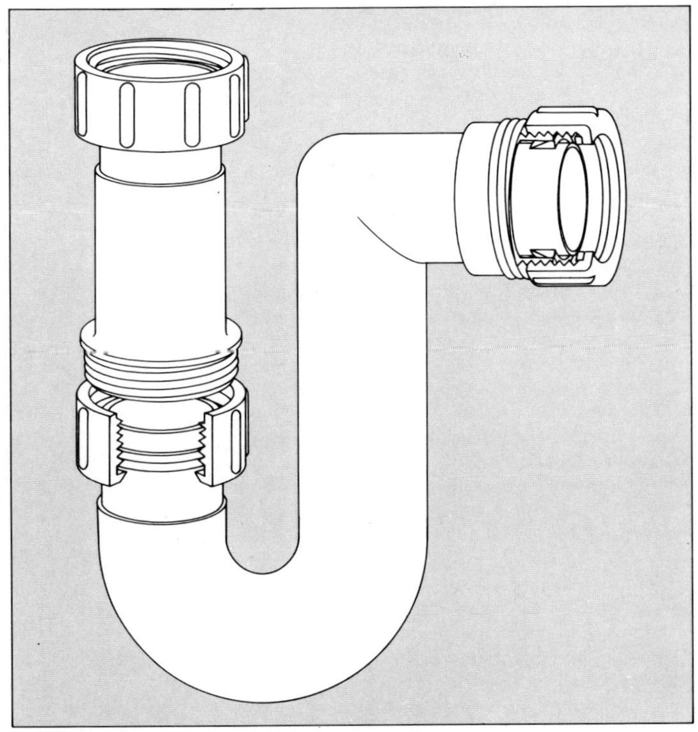

Abwasserformstücke. Der Geruchverschluß, ein spezielles Bauteil des Abflußsystems, ist ein U-förmiges Rohr, in dem Wasser steht. Es dient als Sperre gegen die Gerüche aus der Kanalisation. Geruchverschlüsse können aus Kunststoff *(oben)* oder aus Metall sein. Sie werden zusammengeschraubt oder -gesteckt; die Steckverbindungen haben einen integrierten Dichtring. Abwasserleitungen müssen ein minimales Gefälle von 2 Prozent – das sind 2 cm auf 1 m – haben.

Kupferrohr

Ob man neue Leitungen installiert oder alte repariert, die Technik der Verbindung von Kupferrohren und Fittings ist die gleiche. Zunächst wird das Rohr im rechten Winkel zur Rohrachse geschnitten und der Schnitt entgratet. Kupferrohr kann mit einem Spezialwerkzeug, dem Rohrschneider, oder mit der Eisensäge geschnitten werden. Wenn gerades Rohrmaterial (bis 16 mm) etwas gebogen werden soll, benutzt man eine Rohrbiegefeder *(unten rechts)*. Entspanntes Kupferrohr biegt man von Hand.

Gelötete Verbindungen, auch Kapillarverbindungen genannt *(S. 57)*, sind haltbarer und werden weniger leicht undicht als Schraubverbindungen, aber damit sie gelingen, braucht man etwas Übung. Zum Löten empfehlen sich nicht korrodierendes Flußmittel, etwa Lötfett, und Weichlot aus Zinn-Silber- und Zinn-Kupfer-Legierungen (L-Sn Ag 5 oder L-$SnCu_3$). Bei Fittings mit einem integrierten Lotring braucht man kein weiteres Lot mehr; man muß nur das Flußmittel auftragen, Fitting und Rohr zusammenstekken und beides mit der Lötlampe erhitzen, bis das Lot an der Naht sichtbar wird.

Vorsicht: Bevor man anfängt, an Rohrleitungen mit der Lötlampe zu arbeiten, sollten die Leitungen ganz entleert werden, damit es nicht zu einer gefährlichen Wasserdampfbildung kommt. Zwischen Rohrleitung und brennbaren Untergrund wird eine feuerfeste Matte geschoben. Wegen der Feuergefahr ist es nicht ratsam, in engen Winkeln zu löten. Man sollte statt dessen eine Schraubverbindung verwenden.

Schraubverbindungen bieten den Vorteil, daß sie jederzeit leicht gelöst und wieder zusammengefügt werden können. Man unterscheidet zwei verschiedene Typen: die Bördelverschraubung *(S. 56)*, die ein Spezialwerkzeug erfordert, und die Schneidringverschraubung *(gegenüber)*, für die zwei Schraubenschlüssel ausreichen. Bei der Bördelverschraubung wird die Abdichtung dadurch erreicht, daß eine Überwurfmutter das aufgeweitete Rohrende auf einen Konus preßt. Bei der Schneidringverschraubung drückt die Überwurfmutter einen Ring zwischen das unbearbeitete Rohrende und die Muffe des Fittings. Die Kante dieses Schneidrings drückt sich etwas in das Rohr ein und bildet so die Dichtung. Dabei darf die Mutter nicht zu fest angezogen werden, damit sich der Rohrquerschnitt nicht verkleinert.

Fittings mit Schraubverbindungen gibt es in vielen Formen, von einfachen geraden Verbindungsstücken über Muffen und Winkel bis zu Verteilungsstücken, Ventilen und Hähnen. Sie sind entweder aus Kupfer oder einer anderen geeigneten, nicht korrodierenden Legierung, in der Regel Messing.

Vor den Installations- und Reparaturarbeiten muß man sich unbedingt mit den Bestimmungen der zuständigen Institutionen (Wasserwerk, Baubehörde, Abwasserverband) vertraut machen.

Kupferrohr schneiden und formen

Einen Rohrschneider benutzen. Den Rohrschneider auf das Rohr schieben und den Drehknopf im Uhrzeigersinn drehen, bis das Schneidrad die Rohrwandung berührt. Dann den Schneider einmal um das Rohr herumziehen und den Knopf um eine Vierteldrehung nachziehen. Diese beiden Arbeitsgänge, Schneiden und Weiterdrehen des Knopfes, wiederholen, bis das Rohr durchgetrennt ist. Das Rohrende mit der am Schneider angebrachten dreieckigen Klinge von innen entgraten. Den inneren Grat der Kante mit einer runden und den äußeren mit einer flachen Feile glätten.

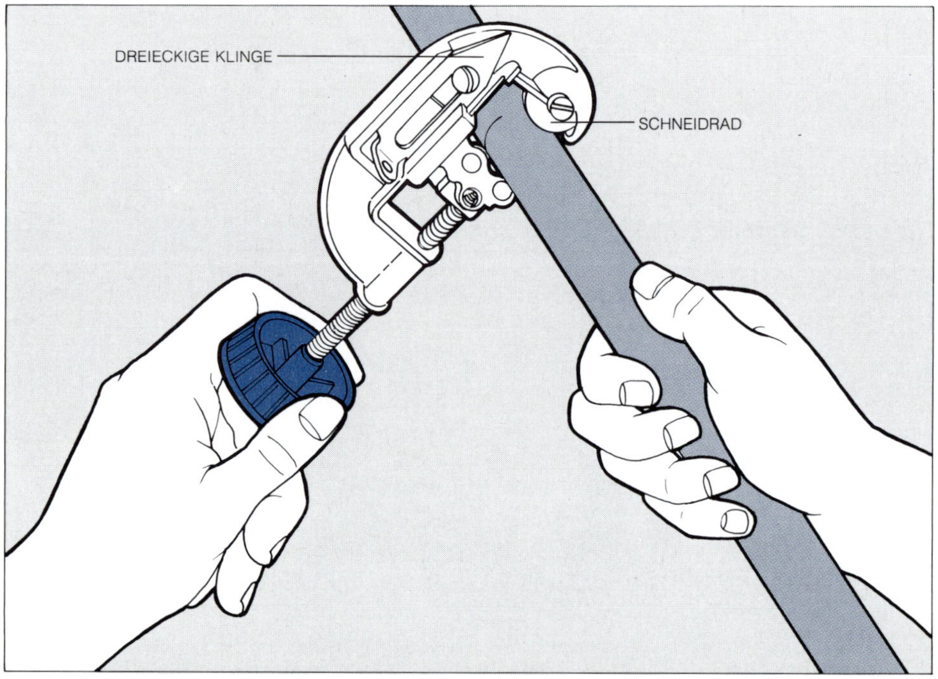

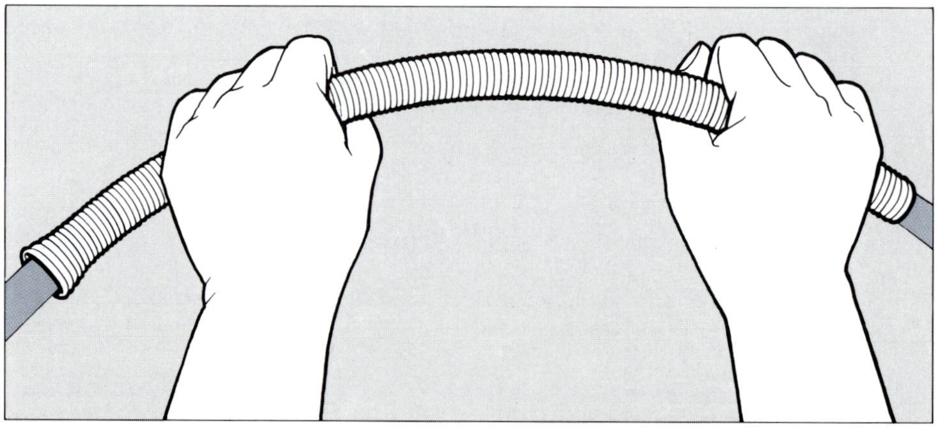

Mit der Biegefeder arbeiten. Starres Kupferrohr bis zu einem Durchmesser von 16 mm kann mit Hilfe einer spiralförmigen Biegefeder gebogen werden; sie verhindert, daß das Rohr geknickt oder flachgedrückt wird. Die Feder, die auf den Leitungsdurchmesser abgestimmt sein muß, mit Drehbewegungen im Uhrzeigersinn auf das Rohr schieben. Das Rohr freihändig oder über dem Knie leicht über den vorgesehenen Winkel hinaus biegen, ehe man ihm seine endgültige Form gibt. Mit langsamen Drehbewegungen gegen den Uhrzeigersinn die Feder wieder vom Rohr abziehen.

Ein T-Stück mit Schneidringverschraubungen einsetzen

1 Ein Stück Leitung herausschneiden. Mit einem Rohrschneider oder einer Eisensäge so viel aus der Rohrleitung herausschneiden, daß beide Rohrenden jeweils genau bis zum Anschlag in die Muffen des T-Stücks hineinreichen. Die Rohrenden mit der Klinge des Rohrschneiders oder mit Feile und Schleifpapier entgraten *(gegenüber, oben)*.

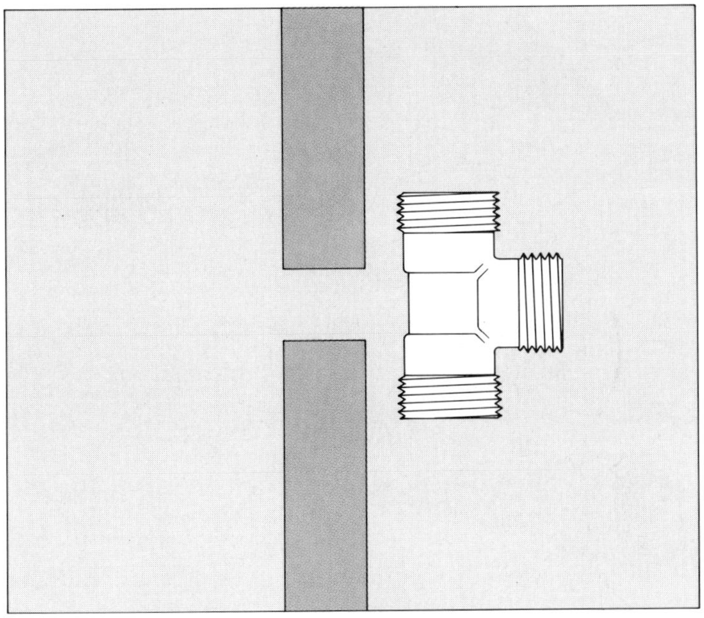

2 Dichtungsmasse auftragen. Die Rohrenden etwas auseinanderdrücken. Überwurfmutter und Schneidring auf ein Rohrende schieben. Um die Wasserdichtigkeit der Verbindung zu gewährleisten, Dichtungsmasse auf den Schneidring streichen *(unten)*. Keine Dichtungsmasse ins Rohrinnere oder an das Gewinde der Mutter bringen.

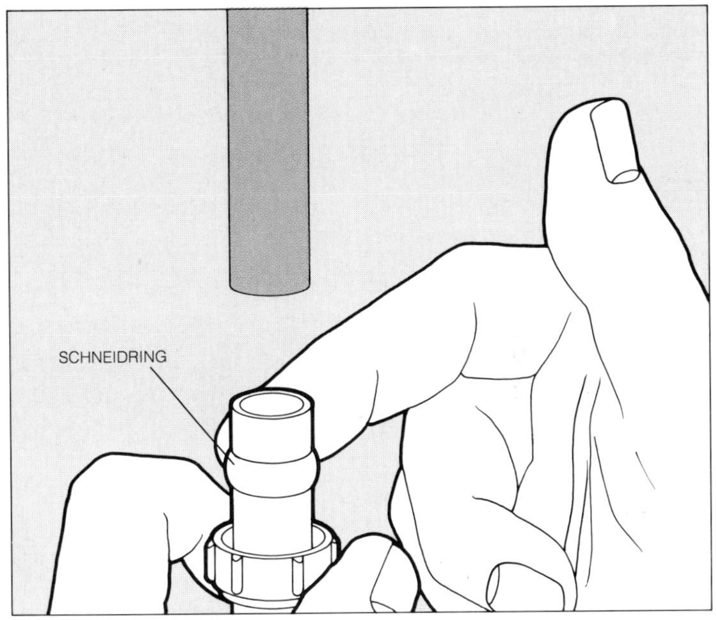

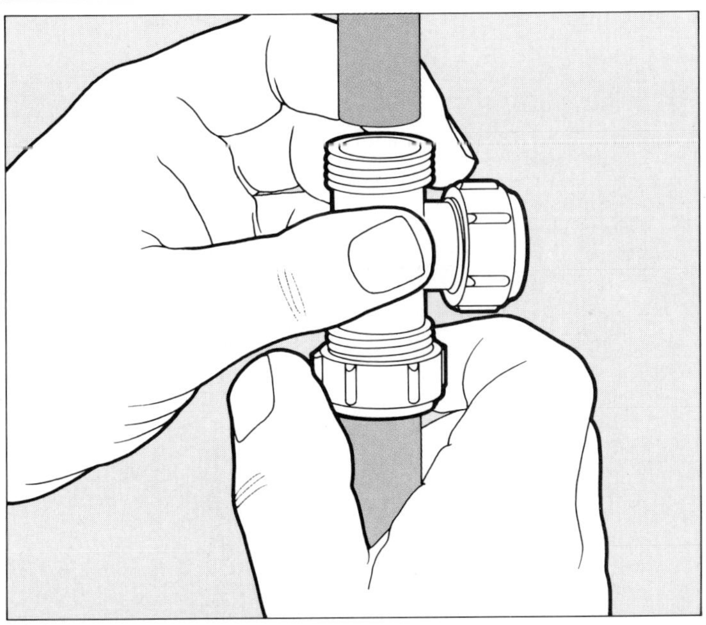

3 Das Fitting festschrauben. Die Muffe des T-Stücks über den Schneidring und bis zum Anschlag auf das Rohrende schieben. Die Mutter mit der Hand auf das Fitting schrauben *(oben)*. Die zweite Überwurfmutter mit dem Schneidring auf das andere Rohrende stecken. Den Schneidring mit Dichtungsmasse bestreichen und die Mutter mit der Hand auf das Fitting schrauben.

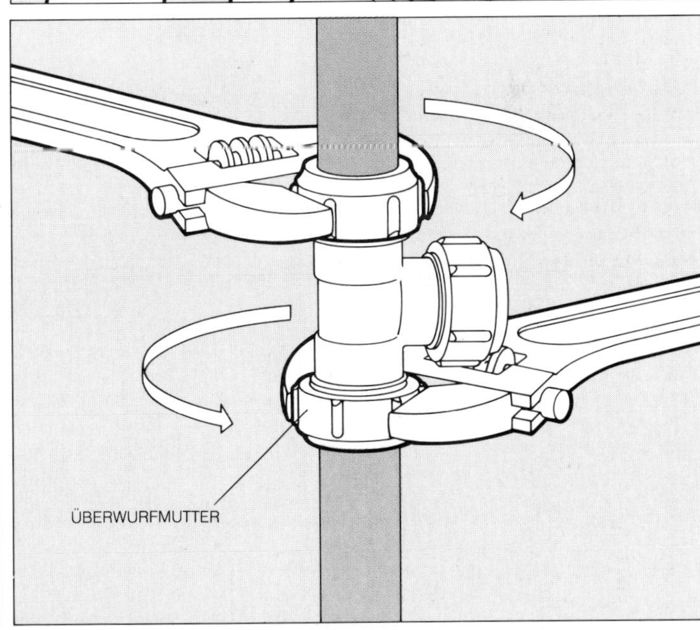

4 Die Muttern anziehen. Die Überwurfmuttern mit zwei Rohrzangen oder Einmaulzangen vorsichtig in entgegengesetzter Richtung anziehen – nicht zu fest, sonst verformen sich die Schneidringe und die Verbindung wird undicht. Gewöhnlich genügt eine volle Umdrehung mit der Einmaulzange, bei Rohren von größerem Durchmesser oder geringer Wandstärke sogar weniger als eine.

Eine Bördelverschraubung

1 Das Rohrende aufbördeln. Die Mutter auf das exakt im rechten Winkel geschnittene, entgratete Rohrende schieben und das Rohrende so weit in das passende Loch des Bördelgeräts einführen, daß es mit der Vorderkante der Spannbacken bündig ist. Die Flügelschrauben anziehen und den Spanndorn vor der Rohröffnung in Anschlag bringen. Den Konus des Spanndorns säubern und den Handgriff im Uhrzeigersinn drehen, bis der Dorn gerade eben in die Rohrleitung hineinragt. Prüfen, ob der Konus richtig zentriert ist und den Handgriff weiterdrehen, bis das Rohrende bis zu einem Winkel von 45° aufgebördelt ist. Den Spanndorn gegen den Uhrzeigersinn herausdrehen.

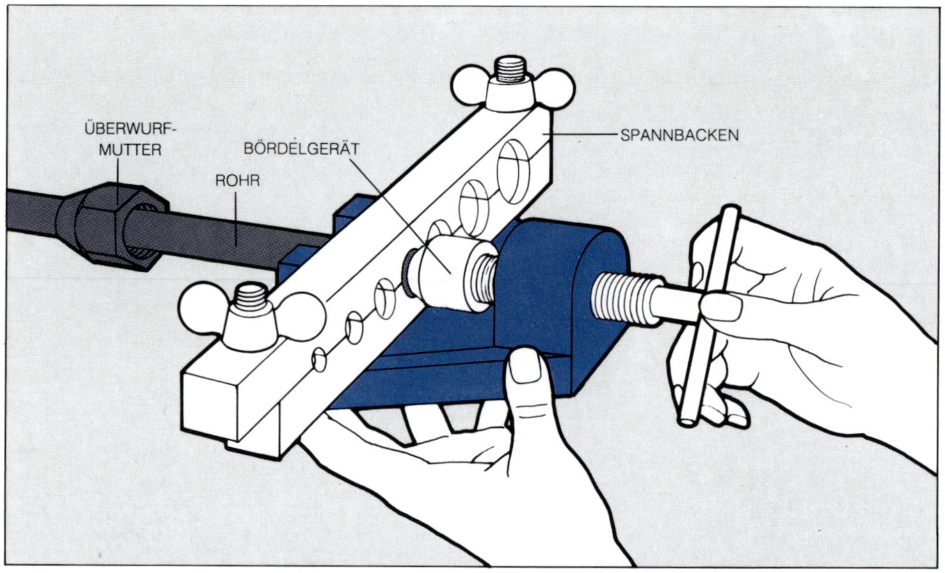

2 Die Verbindung zusammensetzen. Das konische Ende des Fittings in das aufgebördelte Rohrende drücken – die Abbildung zeigt ein gerades Verbindungsstück, es gibt aber auch Winkel, T-Stücke und andere Formen. Die Überwurfmutter mit der Hand auf das Fitting schrauben. Die Verbindung mit zwei Rohrzangen festziehen, dabei mit einer Zange die Mutter drehen, mit der anderen das Fitting festhalten. Das andere Ende des Fittings auf dieselbe Weise mit dem Anschlußrohr verbinden.

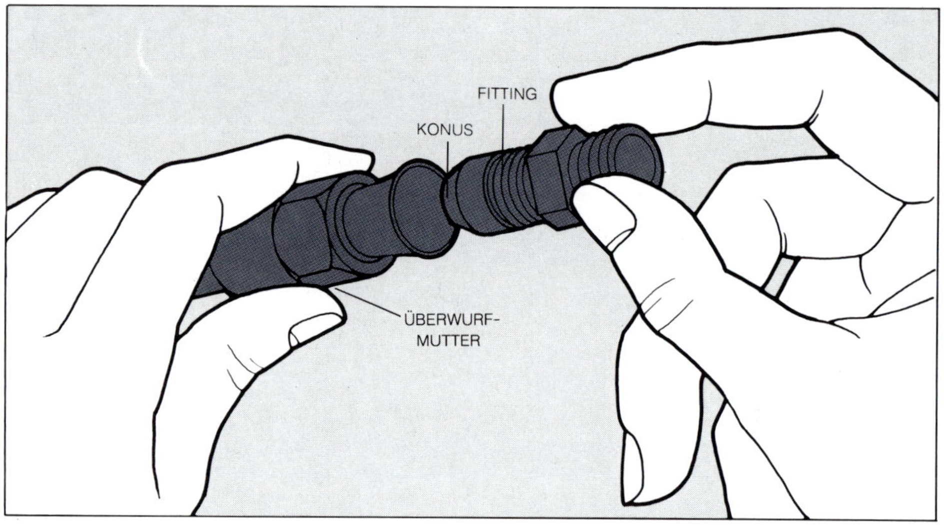

Der fachgerechte Gebrauch einer Gaslötlampe

Die kleinen Propan- oder Butanlötlampen zum Löten von Kupferrohrverbindungen sind einfach gebaut: Sie bestehen aus einer Brennerdüse mit eingebautem Ventil und einem auswechselbaren Gasbehälter. Zum Zusammensetzen der beiden Teile wird das Kopfteil in das Gewinde auf den Gasbehälter geschraubt. Dabei ist sorgfältig darauf zu achten, daß das Gewinde nicht verkantet.

Die Lötflamme wird entzündet, indem man ein Streichholz an die Unterseite der Düse hält und das Ventil etwas gegen den Uhrzeigersinn aufdreht. Sobald die Lampe brennt, wird das Ventil so weit geöffnet, daß die Flamme groß genug ist, um das zu bearbeitende Rohrstück zu erhitzen. Es ist nicht ratsam, das Ventil ganz zu öffnen, da die Flamme kaum größer wird, und der Gasdruck sie möglicherweise ausblasen könnte.

Die Lötlampe sollte bei der Arbeit möglichst aufrecht gehalten werden. Bei zu starker Schräglage kann das flüssige Gas aus dem Behälter in das Ventil laufen und es blockieren, so daß die Flamme erlischt.

Gaslötlampen sind – bei richtiger Anwendung – einfach und sicher im Gebrauch. Vorsicht ist dennoch geboten, da man gewöhnlich in unmittelbarer Nähe brennbarer Materialien arbeiten muß.

Vor Beginn der Lötarbeiten sollte die Umgebung mit einer feuerfesten Matte abgedeckt werden. Außerdem empfiehlt es sich, die Lötflamme abzudrehen, sobald man sie nicht braucht, und sei es auch nur für einen kurzen Moment. Die Flamme brennt so geräuschlos und beinahe unsichtbar, daß man sie leicht vergißt. Nur eine Lötlampe kaufen, die den Vorschriften entspricht.

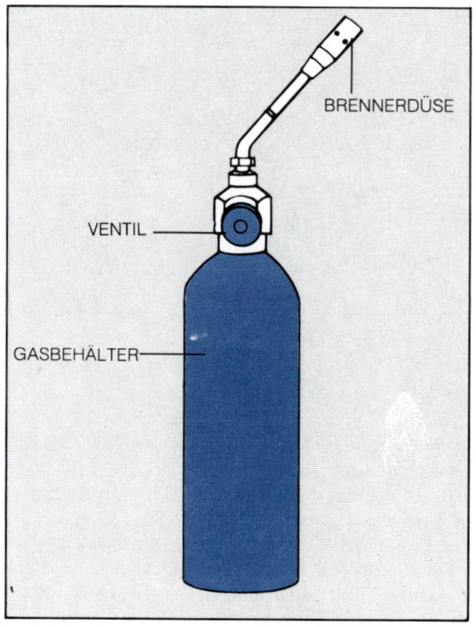

Das Löten einer Verbindung

1 Das Kupfer säubern. Die Muffen des Fittings von innen mit einer Drahtbürste reinigen, damit das geschmolzene Lot gut verfließt und haftet. Das Rohrende, so weit es in die Muffe hineinreicht, mit Schleifleinen oder Stahlwolle blankreiben. Die Oberflächen nach dem Säubern nicht mehr berühren, da jeder Fingerabdruck die Haltbarkeit der Verbindung beeinträchtigen kann.

2 Die Verbindung zusammenstecken. Etwas Flußmittel auf das blanke Rohrende auftragen, die Verbindung zusammenstecken und das Rohr kurz in der Muffe drehen, um das Flußmittel gleichmäßig zu verteilen. Die Umgebung der Lötstelle mit einer feuerfesten Matte abdecken. Die Lötlampe anzünden und Fitting und Rohr durch Hin- und Herbewegen der Flamme möglichst gleichmäßig erhitzen. Ein Stück Lot zuerst mit dem Fitting, dann mit der Rohrleitung in Berührung bringen; schmilzt es in beiden Fällen, kann mit dem eigentlichen Löten begonnen werden. Die Lötstelle nicht weiter erhitzen, da sonst das Flußmittel verbrennt.

3 Die Verbindung löten. Die Spitze des Lots an die Naht von Rohr und Fitting halten, ohne es mit der Flamme in Berührung zu bringen. Das Lot soll allein durch den Kontakt mit dem heißen Metall schmelzen. Tut es das nicht, das Lot entfernen, und die Verbindung weiter erhitzen. (Erfahrene Klempner können den Erhitzungsgrad einer Verbindung so genau einschätzen, daß sie die Lötlampe vor dem Lötvorgang beiseite stellen.) Hat die Lötstelle die erforderliche Temperatur, wird das geschmolzene Lot durch Kapillarwirkung in den feinen Spalt zwischen Muffe und Rohr gezogen. So lange Lot zuführen, bis die Verbindung rund um das Rohr abgedichtet ist.

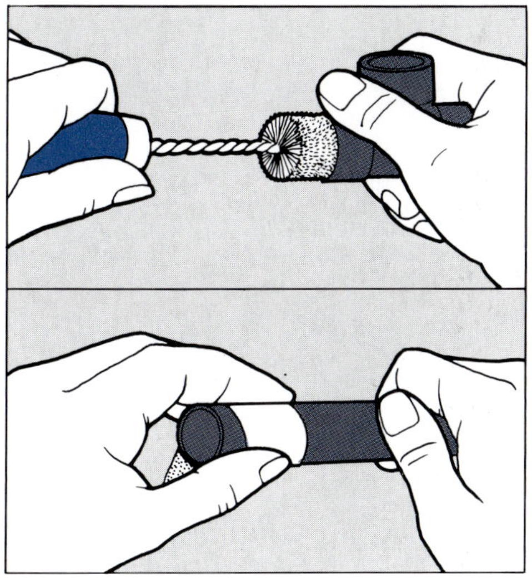

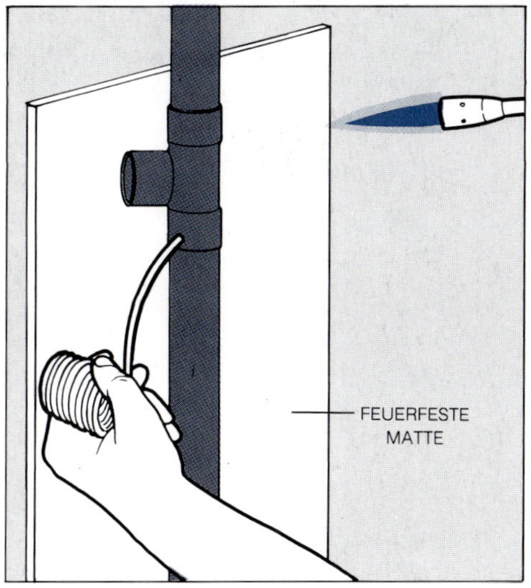

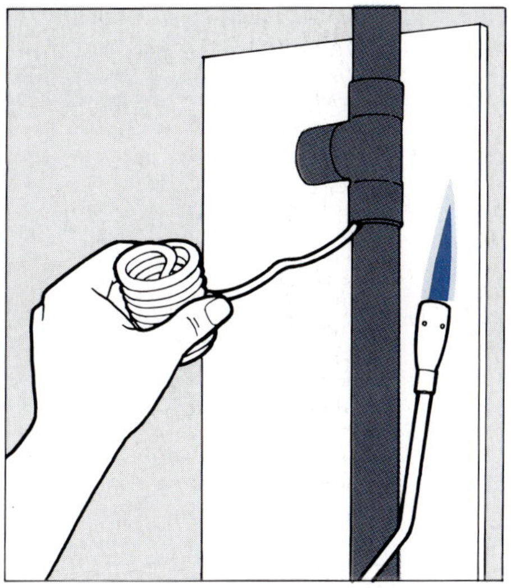

Lecks an Kupferrohren

Eine undichte Verbindung reparieren. Undichte Kapillarverbindungen sind meist die Folge einer schlechten Verlötung. Die Rohrleitung entleeren und die Umgebung der Lötstelle mit einer feuerfesten Matte schützen. Dann die Verbindung erhitzen, bis sie sich auseinanderziehen läßt. Die Lötstelle nicht überhitzen, da sich das Metall sonst ausdehnt und schwer auseinanderziehen läßt. Die Berührungsflächen von Rohr und Fitting säubern und wie bei einer neuen Verbindung Flußmittel auftragen. Rohr und Fitting getrennt erhitzen und jeweils eine dünne Schicht Lot auf den vorbehandelten Flächen verlaufen lassen. Die überzogenen Flächen mit feiner Stahlwolle polieren, die Teile zusammenstecken und erhitzen und verlöten.

Undichte Schneidringverschraubungen sind entweder auf unsauber geschnittene Rohrenden oder auf falsch zusammengesteckte Teile zurückzuführen. Oft genügt eine weitere Viertel- oder halbe Drehung der Überwurfmutter im Uhrzeigersinn. Falls das nicht hilft, die Überwurfmutter lösen und prüfen, ob sich das Gewinde verkantet hat. Ist das der Fall, muß die ganze Verbindung ersetzt werden. Prüfen, ob sich Rohr und Schneidring verformt haben. Wenn ja, das Rohrende abschneiden und den Schneidring auswechseln. Bei Bördelverbindungen die Innenseite des aufgebördelten Rohrendes auf Schrammen, Grate und Dellen überprüfen. Falls erforderlich, das Rohrstück gerade abschneiden und aufbördeln.

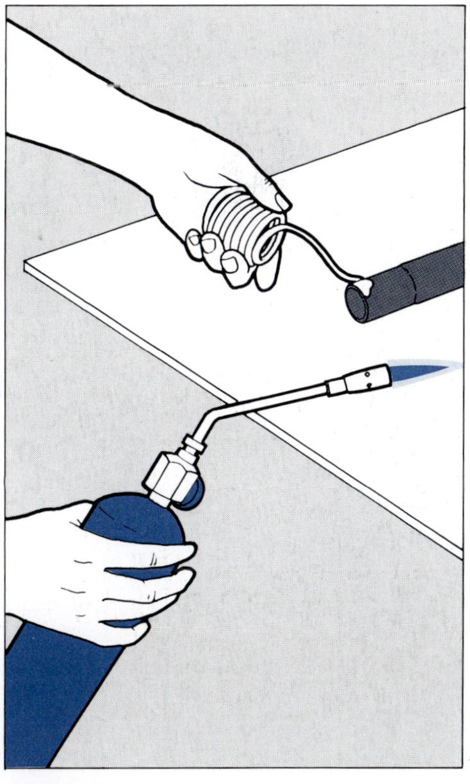

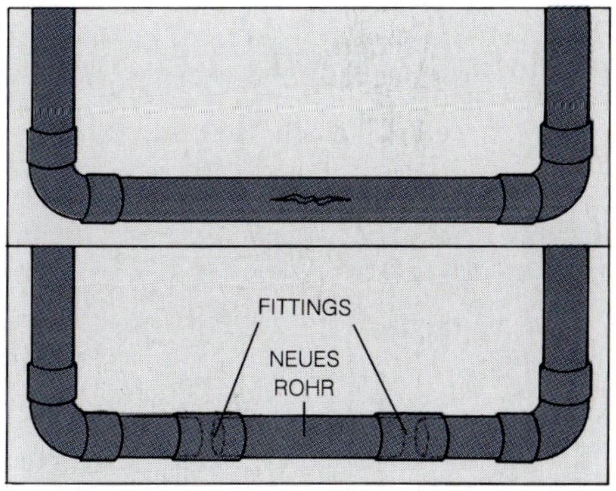

Schadhafte Rohre ersetzen. Eine beschädigte oder geplatzte Kupferrohrleitung läßt sich zwar provisorisch flicken *(S. 16–17)*, letztlich muß sie aber doch ersetzt werden. Dazu die Leitung entleeren und die beschädigte Stelle herausschneiden *(oben)*. Nur so viel Rohr entfernen, daß die Leitung auf beiden Seiten geradegeschnitten werden kann. Ein neues Rohrstück mit Hilfe von geraden Fittings in die Leitung einfügen. Durch Löten oder mit Schneidringverschraubungen verbinden.

Kunststoffrohr

Kunststoffrohr ist vor allem deshalb sehr beliebt, weil es sich so leicht verbinden läßt. Starre Rohrleitungen werden mit Fittings zusammengeklebt, und diese Verbindungen sind sogar stärker als das Rohr selbst. Für elastisches PE-hart-Rohr gibt es Schraubverbindungen, die denen für Kupferrohr ähneln. Übergangsstücke *(S. 53)* ermöglichen es, Kunststoffleitungen an Leitungen aus jedem gängigen Material anzuschließen.

Vor dem Kauf von Kunststoffrohr sollte man sich bei den zuständigen Institutionen *(S. 8)* nach dessen Zulässigkeit erkundigen. In manchen Gegenden ist es gänzlich verboten, in anderen nur außerhalb des Hauses für Abwasserrohre oder nur für Kaltwasserleitungen erlaubt. Wegen seiner thermoplastischen Eigenschaften (bei Erwärmung kann es sich verformen) ist Kunststoffrohr für Warmwasserleitungen ungeeignet. Kunststoffabflußrohre gibt es in verschiedenen Qualitäten: Abflußrohre aus PVC-hart vertragen nur kaltes Abwasser, HT-Rohre (Hochtemperaturrohre) hingegen können auch warmes aufnehmen. Bei der waagerechten Verlegung sollten Kunststoffrohre in Meterabständen mit Schellen befestigt werden, um zu verhindern, daß sie absacken. Die Schellen sollten allerdings so locker sitzen, daß das Rohr arbeiten kann.

Bei Verwendung von Lösungsmitteln oder Klebern ist darauf zu achten, daß sie zum jeweiligen Material passen. Starre Kunststoffrohre sollten nur bei einer Temperatur von über 5° C verlegt werden. Kälte verzögert die Reaktion des Klebers und das Abbinden. Vorsicht: Lösungsmitteldämpfe sind gesundheitsschädlich, daher stets in gut belüfteten Räumen arbeiten! Es darf weder geraucht werden, noch darf eine offene Flamme in der Nähe sein. Beim Kauf der Rohre empfiehlt es sich, darauf zu achten, daß das Material tatsächlich klebbar ist, da es auch Kunststoffrohre gibt, die nicht geklebt werden können.

Klebefittings für starres Kunststoffrohr

1 **Kunststoffrohr schneiden.** PE-Rohr ist so weich, daß es mit einem scharfen Messer oder sogar einer großen Schere geschnitten werden kann. Allerdings erfordert das Schneiden von starrem oder halbstarrem Rohr größte Genauigkeit. Am besten ist dafür ein Rohrschneider für weiches Kupferrohr mit einer speziellen Klinge für Kunststoff geeignet. Mit Gehrungslade und Feinsäge lassen sich auch präzise Schnitte machen.

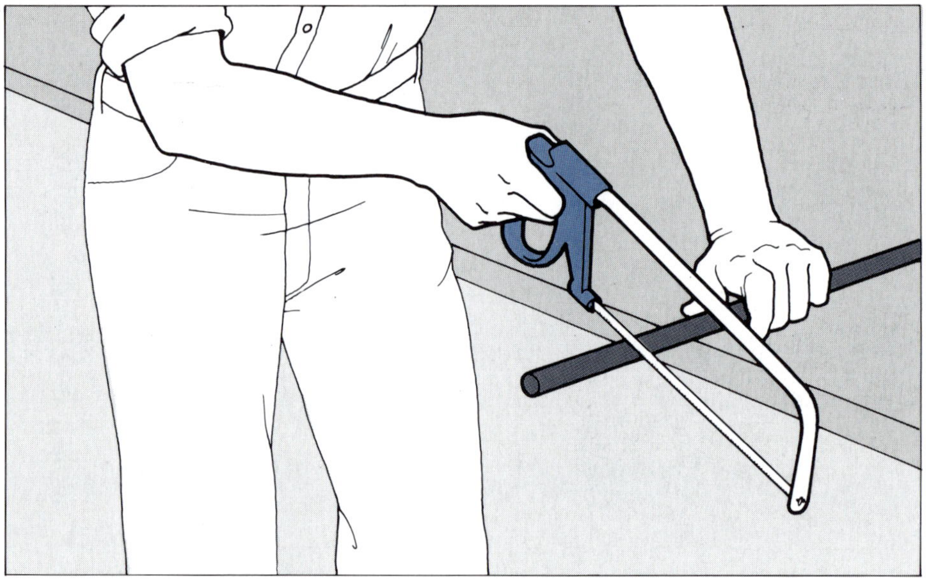

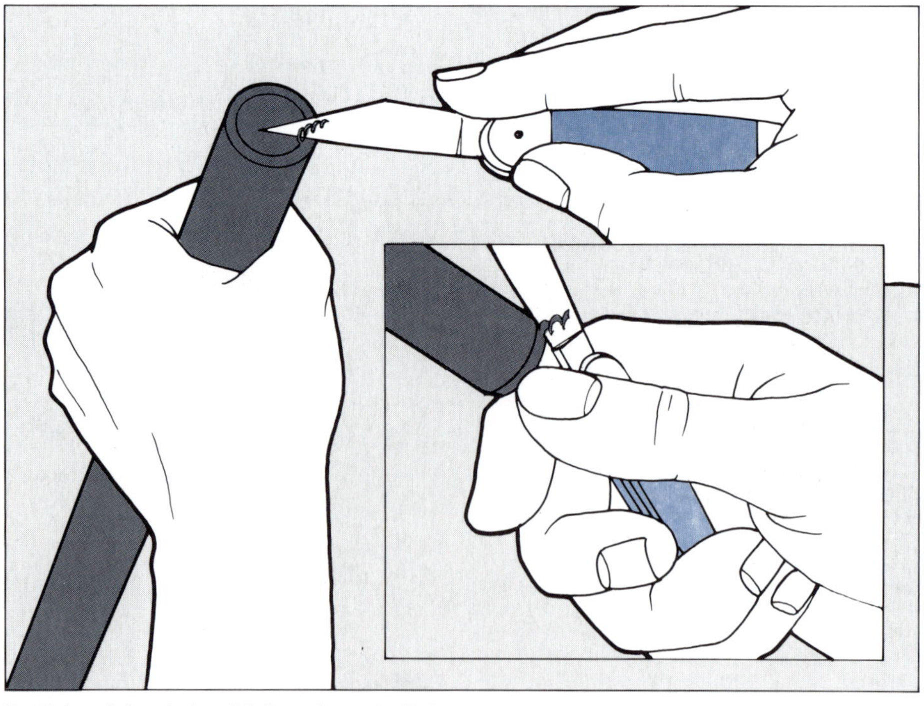

2 **Das Rohrende bearbeiten.** Die Innenkante des Rohres sorgfältig entgraten. Dann die Außenseite des Rohrs mit einem Messer konisch schälen, damit der Kleber auf der Innenseite des Fittings nicht weggedrückt wird *(kleine Abbildung)*.

3 Prüfen, ob die Verbindung paßt. Rohrende und Fitting mit einem trockenen Tuch säubern, um Fettspuren oder Feuchtigkeit zu beseitigen. Dann das Rohr ins Fitting stecken: es sollte sich etwa halb in die Muffe schieben lassen. Sitzen die Stücke zu stramm, kann es passieren, daß der Kleber weggedrückt wird. Bei zu lockerem Sitz verbinden sich die Teile nicht richtig. In beiden Fällen wird die Verbindung undicht; deshalb andere Fittings ausprobieren. Wenn Rohr und Fitting gut passen, die Teile in die richtige Position drehen und markieren, damit sie sich schneller zusammensetzen lassen, wenn der Kleber aufgetragen ist.

4 Anlösen und Verkleben der Verbindung. Obwohl sich schon mit Kleber allein im allgemeinen eine befriedigende Verbindung erzielen läßt, ziehen viele Installateure es vor, Rohrende und Muffe zunächst mit Lösungsmittel zu säubern und anzulösen. Das Lösungsmittel mit einem Pinsel auftragen und etwa 15 Sekunden warten. Bevor das Lösungsmittel verdunstet ist, mit einem breiten Pinsel den Kleber auftragen. Das Rohrende mit einer dicken Schicht, die Innenseite der Muffe nur dünn überziehen. Nicht zuviel Kleber auftragen, damit das Rohr nicht verstopft. Das Rohr sofort ins Fitting stecken, mit einer Vierteldrehung den Kleber gleichmäßig verteilen, und Rohr und Fitting entsprechend der in Arbeitsgang 3 angebrachten Markierung ausrichten. Verzögerungen können dazu führen, daß die geklebte Stelle in falscher Position abbindet. Am Fitting sollte der Kleber als ein gleichmäßiger Ring austreten. Ist dieser Ring unterbrochen *(unten)*, sofort das Rohr herausziehen und mehr Kleber auftragen. Ist die Verbindung einwandfrei, Rohr und Fitting 30 Sekunden lang festhalten und weitere 3 Minuten ruhen lassen. Nach Abschluß der Arbeiten mindestens 1 Stunde warten, bevor die neue Leitung in Betrieb genommen und mit Wasser gefüllt wird.

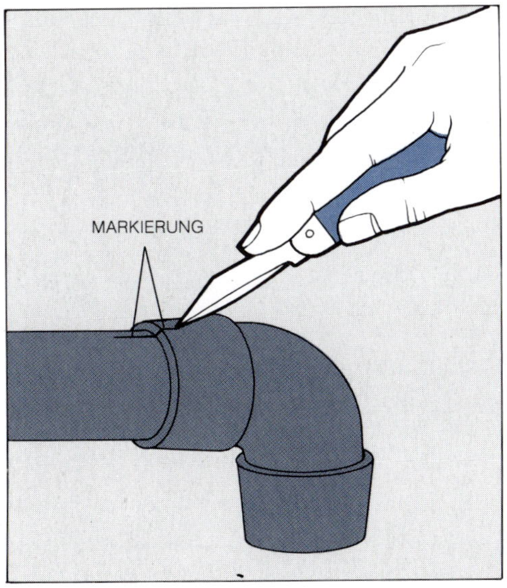

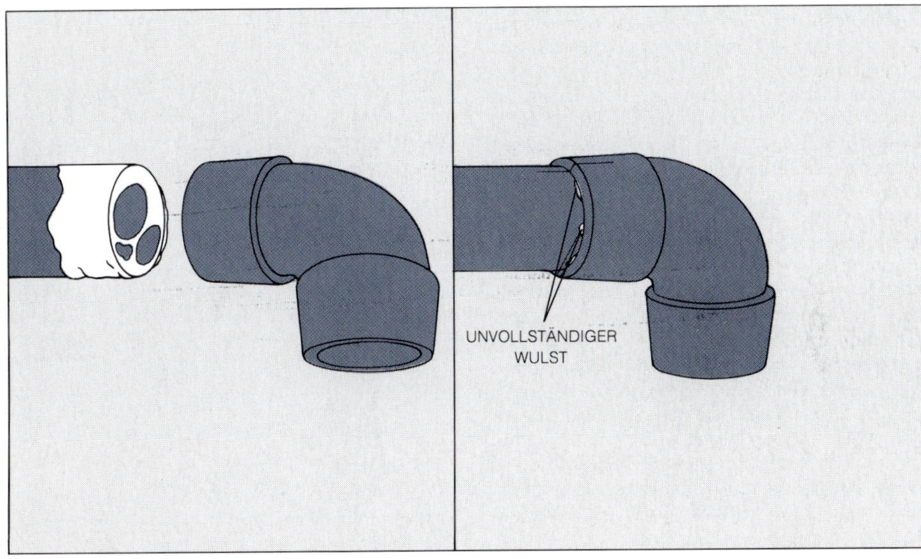

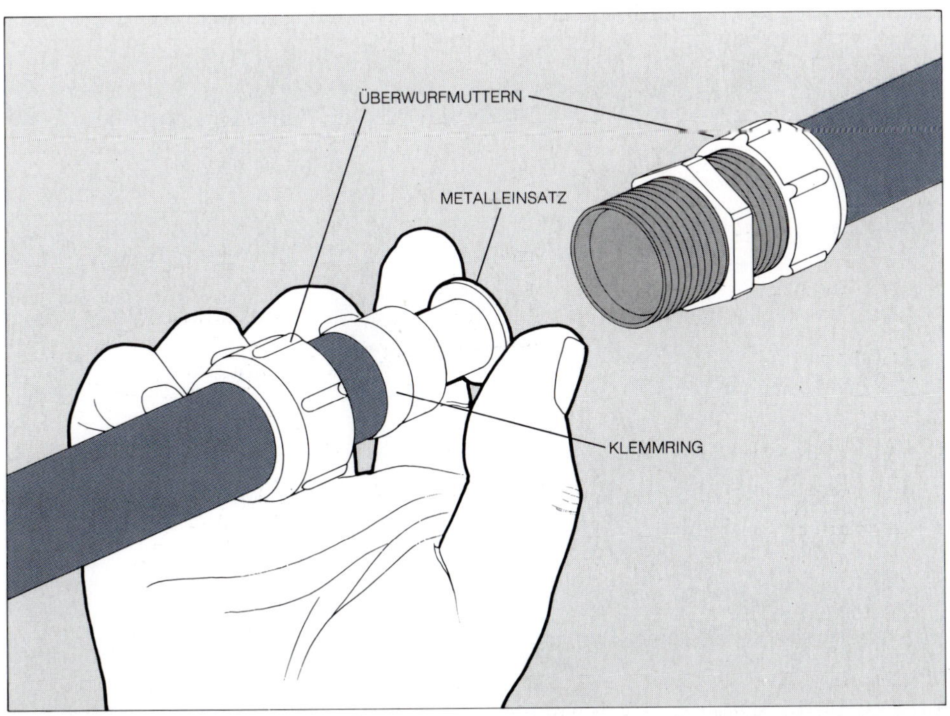

Klemmringverschraubungen

Starre Fittings für elastische Rohrleitungen. Die elastischen Kunststoffrohre, die üblicherweise für Kaltwasserleitungen verwendet werden, lassen sich mit Metallfittings verbinden, die denen für Kupferrohrleitungen sehr ähnlich sind *(S. 54–55)*. Sie sind gebrauchsfertig im Fachhandel erhältlich. Außer einer Säge zum Zuschneiden der Rohrleitung und Schraubenschlüsseln zum Festziehen der Überwurfmuttern wird kein weiteres Werkzeug benötigt. Diese Verbindungen lassen sich problemlos zusammenfügen: Eine Überwurfmutter und einen Klemmring auf das Ende der Rohrleitung schieben. Einen Metalleinsatz ins Rohr stekken, der dazu dient, den Druck von außen aufzufangen, wenn die Verbindung festgezogen wird. Das Rohr in das Fitting schieben und die Überwurfmutter mit der Hand aufschrauben und mit zwei Rohrzangen oder Maulschlüsseln anziehen.

Stahlrohr

Verzinkte Stahlrohre und -fittings werden miteinander verschraubt. Wenn eine Leitung etwas verlängert oder ein kurzes Rohrstück ersetzt werden soll, empfiehlt es sich, alle Teile sorgfältig auszumessen *(S. 52)* und eine Schlosserei oder einen größeren Installationsbetrieb damit zu beauftragen, die Rohrstücke zuzuschneiden und mit Gewinden zu versehen. Bei umfangreicheren Arbeiten sollte man Kupfer- oder Kunststoffrohr und Übergangsstücke verwenden, falls sich kein zugeschnittenes Stahlrohr beschaffen läßt.

Geschraubte Verbindungen erleichtern die Installation, erschweren jedoch die Arbeit, wenn ein beschädigtes Stück Rohr ersetzt oder ein neuer Anschluß montiert werden muß. Das Problem besteht darin, daß Rohrstücke und Fittings aus einer einmal installierten Leitung nicht mehr in einem Stück herausgeschraubt werden können. Sobald man an einem Ende ein Gewinde löst, zieht sich das Gewinde am anderen Ende fester an. Daher muß das alte Rohr herausgeschnitten und das neue mit Hilfe einer Verschraubung eingesetzt werden *(gegenüber, oben)*. Anstelle einer Verschraubung oder zum Abdichten von Lecks kann man auch eine Manschette benutzen, die an beiden Enden mit Gummiringen abgedichtet und durch Quetschverschraubungen gesichert wird *(gegenüber, unten)*.

Stahlrohr mit Schraubgewinde zusammensetzen

Mit Dichtungsmitteln vorbehandeln. Bevor zwei Rohre verschraubt werden, die Gewinde mit einem der unten gezeigten Mittel behandeln. Sie dienen als Gleitmittel, Dichtung und Korrosionsschutz, und die Schraubverbindung läßt sich leichter wieder lösen. Dichtungskitt, das gebräuchlichste Mittel *(links)*, gleichmäßig gerade so dick auf das Gewinde auftragen, daß die Gewindegänge mit Dichtungsmasse gefüllt sind. Bei Wasserrohren zuerst Hanf um das Gewinde wickeln, dann erst Kitt auftragen. Teflonband *(rechts)* ist noch leichter zu verarbeiten: das Gewinde im Uhrzeigersinn anderthalbmal stramm umwickeln.

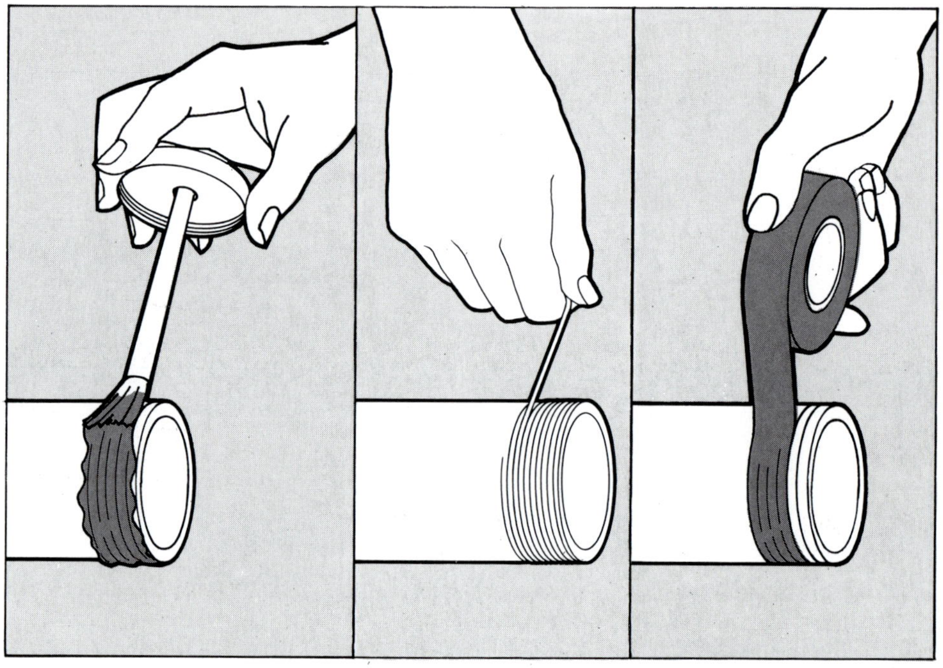

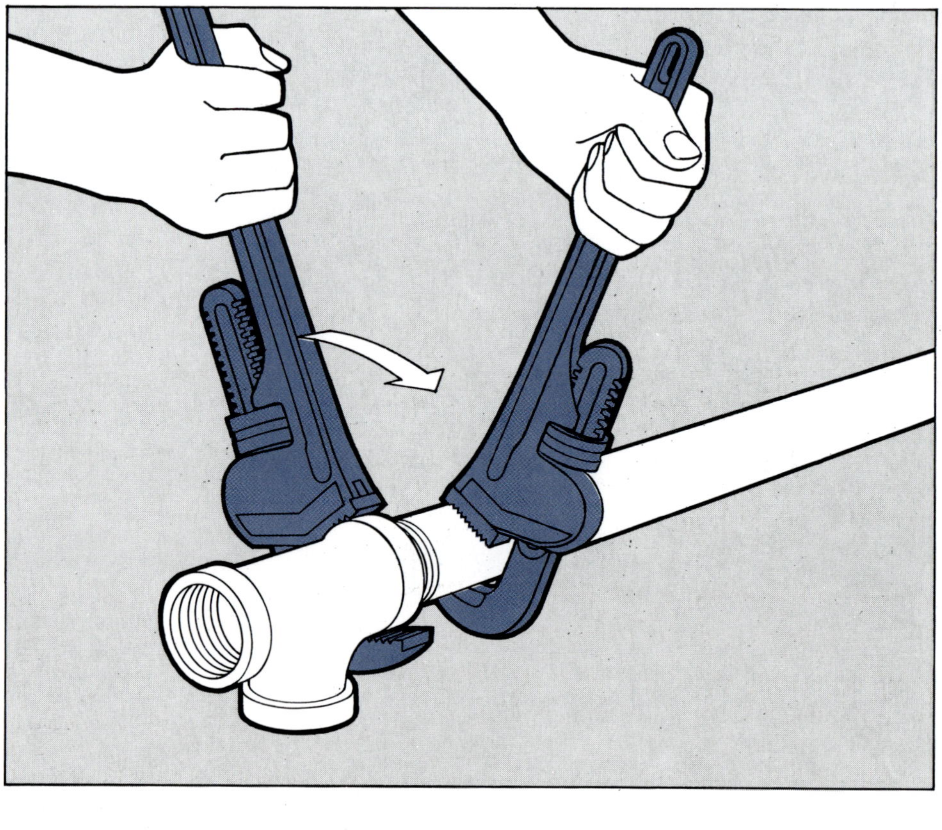

Rohr und Fitting verschrauben. Rohr und Fitting zunächst mit der Hand zusammenschrauben, um sicherzugehen, daß die Gewinde nicht verkanten; dann mit zwei Rohrzangen festziehen. Mit einer Zange das Fitting drehen und mit der anderen das Rohr festhalten, damit der installierte Leitungsarm nicht verdreht wird. Die geöffneten Spannbakken der Zange müssen in Drehrichtung zeigen *(Pfeil)*. Das Fitting so weit festziehen, daß noch drei Gewindegänge des Rohrgewindes sichtbar bleiben. Nicht unter Kraftaufwand das Fitting noch fester anziehen, da sonst das Gewinde überdreht und die Verbindung undicht wird.

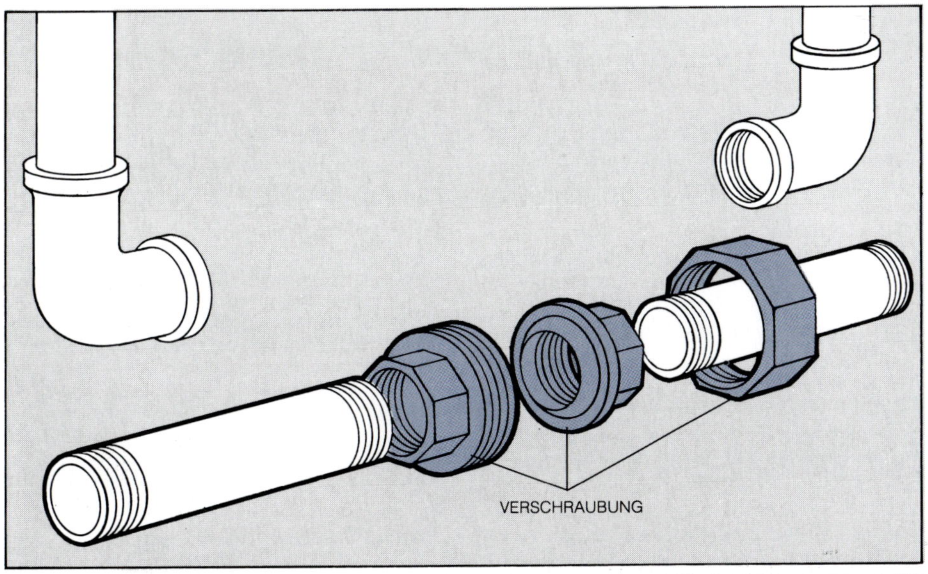

Ein defektes Rohr mit Hilfe einer Verschraubung ersetzen

1 **Die Werkstücke vorbereiten.** Das defekte Rohrleitungsstück durchsägen und beide Leitungsenden aus den Fittings schrauben; dabei genau umgekehrt vorgehen, wie gegenüber unten beschrieben. Zwei Stück Rohr und eine dreiteilige Verschraubung kaufen. Diese drei Teile sollten zusammengesetzt ebenso lang sein wie das alte Rohr. Das Gewinde eines neuen Rohrstücks vorbereiten und eine Kontermutter darauf festziehen. Die Überwurfmutter auf das andere Rohrstück schieben. Das eine Gewinde vorbereiten und die andere Kontermutter darauf festziehen.

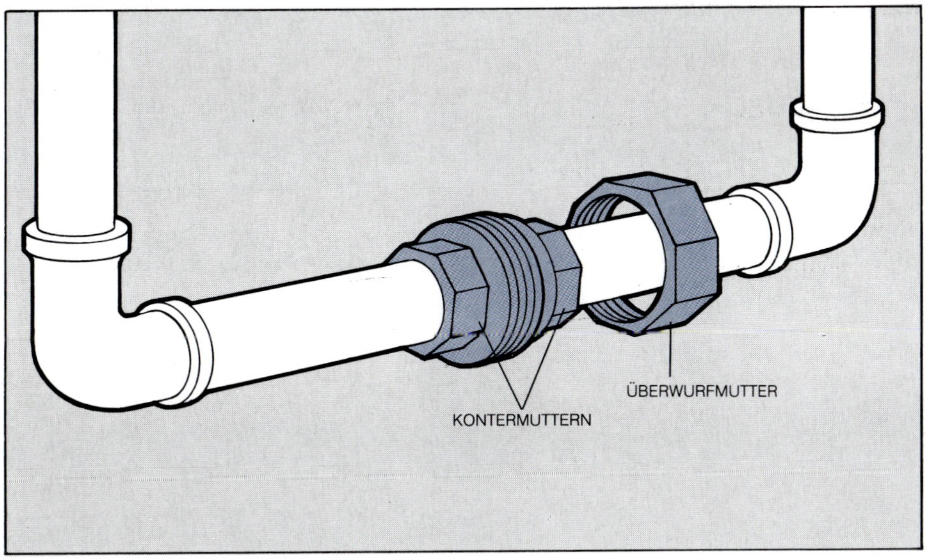

2 **Die Verschraubung zusammenfügen.** Die Gewinde an den anderen Enden der beiden Rohrstücke vorbereiten und in die alten Fittings schrauben. Sind beide Rohre fest angezogen, sollten sich die beiden Hälften der Verschraubung berühren. Die Berührungsflächen mit etwas Dichtungsmasse bestreichen. Die Überwurfmutter zur Mitte schieben und mit einer Rohrzange auf dem äußeren Gewinde festziehen; dabei die zugängliche Kontermutter mit einer zweiten Rohrzange festhalten.

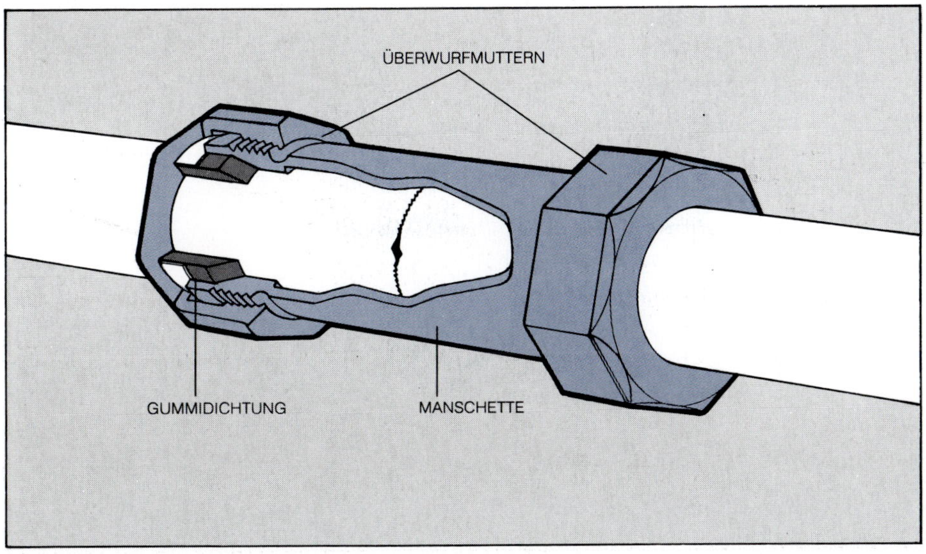

Eine Manschette gegen Lecks

Eine Manschette installieren. Das Rohr an der undichten Stelle mit einer Eisensäge durchsägen. Ein Rohrende zur Seite ziehen und die Manschette aufschieben. Die Rohrenden wieder zusammenfügen, die Manschette über die undichte Stelle schieben und die Überwurfmuttern an beiden Seiten festziehen. Da diese Manschette nicht so widerstandsfähig ist wie eine Verschraubung, sollte sie nur an gut zugänglichen Stellen verwendet werden, so daß sie im Auge behalten werden kann.

Alte und neue Gußeisenrohre

Das preiswerte und haltbare Gußeisen war lange Zeit das meistverwendete Material für Abwasser- und Entlüftungsrohre. Gleichzeitig aber war die Installation von Gußrohren wegen ihres großen Gewichts und der umständlichen Art ihrer Verbindung auch am aufwendigsten. Die altmodischen Gußrohre, die heute nicht mehr verwendet werden, haben Muffenverbindungen, die mit dem schon früher verwendeten Material abgedichtet werden müssen: einer Schnur, die mit Blei vergossen wird. Muffenlose Gußrohre lassen sich problemlos mit Dichtungsmanschetten und Spannbändern verbinden *(gegenüber)*. Manschetten können auch in eine alte Rohrleitung mit Muffenverbindungen eingesetzt werden, um ein neues Stück Rohr einzusetzen oder die Leitung zu verlängern. Undichte Muffenverbindungen lassen sich in vielen Fällen nach der auf S. 17 gezeigten Methode reparieren.

Gußeisenrohre können entweder mit Säge und Meißel *(unten rechts)* oder mit einem speziellen Rohrschneider durchtrennt werden *(unten links)*. Bei Gußrohren ist eine gute Befestigung der Leitung wichtiger als bei jedem anderen Rohrtyp, zum einen wegen ihres Gewichts, zum anderen, weil die Verbindungen etwas beweglich bleiben. Zum Befestigen verwendet man Rohrbänder oder die speziell für diesen Zweck vorgesehenen Rohrschellen *(gegenüber, unten)*.

Gußeisenrohr zusammenfügen

1 **Zwei Arbeitsweisen.** Am besten läßt sich Gußrohr mit einem Kettenrohrschneider durchtrennen. Die Kette um das Rohr legen und am Schneidwerkzeug einhaken; dann den Drehknopf festziehen und den Griff hin- und herbewegen bis das Rohr wegspringt.

Gußeisenrohr kann auch mit Säge und Meißel durchtrennt werden. Den Schnitt auf dem Rohrmantel markieren und das Rohr mit einem Holzklotz oder Sandsack so abstützen, daß das abzutrennende Stück frei in die Luft ragt. Das Rohr mit einer Eisensäge entlang der Markierung 2 mm tief einsägen und die Kerbe solange vorsichtig mit Hammer und Meißel bearbeiten, bis das Rohr durchtrennt ist.

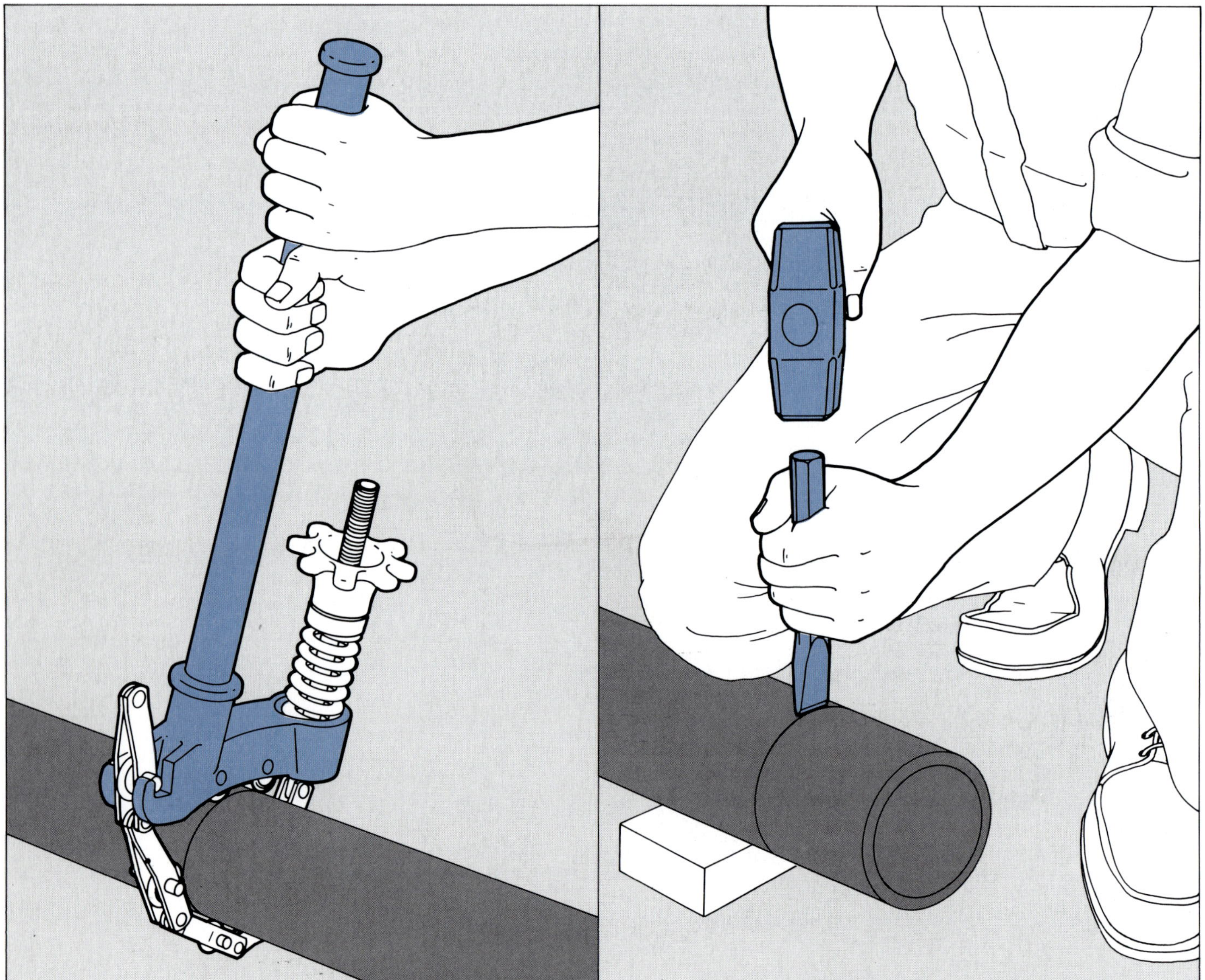

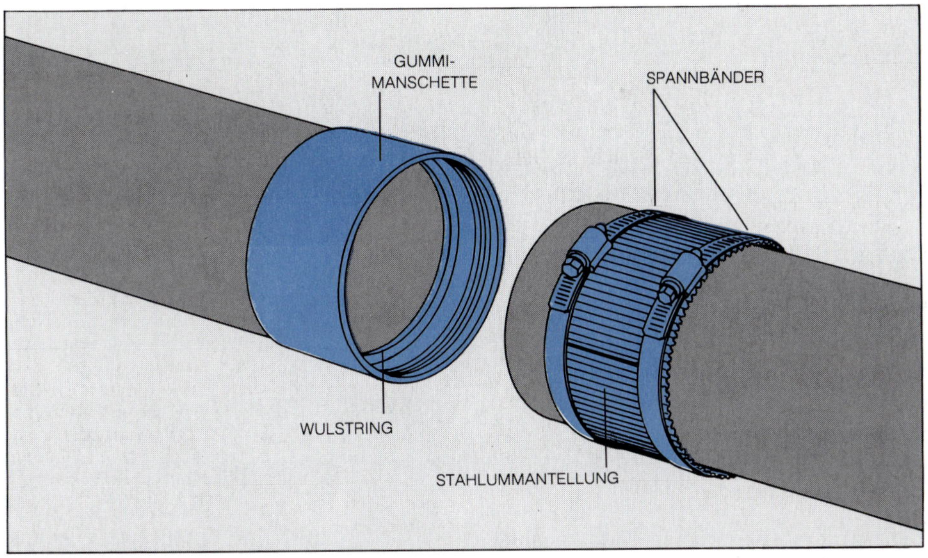

2 Die Verbindung vorbereiten. Die Gummimanschette so weit auf das Rohr schieben, daß das Rohrende mit dem Wulstring in der Mitte der Manschette abdichtet. Die Stahlummantelung auf das andere Rohrstück schieben und die Spannbänder so ausrichten, daß sie nach dem Zusammenfügen der Verbindung gut angezogen werden können.

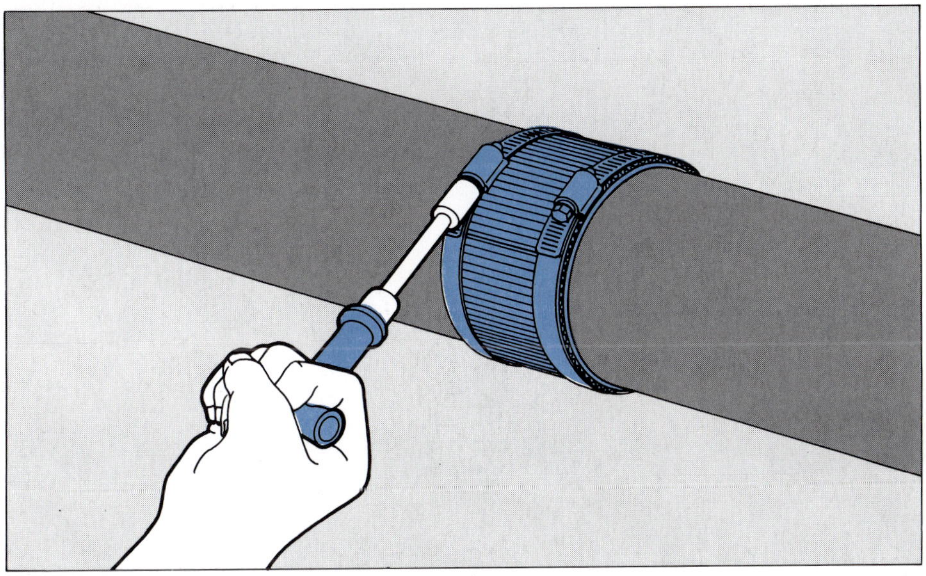

3 Die Verbindung zusammenfügen. Das zweite Rohrstück in die Gummimanschette schieben, bis es mit dem Wulstring abdichtet. Die Stahlummantelung so über die Gummimanschette schieben, daß diese vollkommen bedeckt ist. Die Spannbänder mit einem Schraubenzieher oder, wie in der Abbildung, mit einem Steckschlüssel fest anziehen.

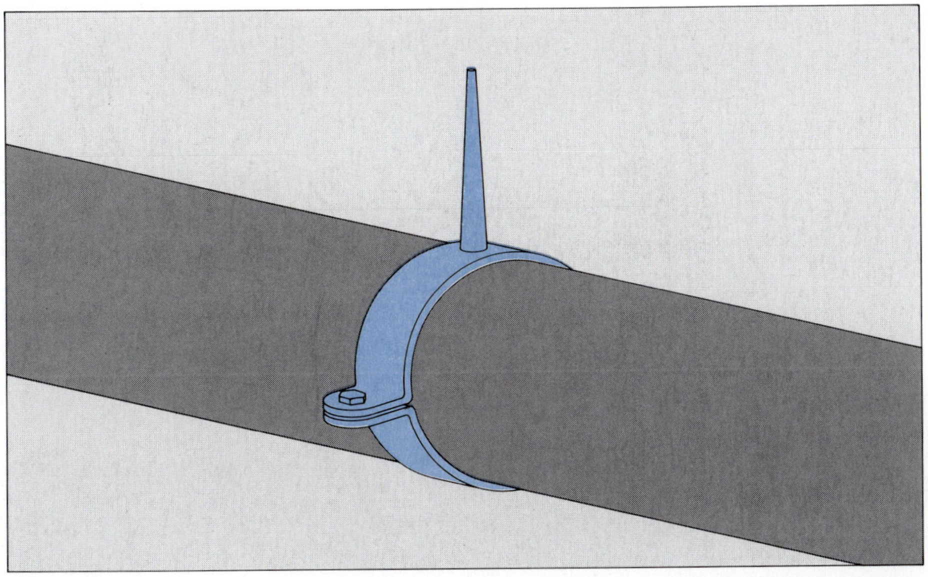

4 Gußeisenleitungen befestigen. Horizontal verlegte Leitungen aus muffenlosem Gußrohr an allen Verbindungsstellen und mindestens alle 1,50 m mit einer speziellen Rohrschelle befestigen. Eine Hälfte der Schelle – je nach Ausführung – mit einer Schraube oder einem Nagel an der Wand oder Decke anbringen. Wenn das Leitungsstück installiert ist, die andere Hälfte der Schelle aufsetzen und mit dem dazugehörigen Bolzen festschrauben.

4 Nützliche Neuinstallationen

Eine moderne Duscharmatur. Eine Einhebelduschbatterie läßt sich bequem mit einer Hand bedienen: zieht man den Hebel nach vorn, strömt das Wasser aus, und durch Hin- und Herschwenken läßt sich die Temperatur regulieren. Die Batterie kann leicht anstelle einer Armatur mit zwei Ventilen installiert werden.

Durch neue Installationen wird nicht nur die sanitäre Ausstattung eines Hauses verbessert, sondern damit einhergehend häufig auch das Rohrleitungssystem erweitert und den heutigen Erfordernissen angepaßt. Um den Arbeits- und Kostenaufwand so gering wie möglich zu halten, sollte man dabei stets versuchen, die bereits vorhandenen Leitungen geschickt auszunutzen. Kleinere Arbeiten erweisen sich oft als ebenso nützlich wie große. Eine Außenzapfstelle *(S. 83)* beispielsweise ist bei der Gartenpflege eine große Erleichterung; durch umfangreiche Projekte, wie den gesonderten Anschluß einer Waschmaschine *(S. 80–82)* oder den Einbau eines Duschbads, läßt sich ein Haushalt zweckmäßiger gestalten.

Wenn erst einmal der Anfang gemacht ist, erweisen sich scheinbar schwierige Vorhaben oft als erstaunlich einfach. Soll eine alte Armatur durch eine neue ersetzt werden, sind die Verbindungsarbeiten rein mechanischer Art; es braucht nicht gelötet oder geklebt und kein Gewinde geschnitten zu werden. Beim Austausch einer herkömmlichen lauten WC-Anlage mit hochhängendem Spülkasten gegen ein neues WC-Becken mit einem geräuscharmen aufgesetzten Spülkasten *(76–79)* besteht die Hauptarbeit darin, zur Demontage des alten Spülkastens und des WC-Beckens Muttern und Schrauben mit Rohrzange bzw. Schraubenzieher zu lösen und in Umkehrung der Prozedur die neue Anlage zu befestigen. Die größte Schwierigkeit ist dabei wahrscheinlich, die Becken zu bewegen, denn glasierte Keramik ist schwer und zerbrechlich; daher braucht man einen Helfer, um die Teile sicher an Ort und Stelle zu schaffen.

Noch leichter sind Waschbecken zu ersetzen. Fittings mit Schraubverbindungen lassen sich einfach und schnell montieren. Falls Verbindungen gelötet werden müssen, empfehlen sich Fittings mit integrierten Lotringen. Moderne Einbauwaschbecken werden einfach in die Deckplatte eines Unterschranks eingesetzt *(S. 74–75)*. Zur Installation eines Waschbeckens in einem Raum ohne Wasseranschluß müssen neue Versorgungs- und Abwasserleitungen verlegt werden. Berücksichtigt man dabei den sogenannten „kritischen" Abstand *(S. 66)* zwischen dem neuen Abfluß und der vorhandenen Abwasserleitung, braucht man eventuell kein gesondertes Entlüftungsrohr zu installieren. Die entsprechenden Bestimmungen können aber je nach Land und Gebiet unterschiedlich sein. Es ist daher auf jeden Fall erforderlich, sich vor Installationsarbeiten jeglicher Art bei den zuständigen Institutionen (Baubehörde, Wasserwerk, Amt für Stadtentwässerung oder Abwasserverband) zu erkundigen. Zu manchen Arbeiten müssen Genehmigungen eingeholt, zu anderen unbedingt zugelassene Installateure hinzugezogen werden.

Vor Beginn der Arbeit sollte man sich mit dem Verlauf der Versorgungs- und Abwasserleitungen im Haus vertraut machen und auf Millimeterpapier einen Lageplan anfertigen *(S. 66–67)*. Bei allen Arbeiten – ob Neuinstallation oder Erneuerung – sollte man die vorhandenen Rohrleitungen nicht als Einschränkung betrachten. Übergangsstücke *(S. 53)* ermöglichen den Anschluß neuer Leitungen an die alten, und mit Hilfe von Kunststoffrohr lassen sich viele Intallationsarbeiten vereinfachen.

Eine Lageskizze für die Planung

Bei der Festlegung des Standorts neu zu installierender Sanitäreinrichtungen ist ein Grundrißplan des Hauses mit den vorhandenen Versorgungs- und Abwasserleitungen sehr nützlich. Die Abbildungen auf dieser und der gegenüberliegenden Seite zeigen die Grundrisse vom Erdgeschoß und dem ersten Stock einer Doppelhaushälfte mit zwei Wohnräumen und einer Küche im Erdgeschoß sowie einem Bad und drei Schlafräumen im ersten Stock.

Die Verlegung der Wasserversorgungsleitungen und der fachgerechte Anschluß der neuen Installationen an das Abwassersystem müssen gut geplant sein. Aus den Abbildungen ist die Abwasserentsorgung der Küche und des Badezimmers im ersten Stock zu ersehen. Die weißen Leitungen zeigen die erforderlichen Abwasserrohre für eine neue Dusche, die entweder in einem der beiden Schlafräume oder unter der Treppe installiert werden soll, sowie für einen zusätzlichen Waschtisch im Schlafraum neben dem Bad – es handelt sich dabei um ein Waschbecken, das in die Deckplatte eines Unterschranks eingelassen ist.

Das hier gezeigte Abwassersystem hat nur ein einziges Fallrohr, in das alle Abwässer – auch die aus dem WC – eingeleitet werden. In älteren Wohnungen findet man dagegen auch zwei Fallrohre vor, eines für die Abwässer aus Wannen und Becken und ein weiteres für die Toilettenabwässer *(S. 12)*.

Man sollte eine Zeichnung anfertigen, die alle Sanitäreinrichtungen und Zapfstellen enthält, und alle möglichen Hindernisse vermerken, die bei der Verlegung neuer Rohre auftreten könnten. Wenn man die Zeichnung in einen maßstabgerechten Plan überträgt und die entsprechenden Originalgrößen dazu notiert, läßt sich beurteilen, ob ausreichend Platz für die neue Installation vorhanden ist und wieviel Kupferrohr für die Versorgungsleitung und Kunststoffrohr für die Abwasserentsorgung ungefähr benötigt werden. Bei

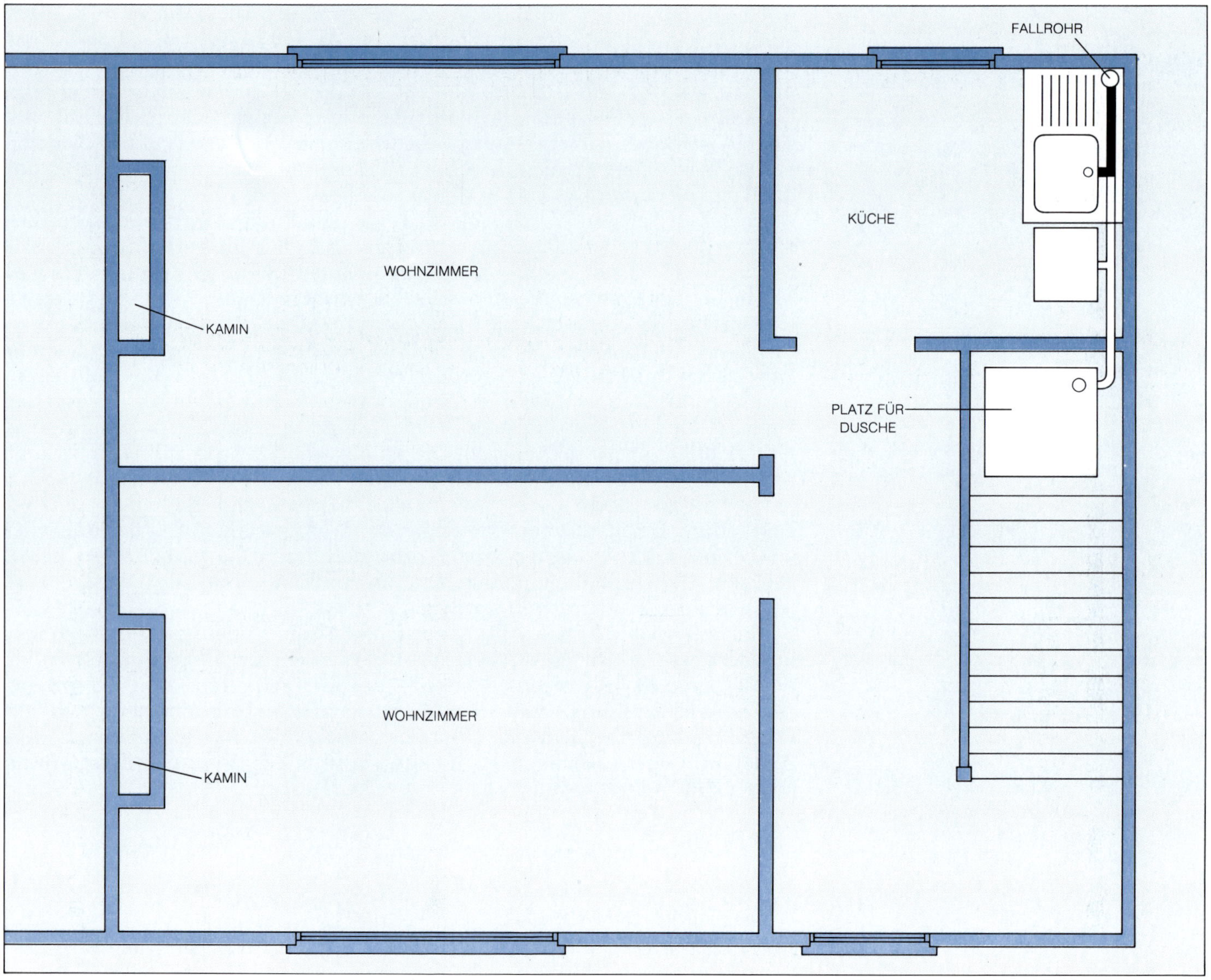

neueren Häusern erhält man den Grundriß entweder vom Immobilienmakler, der den Hauskauf vermittelt hat, oder vom Architekten des Hauses.

Hat man sich für einen Typ oder ein bestimmtes Fabrikat entschieden, ermittelt man anhand seiner genauen Abmessungen den optimalen Standort und zeichnet die Installation probeweise in den Plan ein. Als nächstes müssen die Anschlußmöglichkeiten überprüft werden. Es ist möglich, daß der Wasseranschluß unproblematisch ist, die Abwasserrohre jedoch nicht mit dem nötigen Gefälle verlegt werden können; in diesem Fall muß ein anderer Standort gefunden werden. Der maßstabgerechte Plan liefert alle nötigen Informationen.

Es gibt einige Bestimmungen, die bei der Planung von Neuinstallationen eingehalten werden müssen. So sollten z. B. Abwasserrohre von 40 oder 50 mm Durchmesser bzw. entlüftet werden, wenn der Abstand zwischen Anschluß und Fallrohr größer ist als 3 Meter oder das Rohr einen Höhenunterschied von mehr als 1 m überbrückt. Das geschieht im allgemeinen durch ein über das Dach ragendes Entlüftungsrohr, es genügt aber auch, ein Abwasserrohr vom nächstgrößeren Durchmesser zu installieren. Außerdem müssen flach verlegte Abwasserleitungen stets ein ausreichendes Gefälle haben; für ein Rohr von 50 mm Durchmesser sollte es mindestens 20 mm pro Meter, höchstens aber 50 mm pro Meter, betragen.

Treten Probleme auf, sollte man sich an die zuständigen Abteilungen des Wasserwerks, der Stadtentwässerung und der Baubehörde wenden und beraten lassen. Im übrigen ist es schon im Planungsstadium unbedingt erforderlich, sich bei den genannten Institutionen nach den Bestimmungen zu erkundigen, die eingehalten werden müssen *(S. 8 und 65)*. Alle verwendeten Materialien und Geräte müssen außerdem den anerkannten Regeln der Technik entsprechen.

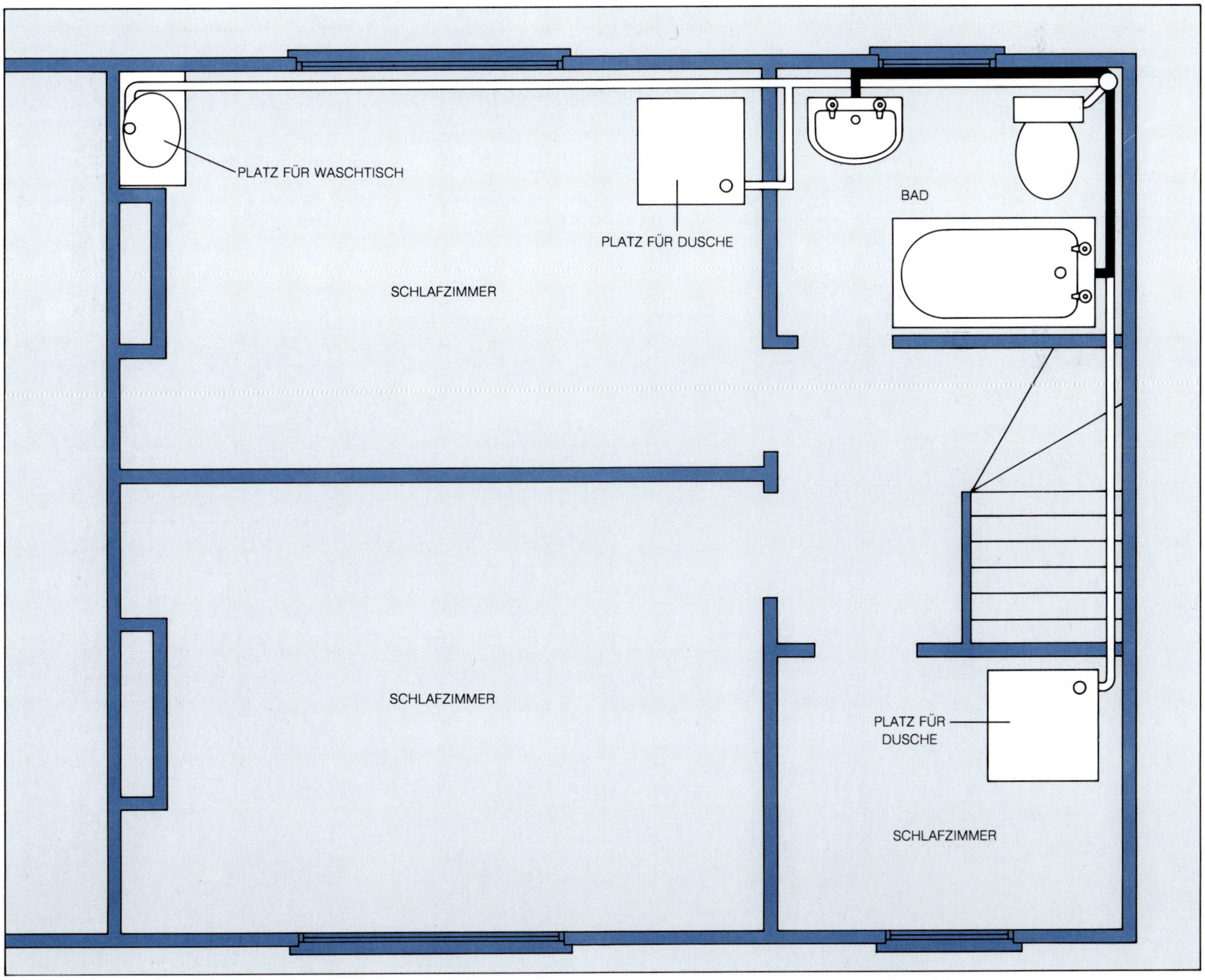

Der Einbau einer Duschkabine

Ein separates Duschbad ist eine angenehme und wirtschaftliche Ergänzung zu einem Bad. Für eine Duschkabine, die eine in sich geschlossene, wasserdichte Einheit bildet und kaum einen Quadratmeter Stellfläche einnimmt, kommt eine Vielzahl von Standorten in Frage: die Ecke eines Schlafraums, eine Toilette, ein Abstellraum oder sogar die Kammer unter einer Treppe.

Auf dieser und den folgenden Seiten wird der Einbau einer Dusche in einer Raumecke beschrieben. Etwas Erfahrung mit Installationsarbeiten ist dabei nützlich, und gelegentlich braucht man einen Helfer. Die Arbeit gliedert sich im wesentlichen in fünf Abschnitte: Verlegung der Versorgungsleitungen, Montage der Duschwanne auf einem fest mit dem Boden verschraubten Holzrahmen, Verlegung des Abflußrohrs, Einbau des Metallrahmens und der Schiebetüren, die zusammen mit der Raumecke die Duschkabine bilden, und Installation der Mischbatterie zur Regulierung der Warm-und Kaltwasserzufuhr einschließlich des Schlauches und der Handbrause.

Der Standort der Dusche wird durch die Anschlußmöglichkeiten an die Warmwasserversorgung und das Abflußsystem bestimmt. Vor Beginn der Installationsarbeiten sollte man einen Plan des vorhandenen Rohrnetzes anfertigen *(S. 67)* und sich mit den für diesen Bereich geltenden Bestimmungen *(S. 8 und S. 65)* vertraut machen.

Für den Anschluß der Dusche an das Versorgungsnetz müssen Kupferrohrleitungen verlegt werden, die man in regelmäßigen Abständen mit Rohrschellen befestigen sollte. Wo es möglich ist, können die Leitungen auch unter den Fußbodenbrettern verlegt werden; in der Regel läßt es sich aber kaum vermeiden, zumindest einen Teil auf der Wand entlangzuführen und dann zu verkleiden. Man kann die Leitungen auch unter Putz verlegen; allerdings bedeutet das zusätzliche Arbeit und erschwert etwaige Reparaturarbeiten. Die Lösung dieses Problems hängt vom Standort der Dusche ab und erfordert etwas Erfindungsgeist. Die genaue Art des Anschlusses der Mischbatterie ergibt sich wiederum aus dem Verlauf der neuen Leitungen. Der Anschluß der Entsorgungsleitung an ein Kunststoffallrohr erfolgt mit Muffenverbindungen *(Arbeitsgang 8)*. Bei gußeisernen Fallrohren sind entsprechende Gußeisenformstücke erforderlich *(Seite 63)*; eventuell wird man den Klempner hinzuziehen müssen.

Der Standort der Dusche sollte gut zu belüften sein. Ist kein Fenster in der Nähe, empfiehlt es sich, einen Ventilator in einer Außenwand zu installieren oder zumindest eine Entlüftungsöffnung zu schaffen.

Die fertige Installation. Eine Duschkabine mit verglasten Wandelementen wurde in der Ecke eines an das Bad angrenzenden Schlafraums im ersten Stock installiert. Die ganze Kabine *(unten links)* steht auf einem Holzrahmen. Die vorderen Wände der Kabine bestehen jeweils aus einer feststehenden Glasscheibe und einer Glasschiebetür; die rückwärtigen Wände sind gefliest. Eine höhenverstellbare Handbrause ist mit einem flexiblen Metallschlauch an die Mischbatterie angeschlossen, mit der Wasserzufuhr und -temperatur reguliert werden. Die verkleideten Versorgungsrohre verlaufen unter den Fliesen in der hinteren Ecke.

Der Installationsplan des Hauses *(unten)* zeigt den Verlauf der Warm- und Kaltwasserleitungen im Erdgeschoß und im ersten Stock. Von der Hauptsteigeleitung zweigen Leitungsarme ab, die Küche und Bad mit kaltem Wasser versorgen. Der Boiler für die Warmwasserbereitung befindet sich im Keller. Die neue Dusche steht im Schlafraum in der Ecke, die von der Außenwand und der massiven Trennwand zum Bad gebildet wird – also nur durch eine Wand getrennt neben dem Waschbecken.

Um die Länge der Versorgungsleitungen zu bestimmen, für die 15-mm-Kupferrohr verwendet wird, muß man zunächst entscheiden, wo die Mischbatterie an der Trennwand angeschlossen werden soll. Üblich ist eine Höhe von 1–1,50 m über dem Boden der Duschwanne, die ihrerseits etwa 12 cm über dem Boden angebracht ist.

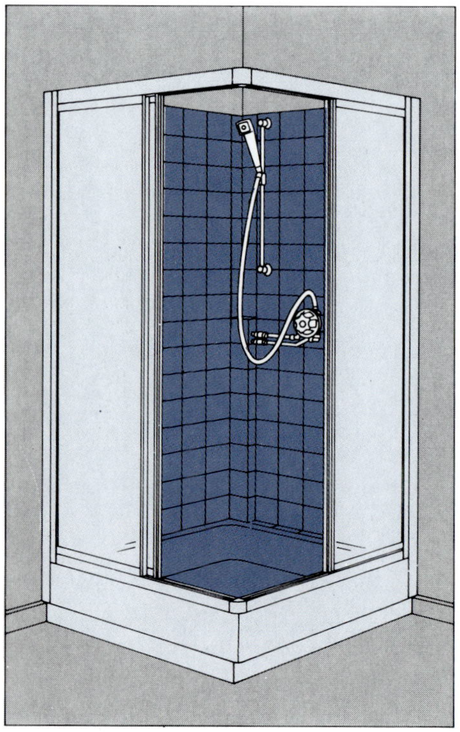

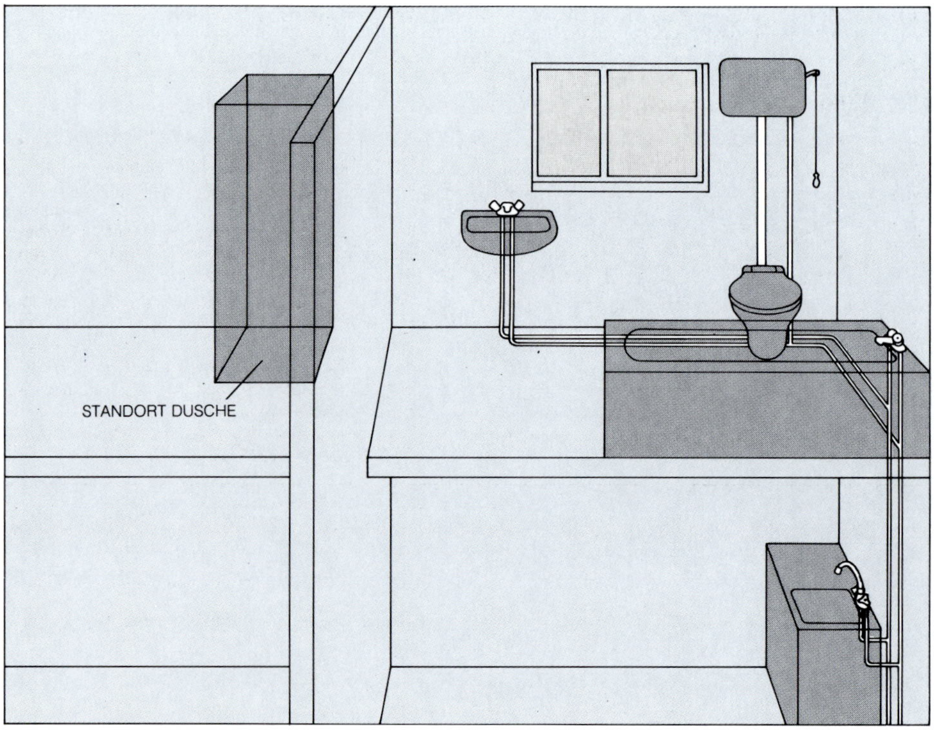

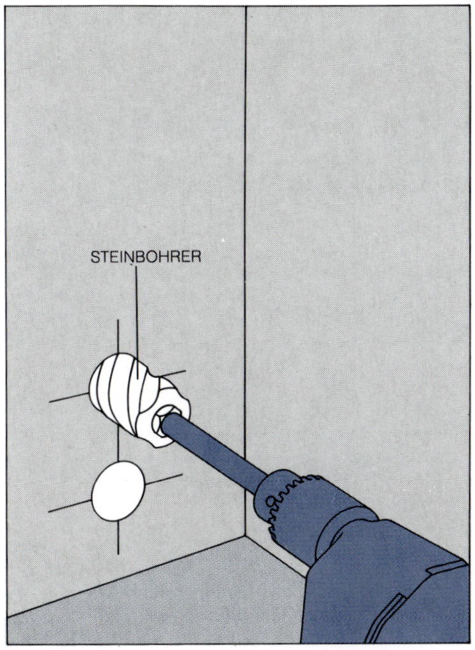

1 Eine massive Wand durchbohren. Die Warm- und Kaltwasserversorgung abstellen, die Leitungen entleeren *(S. 14)* und vom Bad aus arbeiten. An der Wand zum Schlafraum kurz über dem Boden und in einer Linie mit den Versorgungsleitungen für das Waschbecken zwei Markierungen anzeichnen und die Wand mit einer Bohrmaschine durchbohren; dazu einen passenden Steinbohrer verwenden.

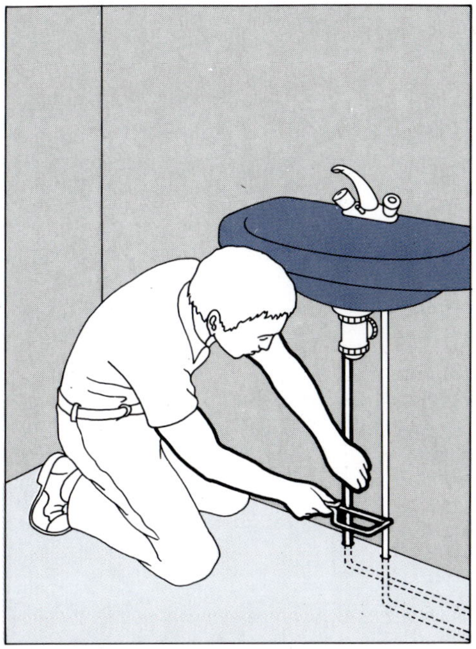

2 Die Versorgungsleitungen anzapfen. Die Warm- und Kaltwasserleitung des Waschbeckens auf der Höhe der Bohrlöcher mit einer Eisensäge durchtrennen. Rohrstücke von der Länge herausschneiden, daß mit Hilfe von Schneidringverschraubungen T-Stücke eingesetzt werden können. Die Öffnungen der T-Stücke zur durchbohrten Wand richten.

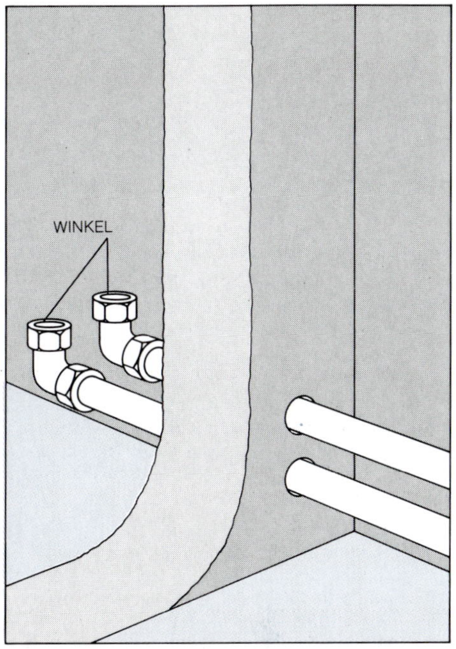

3 Die neuen Versorgungsleitungen anschließen. Von den T-Stücken ausgehend, die neuen Versorgungsleitungen so durch die Bohrlöcher in der Wand verlegen, daß die eine etwa 6 cm und die andere 16 cm in den Schlafraum ragt. Dann mit Schneidringverschraubungen zwei Winkel so an die Rohrenden montieren, daß ihre Öffnungen senkrecht nach oben weisen.

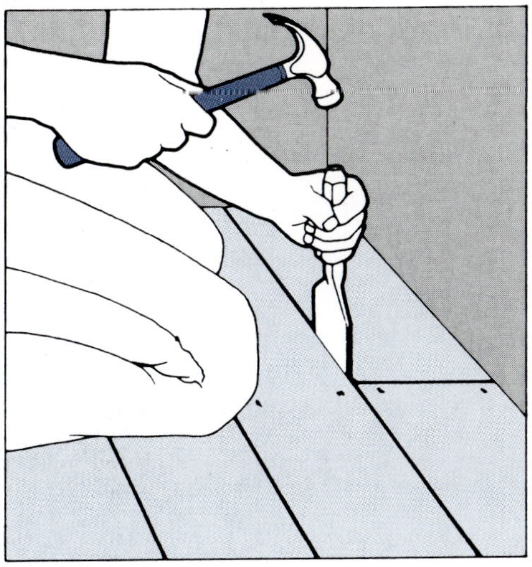

Versorgungsleitungen unter dem Fußboden

Sind die Versorgungsleitungen unter dem Fußboden verlegt, einige Dielenbretter herausnehmen, um den Verlauf der Leitungen festzustellen. Dazu ein Dielenbrett auf oder unmittelbar neben einem Balken durchsägen (leicht erkennbar an einer Reihe von Nägeln), damit es leichter wieder eingesetzt werden kann. Als Vorsichtsmaßnahme stets die Stromversorgung unterbrechen, falls unter dem Boden eine elektrische Leitung verlegt ist. Einen breiten Stechbeitel in die Fuge zwischen dem durchgesägten und dem danebenliegenden Brett schlagen *(oben)* und das Dielenbrett herausheben.

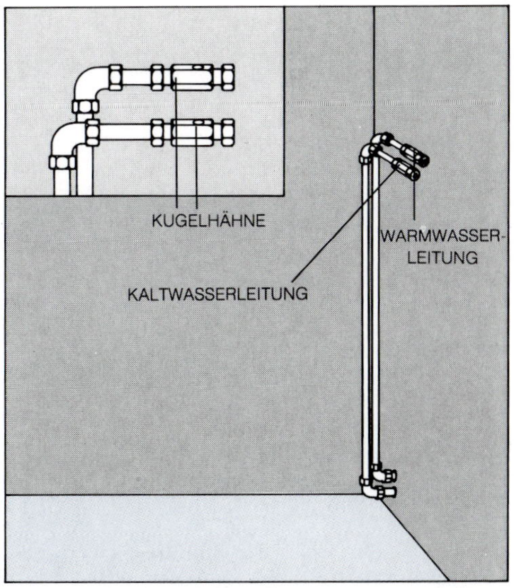

4 Die Leitungen weiterführen. Die Leitungen senkrecht nach oben weiterführen; dabei muß die Warmwasserleitung etwa 10 cm höher reichen. An beiden Rohrenden einen Winkel montieren und jeweils ein kurzes Stück Rohrleitung mit einem Kugelhahn oder Absperrventil *(kleine Abbildung)* anschließen. Die Ventile schließen und das Wasser wieder anstellen. Anschließend die Leitungen mit Sperrholz verkleiden.

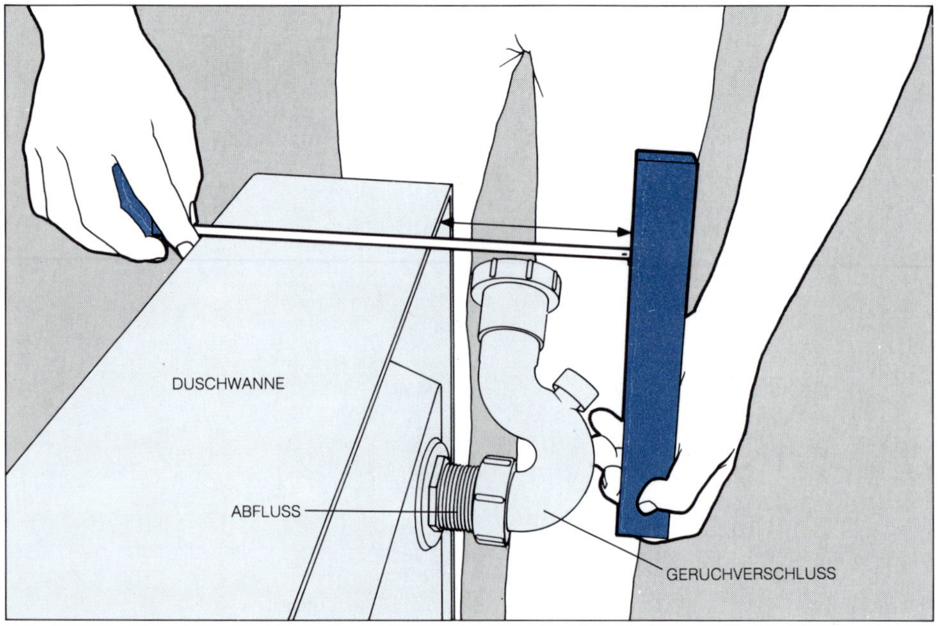

5 **Die Installation der Duschwanne vorbereiten.** Die Duschwanne auf die Seite stellen, den Abfluß mit Hilfe der Kontermutter einsetzen. Den Geruchverschluß anschrauben und ermitteln, wie hoch der Rahmen sein muß, damit Wanne und Abflußrohr genügend Bodenfreiheit haben. Dazu ein gerades Stück Holz in etwa 3 cm Abstand vom tiefsten Punkt des Geruchverschlusses senkrecht halten *(oben)* und den Abstand zwischen dem Holz und der Unterseite der Duschwanne ausmessen.

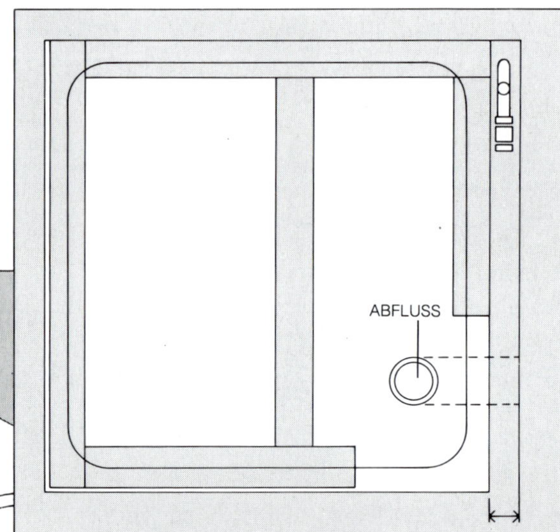

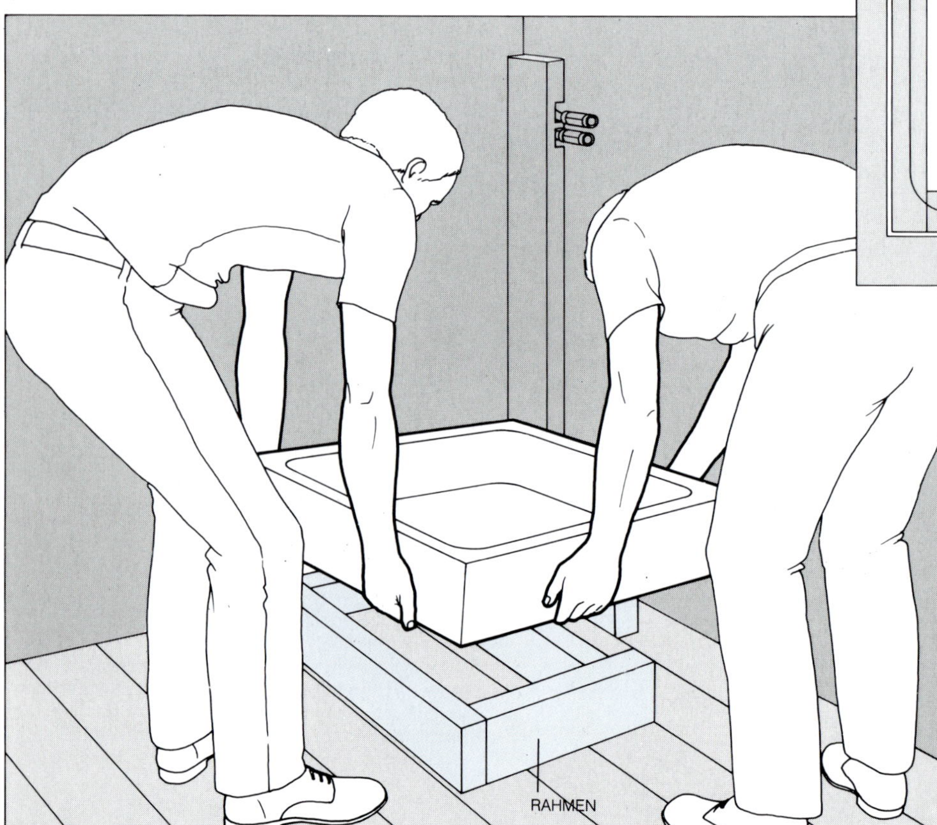

6 **Die Duschwanne einsetzen.** Aus fünf 50 mm starken Kanthölzern einen Rahmen bauen. Für das Abflußrohr eine Ecke aussparen und eine Klappe einbauen *(oben)*. Die Höhe des Rahmens muß dem in Arbeitsgang 5 ermittelten Maß entsprechen, die Außenmaße des Rahmens müssen etwas kleiner sein als die der Duschwanne, damit die sichtbaren Seiten später mit Fliesen oder einem ähnlichen Material verkleidet werden können.

Den Rahmen vorläufig an die vorgesehene Stelle rücken und mit einem Helfer die schwere Duschwanne auf den Rahmen setzen; dabei den Abfluß wie in der Abbildung oben ausrichten. Den Geruchverschluß so drehen, daß seine Öffnung zur Trennwand weist und der Öffnung gegenüber an der Trennwand eine Markierung anbringen. Die Duschwanne und den Rahmen zur Seite stellen. Mit einer Bohrmaschine oder mit Hammer und Meißel an der markierten Stelle ein Loch von gut 50 mm Durchmesser in die Wand bohren bzw. stemmen.

Den Holzrahmen wieder an seinen Platz rücken und am Fußboden festschrauben. Die Duschwanne auf den Rahmen setzen.

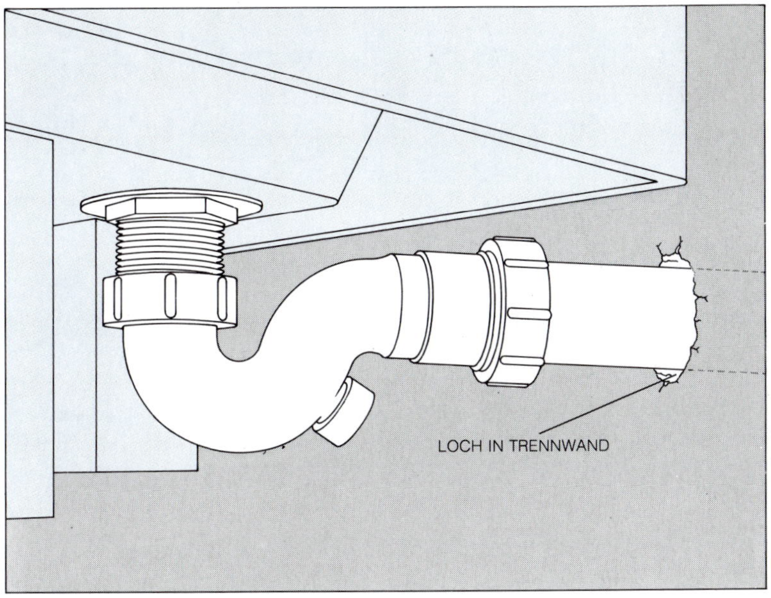

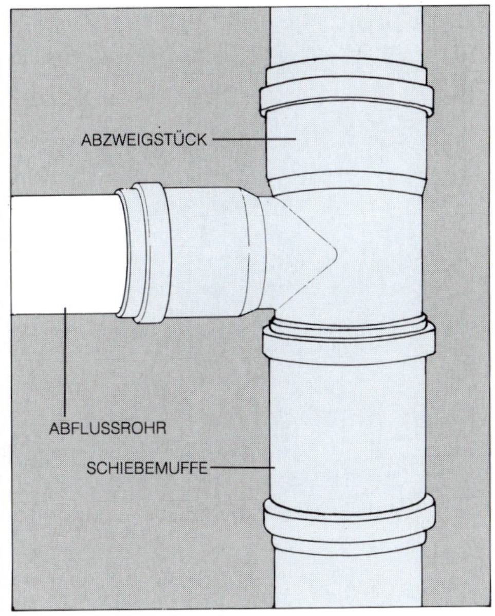

7 Das Abwasserrohr verlegen. Die Abwasserleitung aus 50-mm-Kunststoffrohr durch das Bohrloch in der Wand führen und mit einer Überwurfmutter am Geruchverschluß verschrauben *(oben).* Die Fuge zwischen Duschbecken und Wand mit dauerelastischer Dichtungsmasse füllen. Einen Bogen anschließen und die Leitung mit zwei weiteren Rohrstücken und einem Bogen verlängern.

8 Rohre verbinden. Ein Abzweigstück und eine Schiebemuffe zusammenstecken und in Höhe des neuen Rohres gegen das Fallrohr halten. Das Fallrohr etwas unter- und oberhalb der Gummidichtungen markieren. Das Stück heraussägen und die Kanten glattfeilen. Das Abzweigstück auf den oberen Teil des Fallrohrs stecken und die Schiebemuffe auf den unteren Teil des Fallrohrs drücken.

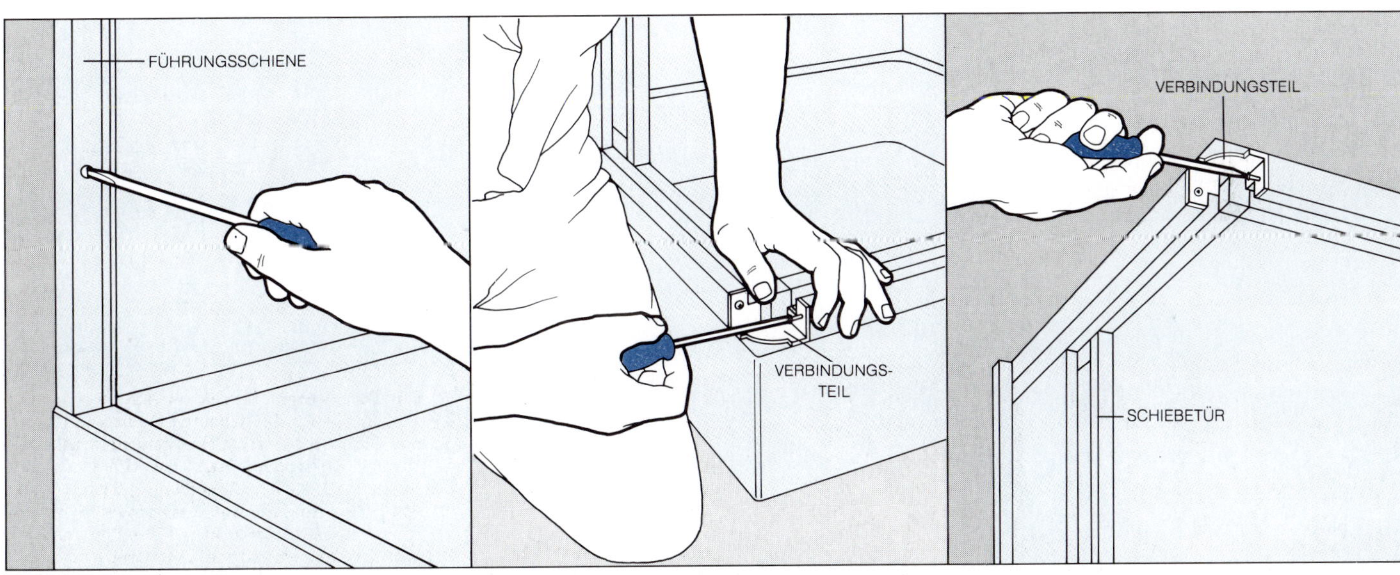

9 Die Wandelemente anbringen. Die beiden senkrechten Schienen, die die festen Glasscheiben der Duschkabine halten sollen, an der Wand festdübeln *(oben).* Mit Lot oder Wasserwaage arbeiten, damit die Schienen exakt senkrecht montiert werden können. Um die Fuge zwischen Duschkabine und Trennwand zu überbrücken, zunächst eine Holzleiste an der Wand anbringen und die Schiene dann darauf festschrauben.

Die Seitenwände der Duschkabine werden vom Hersteller fertig geliefert, mit je einer feststehenden und einer verschiebbaren Glasscheibe sowie metallenen Führungsschienen für oben und unten. Die Seitenwände auf den Rand der Duschwanne setzen und die feste Glasscheibe in die zuvor montierte Schiene einpassen; dabei am besten mit einem Helfer arbeiten. Die andere Seitenwand auf die gleiche Weise einsetzen.

Die Wände unten in das Kunststoffverbindungsteil einrasten lassen und mit Blechschrauben oder Gewindestiften fixieren *(oben Mitte).* An den Oberseiten der Wände die metallenen Führungsschienen nach dem gleichen Verfahren zusammensetzen *(oben rechts).* Alle Fugen zwischen Rahmen und Duschwanne und zwischen Rahmen und Wänden mit einer dauerelastischen Dichtungsmasse auf Silikonbasis abdichten.

Die rückwärtigen Wände der Duschkabine und die Verkleidung der Versorgungsleitungen verfliesen; dazu wasserfesten Fliesenkleber verwenden. Die Fugen zwischen den Fliesen mit Fugenfüller verstreichen. Die Außenseiten des Unterbaus und die Klappe für den Abfluß mit Fliesen verkleiden.

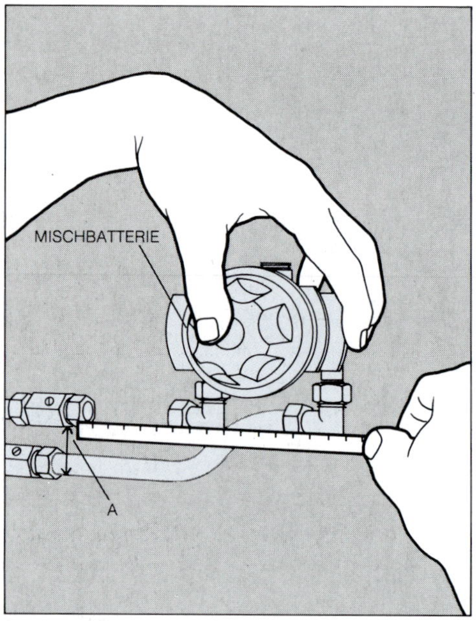

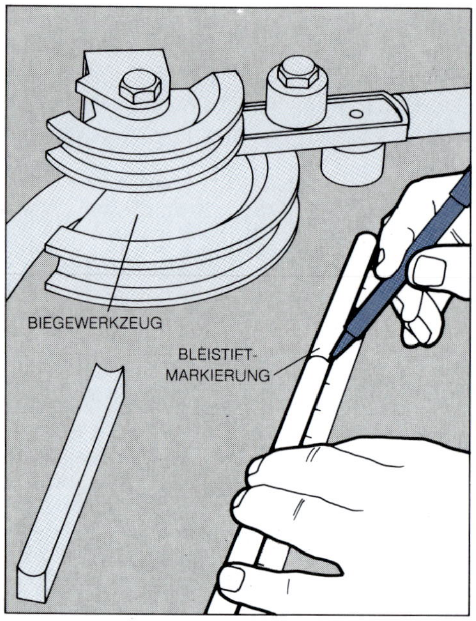

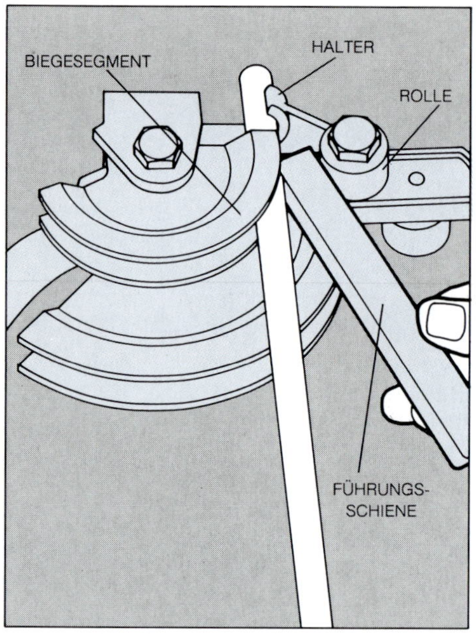

10 Die Armatur anhalten. Die Mischbatterie so anhalten, daß ihre Anschlußwinkel mit der oberen, also der Warmwasserleitung, eine Linie bilden. Den Abstand zwischen der Warmwasserleitung und dem linken Winkel ausmessen und verchromtes Kupferrohr entsprechend zuschneiden. Die Kaltwasserzuleitung zuschneiden; für die zwei Biegungen die Länge A dazurechnen.

11 Die erste Biegung markieren. Mit einem Lineal abmessen, wo die Kaltwasserleitung das erste Mal gebogen werden muß und die Stelle mit einem Bleistift markieren. Die Rohre entweder mit einer Biegefeder *(S. 54)* formen oder mit dem oben abgebildeten Spezialwerkzeug, das man mieten kann.

12 Das Rohr in das Biegewerkzeug einlegen. Das Biegewerkzeug auf die Seite legen und das Rohr soweit in das Werkzeug einführen, bis die Bleistiftmarkierung genau mit dem hinteren Rand des Biegesegments übereinstimmt. Das Rohr mit dem Haltemechanismus fixieren und die Führungsschiene zwischen Rohr und Rolle einlegen.

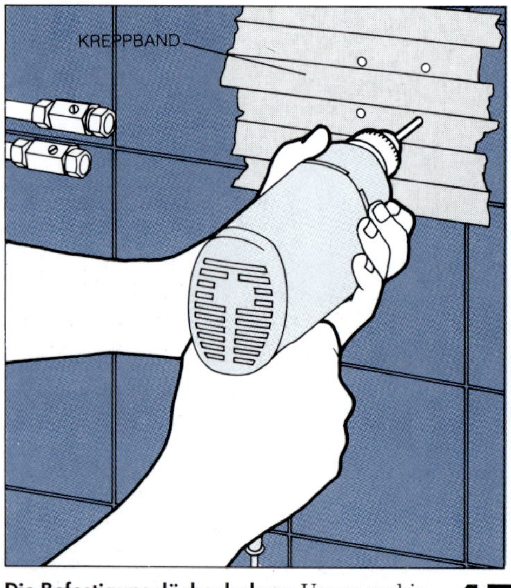

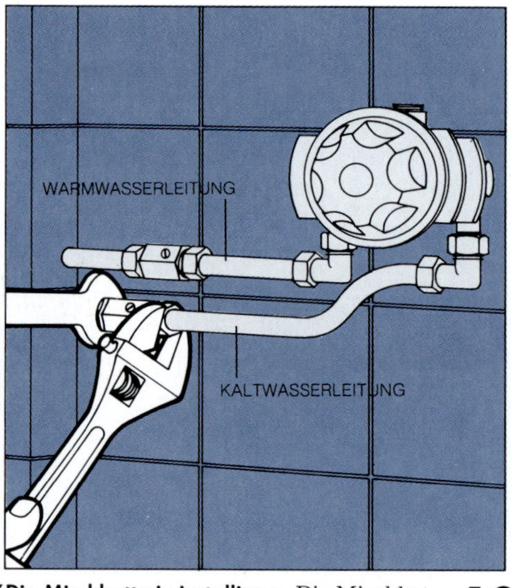

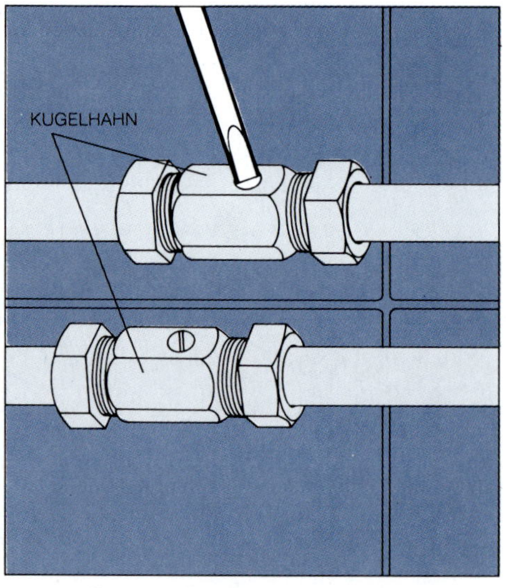

16 Die Befestigungslöcher bohren. Um zu verhindern, daß die Fliesen springen, die Stelle, an der die Mischbatterie befestigt werden soll, mit Klebeband abdecken. Die Mischbatterie in Position halten und mit einem Stift die Schraubenlöcher markieren; dann mit einem Steinbohrer die Löcher bohren *(oben)*. Das Klebeband entfernen und Dübel einsetzen.

17 Die Mischbatterie installieren. Die Mischbatterie festhalten, die verchromten Kupferrohrleitungen zwischen den Kugelhähnen und den Anschlußwinkeln der Mischbatterie einpassen und die Verbindungen mit einer Einmaulzange festziehen *(oben)*. Die Mischbatterie an die Wand schrauben.

18 Die Installation auf Dichtigkeit prüfen. Die Absperrvorrichtungen aufdrehen, um die Installation zu prüfen. Wie das geschieht, hängt vom verwendeten Hahn- bzw. Ventiltyp ab. Bei dem hier gezeigten Typ, einem Kugelhahn, wird eine Schraube um 90° gedreht, so daß ihr Schlitz nicht quer, sondern parallel zur Versorgungsleitung verläuft.

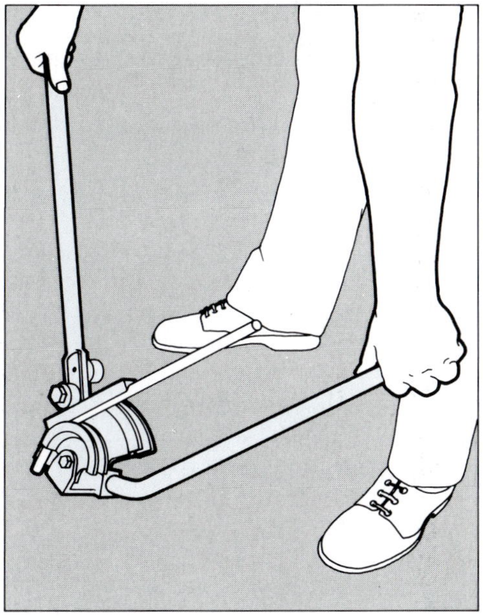

13 **Die erste Biegung formen.** Mit beiden Händen die Handgriffe kräftig zusammendrücken. Der Druck, der so auf die Führungsschiene ausgeübt wird, hält das Rohr gerade, während der Rollmechanismus darüberläuft und es biegt; einen Bogen von etwa 30° formen.

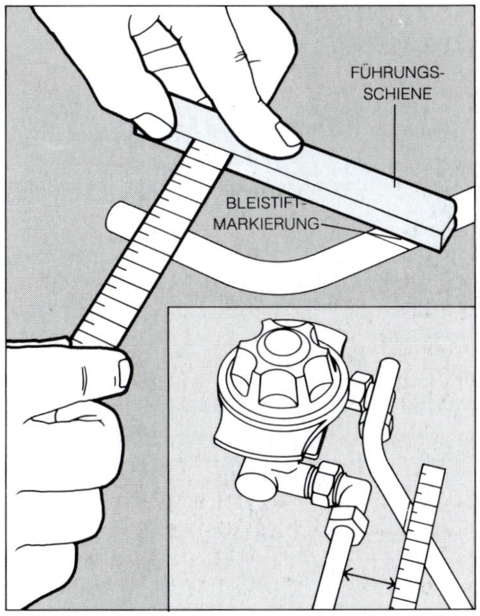

14 **Die zweite Biegung ausmessen.** Mit Hilfe eines Lineals das kurze, gebogene Rohrende und die Führungsschiene im Abstand A parallel zueinander ausrichten *(oben)*. Dort, wo die Führungsschiene und das längere Rohrstück sich kreuzen, die zweite Biegung mit einer Bleistiftlinie markieren. Die kleine Abbildung zeigt die Rohrpositionierung.

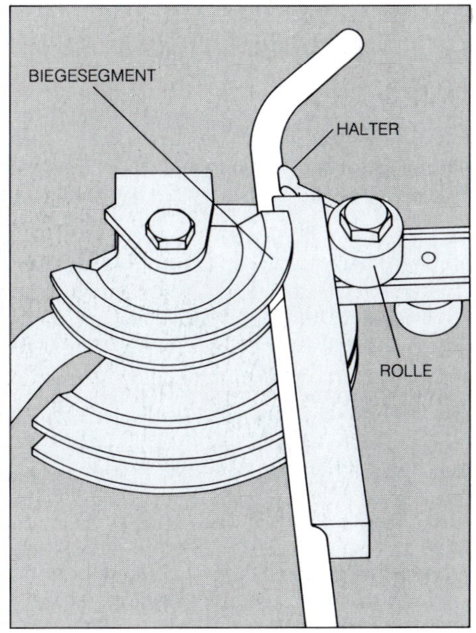

15 **Die zweite Biegung formen.** Das Rohr so weit in das Biegewerkzeug hineinschieben, daß die Bleistiftlinie eine Tangente zur Außenkante des Biegesegments bildet *(oben)*; dazu das gebogene Rohrende nach rechts drehen. Darauf achten, daß das Rohr durch den Halter fixiert ist. Die Führungsschiene einlegen und einen Bogen von etwa 30° formen.

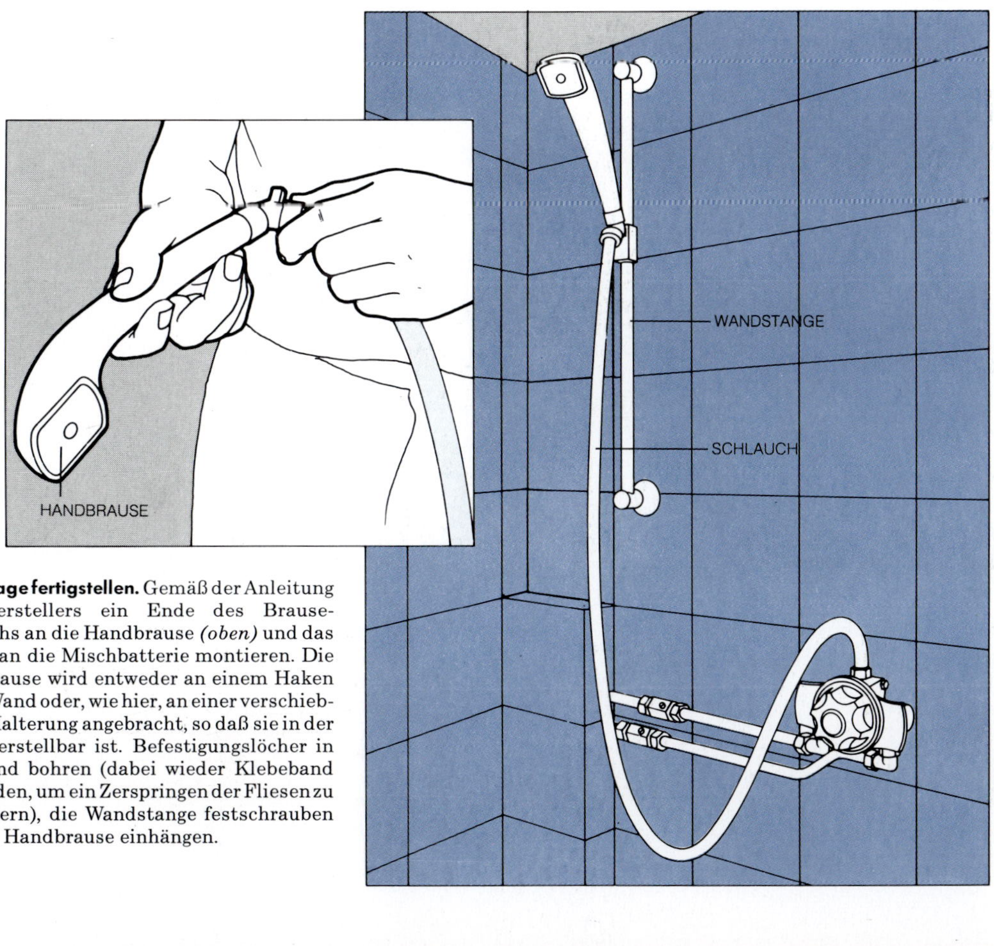

19 **Die Anlage fertigstellen.** Gemäß der Anleitung des Herstellers ein Ende des Brauseschlauchs an die Handbrause *(oben)* und das andere an die Mischbatterie montieren. Die Handbrause wird entweder an einem Haken in der Wand oder, wie hier, an einer verschiebbaren Halterung angebracht, so daß sie in der Höhe verstellbar ist. Befestigungslöcher in die Wand bohren (dabei wieder Klebeband verwenden, um ein Zerspringen der Fliesen zu verhindern), die Wandstange festschrauben und die Handbrause einhängen.

Ein moderner Einbauwaschtisch

Ein Waschbecken, das an der Wand oder auf einer Säule installiert ist, durch einen Einbauwaschtisch zu ersetzen, erfordert sowohl Klempner- als auch Tischlerarbeiten. Man muß das alte Waschbecken demontieren, eine passende Öffnung in die Deckplatte des Unterschranks schneiden, das neue Becken einsetzen und neue Leitungsanschlüsse für Wasser und Abwasser herstellen.

Vor dem Kauf des Unterschranks und eines passenden Beckens muß man den Standort genau ausmessen. Ventile, Becken und Unterschrank können einzeln gekauft werden, es empfiehlt sich jedoch, alle Teile von demselben Hersteller zu beziehen, um sicherzugehen, daß sie miteinander kombiniert werden können. Ausschließlich Materialien verwenden, die den anerkannten Regeln der Technik *(S. 65)* entsprechen.

Das Einbauwaschbecken muß in eine Öffnung in der Deckplatte des Unterschranks eingepaßt werden. Eine Schablone, nach der man das Loch zuschneidet, wird meist vom Hersteller mitgeliefert. Es gibt unterschiedliche Beckentypen: Becken mit Rand werden von oben eingesetzt und von der Deckplatte getragen; randlose Becken mit einem gesonderten Randeinsatz werden mit Klammern befestigt, die zugleich das Becken, den Einsatz und die Deckplatte zusammenhalten; versenkte Becken ohne Rand *(unten)* werden von unten montiert und durch Bolzen und Metallklammern gehalten. Alle Beckentypen werden beim Einbau mit dauerelastischer Dichtungsmasse abgedichtet.

Man benötigt außerdem einen Abfluß, ein Tauchrohr, einen passenden Geruchverschluß, zwei Eckventile und Anschlußstücke, um die Auslaufventile an die Wasserversorgung anzuschließen. Biegsames verchromtes Kupferrohr (10 mm) erleichtert den Anschluß an die Eckventile, besonders bei schlecht zugänglichen Standorten. Es ist mit vorgefertigten Bördeln erhältlich.

Das alte Becken entfernen. Das Wasser absperren und die Anschlüsse lösen. Das Becken und die Säule demontieren. Ist der Fuß außerdem in ein Mörtelbett eingesetzt, eventuell den Fuß der Säule mit einem Handtuch umwickeln und mit dem Hammer losschlagen. Dabei auf jeden Fall eine Schutzbrille tragen.

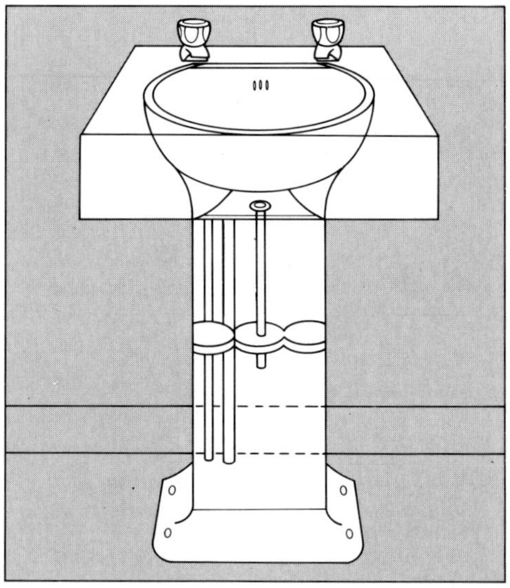

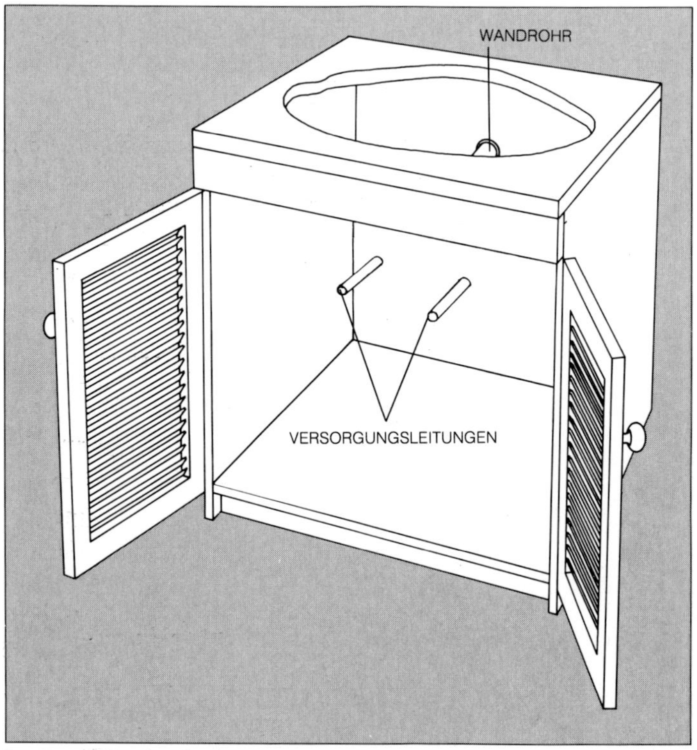

1 Den Unterschrank aufstellen. Mit Hilfe der mitgelieferten Schablone die Beckenöffnung anzeichnen. Mit einer Stichsäge das Loch für das Becken in die Deckplatte sägen, und den Schrank möglichst so an die Wand schieben, daß das Wandrohr für den Abfluß in der Mitte liegt.

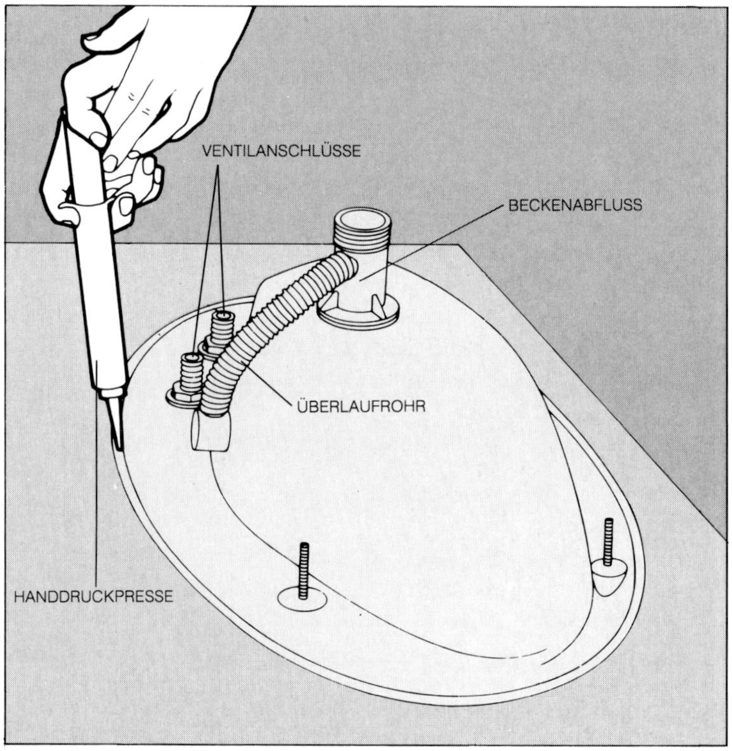

2 Den Einbau des Beckens vorbereiten. Die Ventile in die dafür vorgesehenen Löcher im Becken einsetzen. Die Kontermuttern mit einer Standventilzange anziehen. Den Abfluß einsetzen und mit dem Überlaufrohr verbinden *(S. 34)*. Das Becken umdrehen und unter dem Beckenrand einen dünnen Streifen Dichtungsmasse auftragen.

3 Das Becken einsetzen. Das Becken, ohne den Rand zu berühren, wieder umdrehen, in das Loch einsetzen und kräftig andrücken. Die Dichtungsmasse, die am Rand austritt, mit einem feuchten Tuch abwischen, bevor sie antrocknet. Die Metallklammern auf die Stehbolzen schieben. Das Becken durch Anziehen der Flügelmuttern befestigen.

4 Den Geruchverschluß installieren. Den Abfluß vor den Versorgungsleitungen anschließen. Der hier verwendete Geruchverschluß ist seitlich schwenkbar, so daß sich kleine Korrekturen vornehmen lassen, falls der Abfluß sich nicht genau über dem Wandrohr befindet. Den Geruchverschluß mit der Hand festschrauben *(S. 38)*.

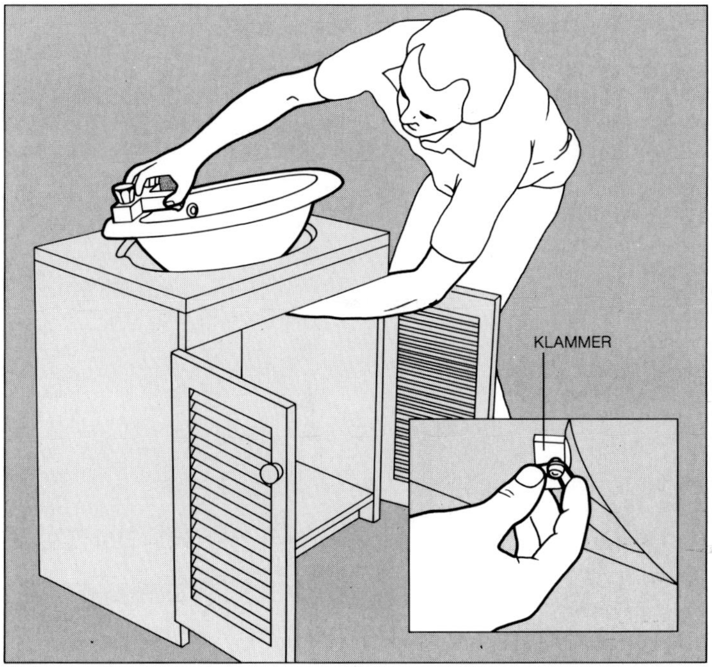

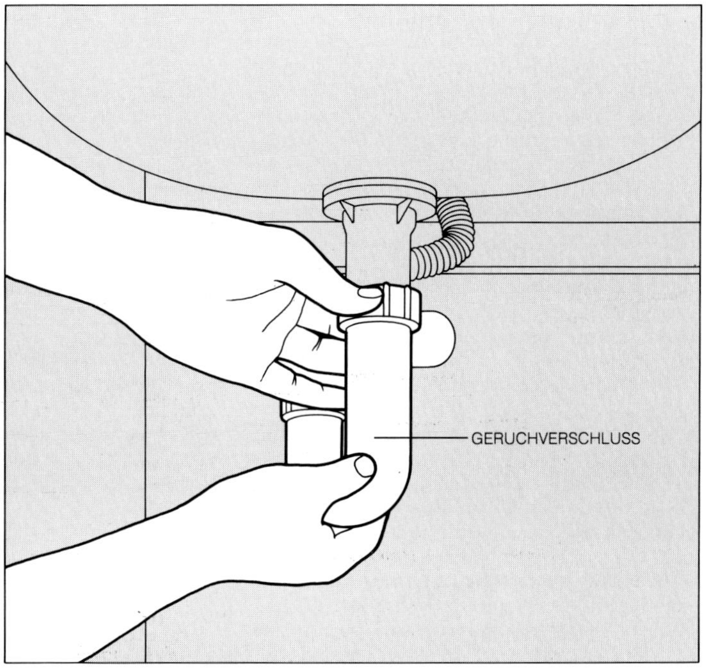

5 Die Wasserleitungen anschließen. Die Eckventile so an die Versorgungsleitungen montieren, daß die mit Gewinden versehenen Auslauföffnungen genau nach oben weisen. Für den Anschluß der Eckventile an die Auslaufventile zwei Längen biegsames verchromtes Kupferrohr ausmessen und zuschneiden. Die Rohrstücke zwischen den Auslaufventilen und den Eckventilen einpassen und die Muttern mit der Hand aufdrehen *(rechts)*. Falls erforderlich, die Kupferrohre passend biegen. Zuletzt alle Schraubverbindungen mit einer Rohrzange etwas nachziehen.

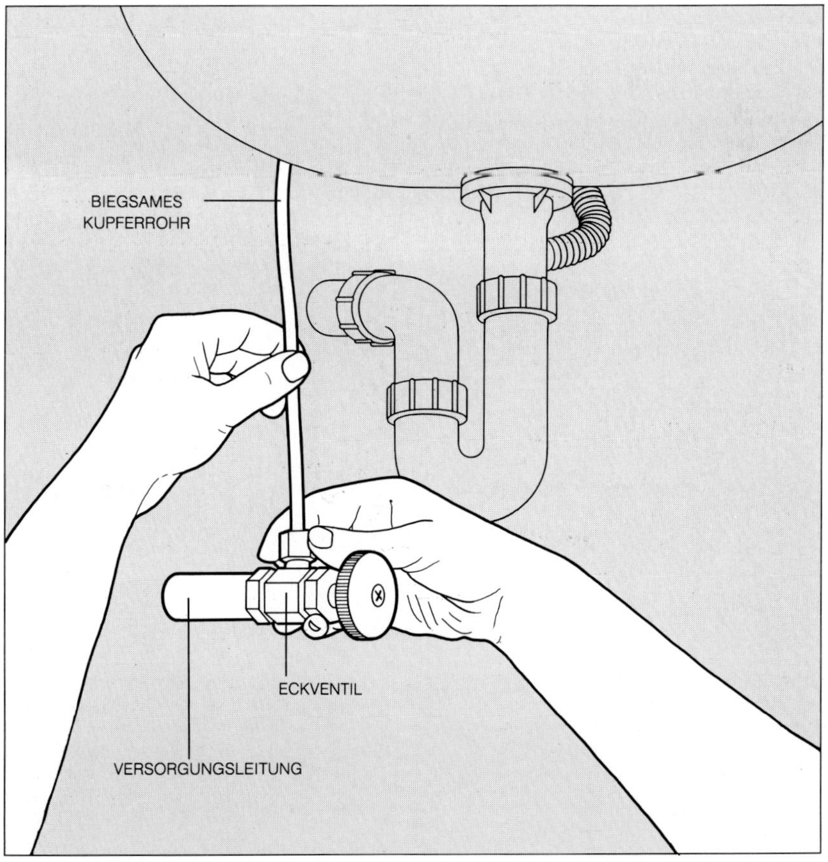

WC-Anlagen modernisieren

Eine WC-Anlage vollkommen neu zu installieren erfordert einige Erfahrung in der Installationstechnik. Dagegen ist es relativ einfach, ein beschädigtes oder veraltetes WC durch ein modernes zu ersetzen. Das Becken läßt sich an das vorhandene Abflußrohr anschließen und oft auch der Spülkasten an die alte Wasserzuleitung.

Wird ein hochhängender Spülkasten durch eine moderne kompakte WC-Anlage ersetzt, so muß zwischen der Versorgungsleitung und dem Spülkastenzulauf eine neue Zuleitung installiert werden. Bei der auf den folgenden Seiten beschriebenen Installation wird die alte Zuleitung bis auf die Höhe des neuen Wasseranschlusses gekürzt und die neue Zuleitung mit Hilfe eines Winkels vervollständigt. Führt die Leitung jedoch in ein höhergelegenes Stockwerk, so muß das T-Stück für die Zuleitung zum alten Spülkasten mit einem Stopfen oder einer Kappe abgedichtet und die neue Zuleitung mit einem T-Stück angeschlossen werden.

Damit man die WC-Anlage direkt an die Wand setzen kann, muß das alte Abflußrohr genau auf die passende Länge gekürzt werden. Die richtige Rohrlänge läßt sich einfach ausmessen *(Arbeitsgang 3)*. Soll die Wand vor Beginn der Neuinstallation mit Fliesen oder Holz verkleidet werden, muß man natürlich die Stärke der Verkleidung bei der Berechnung berücksichtigen.

Der innere Mechanismus des neuen Spülkastens ist oft schon fertig montiert, andernfalls liegt eine Einbauanleitung bei. Das zur Montage des Spülkastens auf dem WC-Becken notwendige Dichtungs- und Zubehörmaterial wird ebenfalls mitgeliefert, aber möglicherweise müssen noch 60-mm-Linsenkopfschrauben aus verchromtem Messing besorgt werden, um das WC-Becken am Boden zu befestigen.

Ferner benötigt man einen WC-Anschlußstutzen vom Durchmesser des vorhandenen Abflußrohrs, 20-mm-Kupferrohr, ein Absperrventil mit Schneidringverschraubungen, einen Winkel (oder ein T-Stück), ebenfalls mit Schneidringverschraubungen für den Anschluß an die Wasserversorgung und eventuell vergüteten Schnellbindezement, um das WC-Becken auf einem unebenen Boden auszurichten.

Die Arbeit erfordert nur wenige Werkzeuge: einen Schraubenschlüssel oder eine Rohrzange, Schraubenzieher, Hammer, Wasserwaage, ein Bandmaß sowie einen Kettenrohrschneider von einem Werkzeugverleih. Ist das alte WC-Becken an ein Abflußrohr im Boden angeschlossen, so braucht man außerdem Hammer und Meißel.

Man sollte einen Helfer in der Nähe haben, wenn der Spülkasten demontiert wird; alte Spülkästen sind bisweilen sehr schwer.

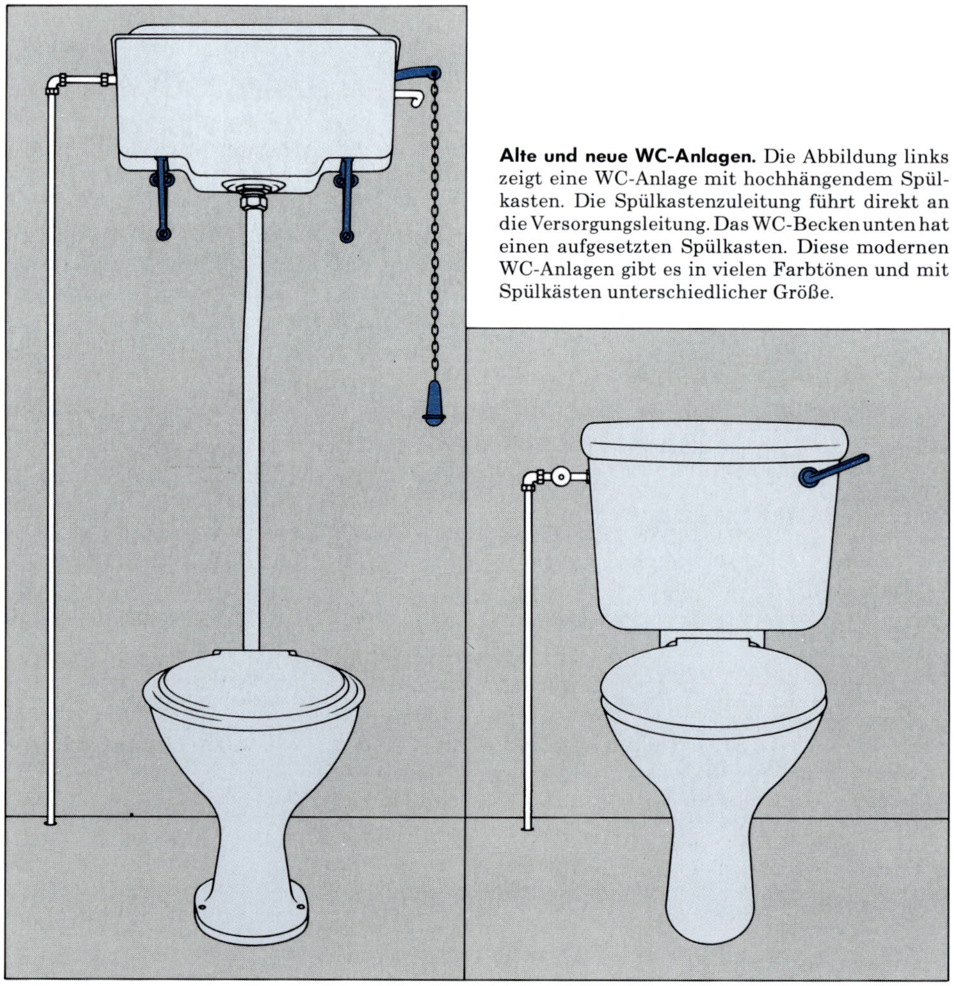

Alte und neue WC-Anlagen. Die Abbildung links zeigt eine WC-Anlage mit hochhängendem Spülkasten. Die Spülkastenzuleitung führt direkt an die Versorgungsleitung. Das WC-Becken unten hat einen aufgesetzten Spülkasten. Diese modernen WC-Anlagen gibt es in vielen Farbtönen und mit Spülkästen unterschiedlicher Größe.

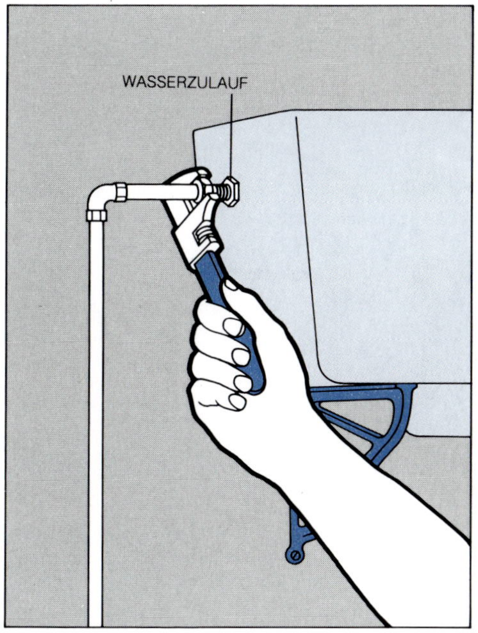

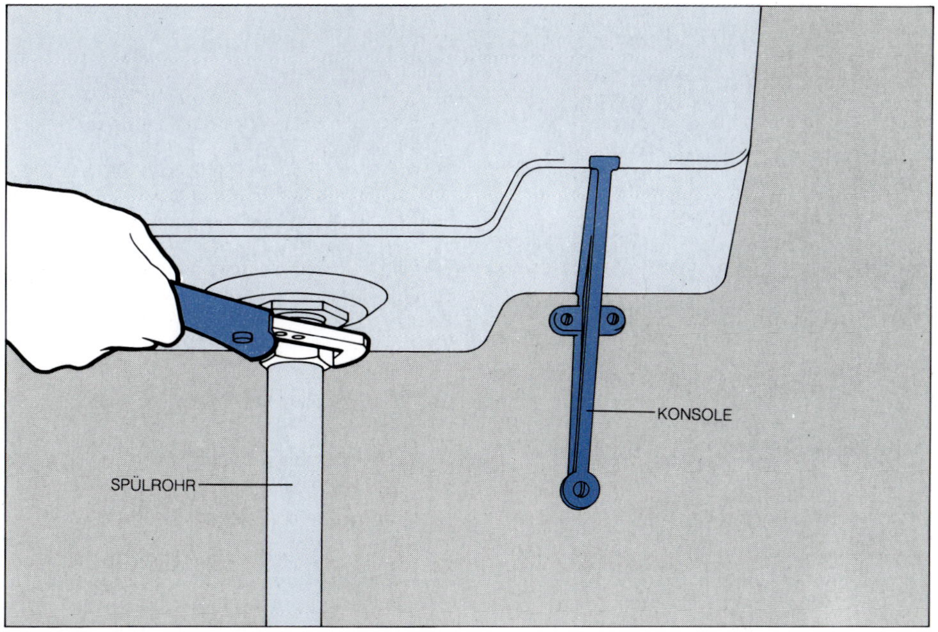

1 Die Wasserzuleitung abschrauben. Die Wasserversorgung absperren und die Zuleitung des alten Spülkastens losschrauben. Dazu die Überwurfmutter mit einer Armaturenzange oder einer Rohrzange vom Wasseranschluß des Spülkastens abdrehen *(oben)*. Läßt sich die Verbindung nicht lösen, das Rohr mit einer Eisensäge durchtrennen.

2 Spülrohr und Spülkasten demontieren. Mit einer Einmaulzange oder einer Rohrzange die Mutter am oberen Ende des Spülrohrs lösen oder statt dessen das Spülrohr durchsägen; am WC-Anschluß das Spülrohr einfach herausziehen. Den alten Spülkasten von den Konsolen heben und beide Konsolen abschrauben.

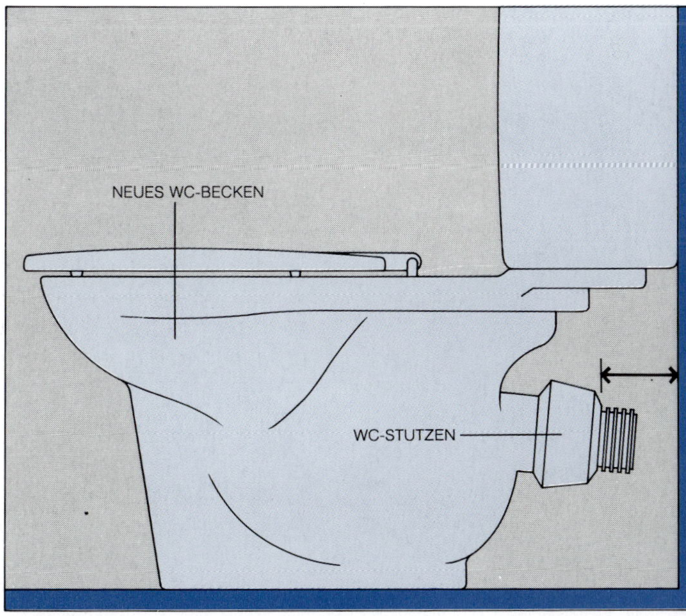

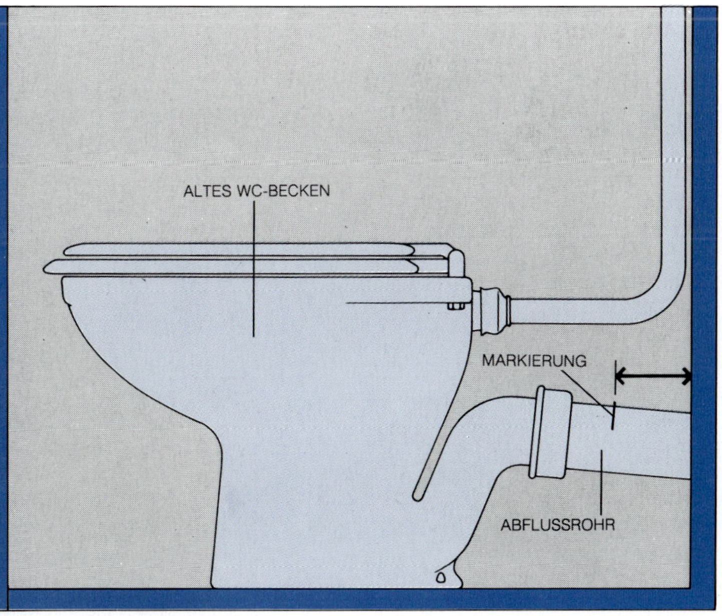

3 Die Länge des Abflußrohrs markieren. Den Anschlußstutzen mit der Muffe über die Abflußöffnung des neuen WC-Beckens schieben. Den neuen Spülkasten hinten auf das WC-Becken setzen und die WC-Kombination gegen eine freie Wand schieben. Den Abstand zwischen der Muffe des Stutzens und der Wand ausmessen *(oben)*. Diese Länge muß das Abflußrohr bei der endgültigen Installation haben. Soll die Wand hinter dem WC später noch verkleidet werden, die Materialstärke zu diesem Maß hinzurechnen. Den WC-Stutzen abnehmen und das Maß auf dem Abflußrohr markieren *(oben rechts)*. Das Abflußrohr an dieser Markierung durchtrennen.

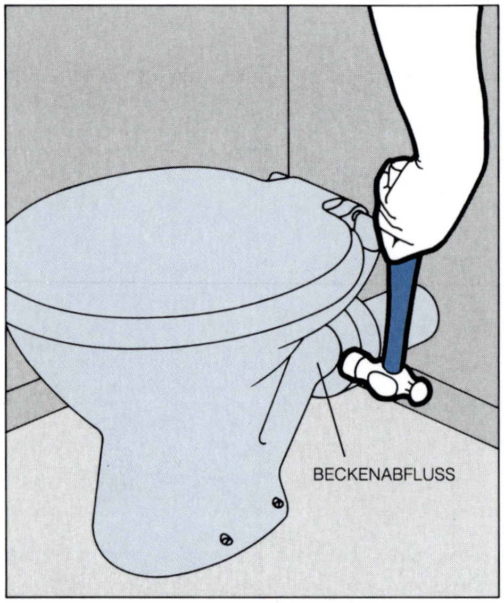

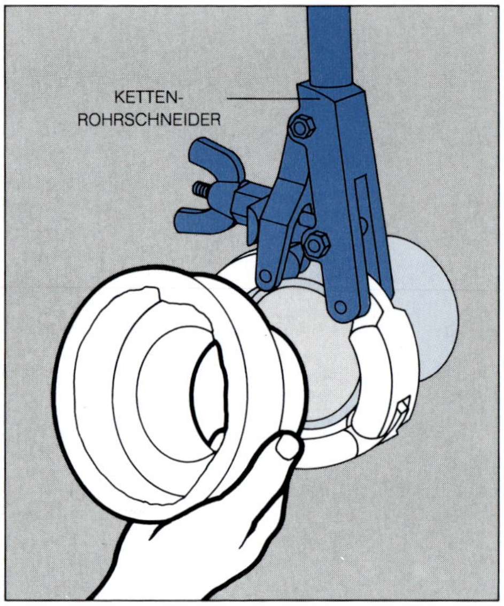

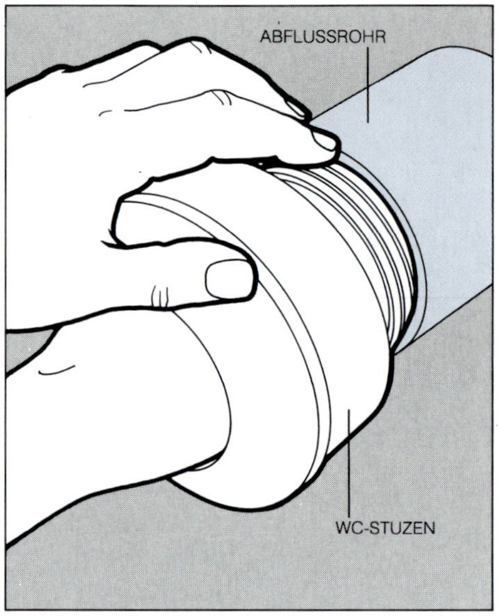

4 Das alte WC-Becken demontieren. Das alte WC-Becken kann jetzt demontiert werden. Die Befestigungsschrauben aus dem Boden herausdrehen und den Beckenabfluß durch einen kräftigen Schlag mit einem schweren Hammer aus dem Abflußrohr lösen *(oben)*. Dabei unbedingt eine Schutzbrille tragen.

5 Das Abflußrohr kürzen. Das Abflußrohr an der zuvor markierten Stelle mit einem Kettenrohrschneider durchtrennen *(oben);* dabei die Kette des Schneidwerkzeugs um das Rohr spannen und den Hebel mehrmals hin- und herbewegen, bis das Gußrohr durchtrennt ist.

6 Den WC-Stutzen in das Abflußrohr einpassen. Den WC-Stutzen vorsichtig in das Abflußrohr einsetzen; dabei mit einer Hand Rohr und Stutzen von außen festhalten, mit der anderen Hand in der Muffe den Stutzen in das Rohr führen und von innen hin- und herbewegen, bis die Muffe ohne breite Fuge an das Abflußrohr anschließt.

Ein Bodenabflußrohr

Einen senkrechten Abfluß abbauen. Den Bekkenabfluß lösen *(Arbeitsgang 4)*. Das WC-Bekken entfernen und einen Lappen in das Abflußrohr stecken. Mit Hammer und Meißel die Reste des WC-Beckens herausschlagen. Der Lappen verhindert dabei, daß Scherben ins Abflußrohr fallen. (Falls das Becken aus einem Mörtelbett gelöst werden muß, mit denselben Werkzeugen arbeiten.)

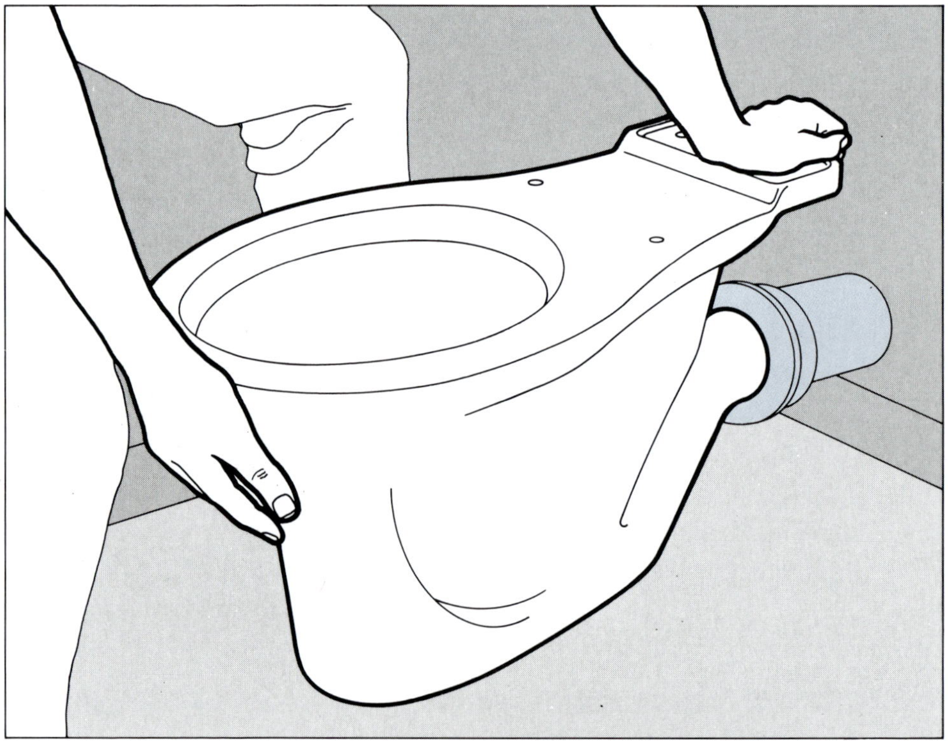

7 Das neue WC-Becken einpassen. Den Beckenabfluß in die Muffe des WC-Stutzens einpassen und vorsichtig so weit wie möglich hineinschieben. Das WC-Becken vorläufig noch nicht mit den Schrauben am Boden befestigen.

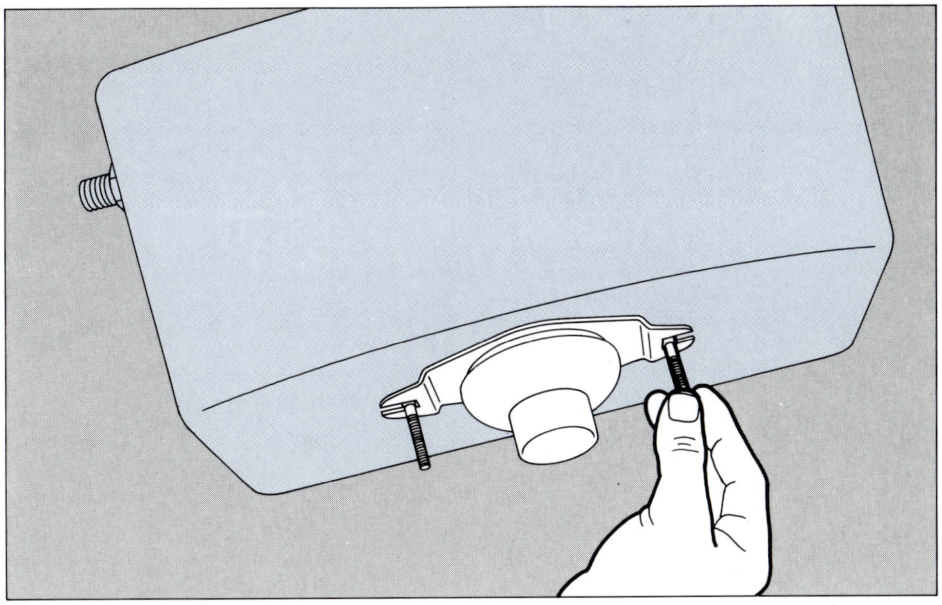

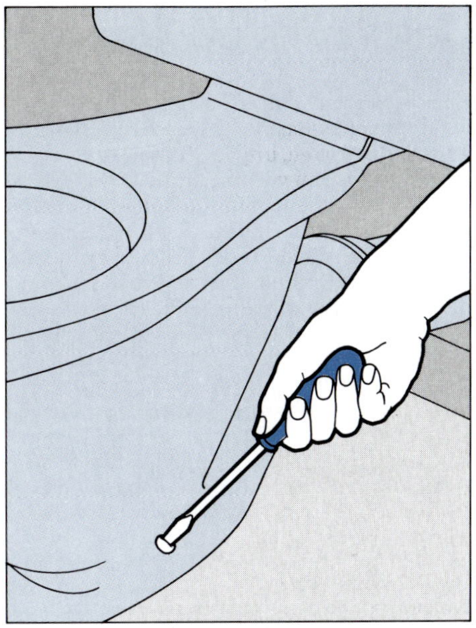

8 Den Spülkasten auf dem Becken montieren. Den Spülkasten auf den Boden legen, die Anschlußteile am Boden des Spülkastens anbringen *(oben)* und das Heberrohr und das Zulaufventil im Spülkasten montieren; dabei die Anleitung des Herstellers beachten. Den Spülkasten so auf den Porzellansockel am hinteren Rand des WC-Beckens setzen, daß die beiden Bolzen auf die entsprechenden Löcher im Sockel treffen. Den Spülkasten mit Hilfe der mitgelieferten Dichtungen und Muttern auf dem WC-Becken montieren. Mit einer Wasserwaage prüfen, ob das WC-Becken gerade steht.

9 Becken und Spülkasten festschrauben. Falls nötig, einen Ring aus vergütetem Schnellbindezement unter dem Rand des WC-Beckens auftragen und das WC-Becken kräftig und gleichmäßig gegen den Boden pressen, um den überschüssigen Zement herauszudrücken. Das Becken am Fußboden festschrauben. Den Spülkasten eventuell durch die entsprechenden Aussparungen an der Wand verschrauben.

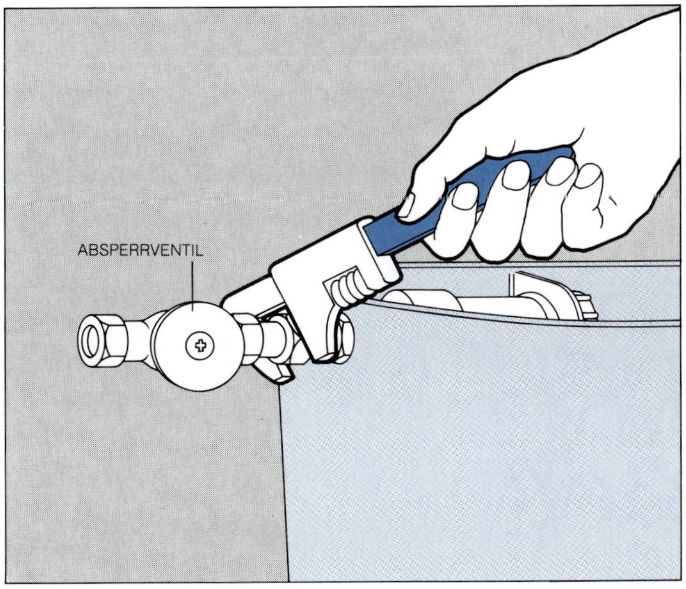

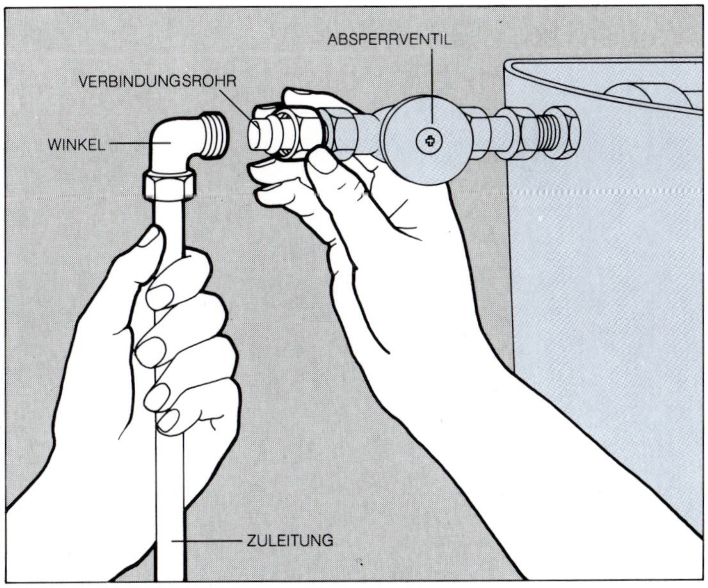

10 Das Absperrventil montieren. Auf das aus dem Spülkasten herausragende Ende des Zulaufventils eine Dichtung schieben und mit Hilfe einer Schneidringverschraubung ein passendes Absperrventil anbringen. Die Mutter mit einer Armaturenzange festziehen.

11 Die Zuleitung anschließen. Die Zuleitung direkt unterhalb des Spülkastenzulaufs abschneiden und am Rohrende mit einer Schneidringverschraubung einen Winkel montieren. Dann den Abstand zwischen Winkel und Absperrventil – wie auf S. 52 beschrieben – ausmessen und ein Verbindungsrohr von entsprechender Länge zuschneiden. Das Rohr zuerst am Absperrventil und dann am Winkel der Zuleitung mit Schneidringverschraubungen anschließen *(oben)*. Danach die Wasserversorgung wieder in Gang setzen.

Der Anschluß einer Waschmaschine

Zum Anschluß einer Waschmaschine muß die nächstgelegene Versorgungsleitung angezapft werden, um die Maschine mit sauberem Wasser zu versorgen; außerdem ist es erforderlich, einen Abfluß mit einem Geruchverschluß zu installieren, dessen Tauchrohr das Abwasser der Maschine aufnimmt und ableitet. Die Installationsarbeiten sind unproblematisch, insbesondere wenn die Maschine in der Nähe einer vorhandenen Zapfstelle, etwa einer Spüle, stehen soll. Die Versorgungsleitung kann problemlos angezapft und die Abwasserleitung der Waschmaschine an das Abflußrohr der Spüle angeschlossen werden.

Bei der auf dieser und den folgenden Seiten beschriebenen Installation wird die neue Anschlußleitung mit einem T-Stück von der Kaltwasserleitung der Spüle abgezweigt und mit einem Winkel nach oben an die Waschmaschine herangeführt. Dort wird ein Auslaufventil mit Schlauchanschluß montiert. Das Ventil wird für den Fall benötigt, daß die Maschine repariert werden muß. Allerdings sollte der Wasserzulauf auch immer dann abgestellt werden, wenn die Maschine nicht in Betrieb ist, da sie nur durch einen Hochdruck-Gummischlauch an das Rohrnetz angeschlossen ist. Durch ständigen Wasserdruck kann der Schlauch unbemerkt platzen und den Raum überfluten.

Eine gute Möglichkeit, die Abwässer der Maschine abzuleiten, ist die Installation eines Abflußrohrs mit einem eigenen Geruchverschluß, das man entweder, wie hier gezeigt, an das Abflußrohr der Spüle oder über ein eigenes Abflußrohr direkt an das Fallrohr des Hauses anschließt. Der Abwasserschlauch der Maschine kann allerdings auch über den Rand einer Spüle oder Badewanne gehängt werden. Auch kann das Tauchrohr am Geruchverschluß der Spüle durch ein besonderes Tauchrohr mit einem Schlauchanschluß ersetzt werden. Beide Lösungen können jedoch unbefriedigend sein; im ersten Fall ist die Spüle für die Dauer des Waschprogramms blockiert, und die zweite Lösung ist dann nicht praktikabel, wenn der Spülenabfluß zu niedrig ist. Der Abwasserschlauch muß so hoch geführt werden, daß sein Auslauf über dem höchsten Wasserstand in der Waschmaschine liegt. Eine andere Lösung ist der direkte, feste Anschluß des Schlauches an das vorhandene Tauchrohr – sofern die Vorschriften *(S. 8 und 65)* es zulassen.

Zur Verlegung der Kaltwasseranschlußleitung benötigt man 15-mm-Kupferrohr, ein T-Stück und einen Winkel mit Schneidringverschraubungen sowie ein Auslaufventil mit Schlauchanschluß und Rückflußverhinderer. Anstelle von schraubbaren Fittings können auch Lötfittings verwendet werden.

Für die Installation des Abflußrohrs braucht man zwei Stücke 50-mm-Kunststoffabflußrohr mit passenden Rohrschellen, zwei Abzweigstücke mit gebogenem Seitenanschluß (eines mit einer verschraubbaren Reinigungsöffnung), Lösungsmittel und Kleber zum Verbinden der Rohre sowie einen Geruchverschluß mit einem passenden Tauchrohr aus Kunststoff. Die Länge des Tauchrohrs ergibt sich aus der vorgeschriebenen Auslaufhöhe des Abwasserschlauchs, die man der Betriebsanleitung der Waschmaschine entnehmen kann. Zwischen Schlauch und Tauchrohrwand muß ein Luftspalt bleiben. Der Abwasserschlauch der Waschmaschine darf bei dieser Anschlußart nicht fest mit dem Abflußrohr verbunden werden; da eine Belüftung unbedingt nötig ist, um das Ansaugen von Schmutzwasser in die Maschine zu verhindern. Bei Waschmaschinen für den deutschen Markt (mit dem DVGW-Prüfzeichen) besteht diese Gefahr nicht. Sie sind anders ausgerüstet und werden fest angeschlossen.

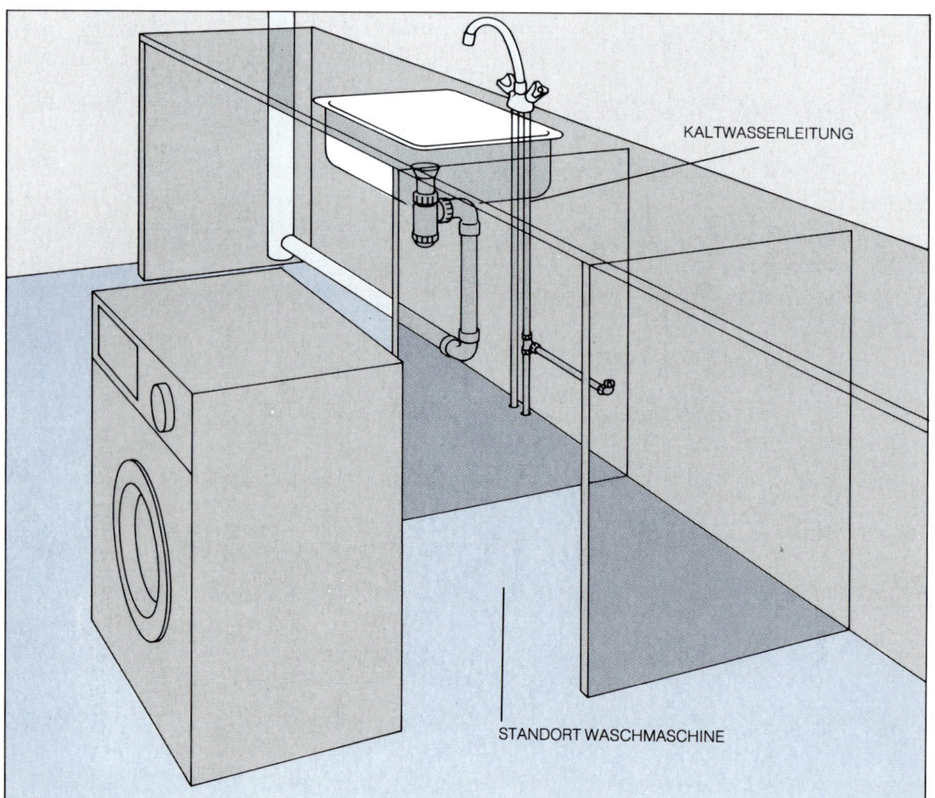

1 Die Versorgungsleitung der Spüle anzapfen. Das Hauptabsperrventil schließen und das Kaltwasserventil der Spüle aufdrehen, um die Leitung zu entleeren. Ein Stück Kupferrohr zuschneiden und mit Hilfe eines T-Stücks mit Schneidringverschraubungen waagerecht an die Kaltwasserleitung anschließen. Diese Leitung so bemessen, daß sie neben dem Standort der Waschmaschine endet; am Rohrende – mit der Öffnung nach oben – einen Winkel montieren.

2 Die Wandscheibe für das Ventil installieren. Etwas unterhalb der Arbeitsfläche und genau lotrecht über dem Winkel des neuen Leitungszweigs eine Bleistiftmarkierung an der Wand anbringen. An dieser Stelle ein Loch bohren und einen Dübel einsetzen. Die Wandscheibe entsprechend der Montageanleitung des Herstellers so an die Wand schrauben, daß die Anschlußöffnung für die Wasserleitung nach unten weist.

3 Die Versorgungsleitung fertigstellen. Ein Stück Kupferrohr ausmessen und zuschneiden und das Leitungsstück zwischen Winkel und Wandscheibe einpassen. Die Anschlüsse mit Schneidringverschraubungen herstellen; die Überwurfmuttern mit einer Einmaul- oder einer Armaturenzange anziehen.

4 Das Auslaufventil einsetzen. Das Zulaufgewinde des Ventils mit Teflonband umwickeln und von Hand in die Wandscheibe einschrauben. An das Gewinde des Ventilauslaufs wird später der Zulaufschlauch der Maschine angeschlossen.

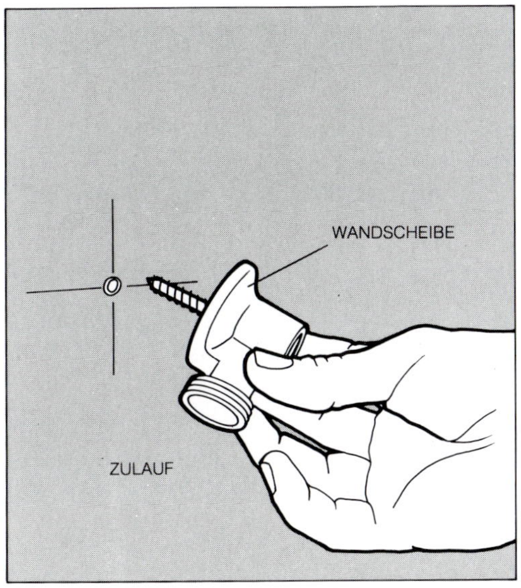

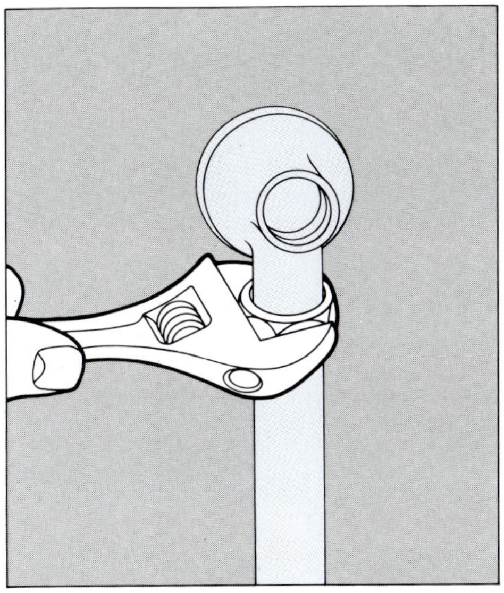

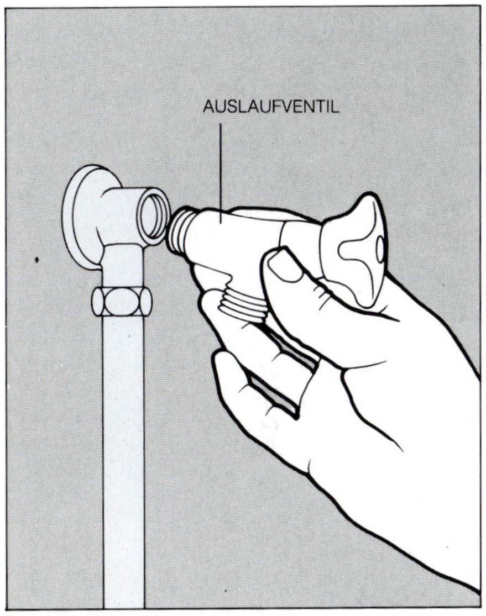

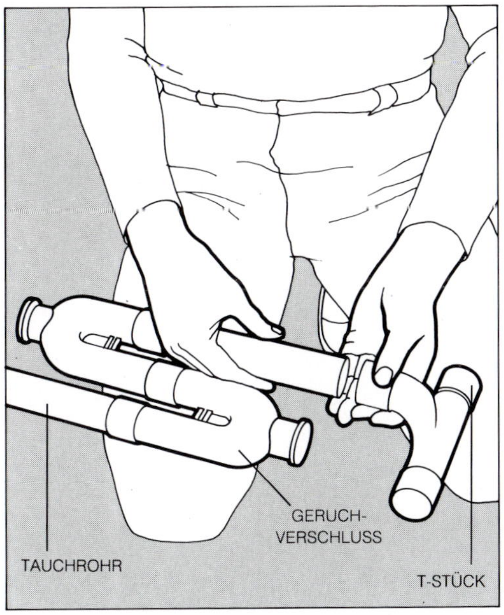

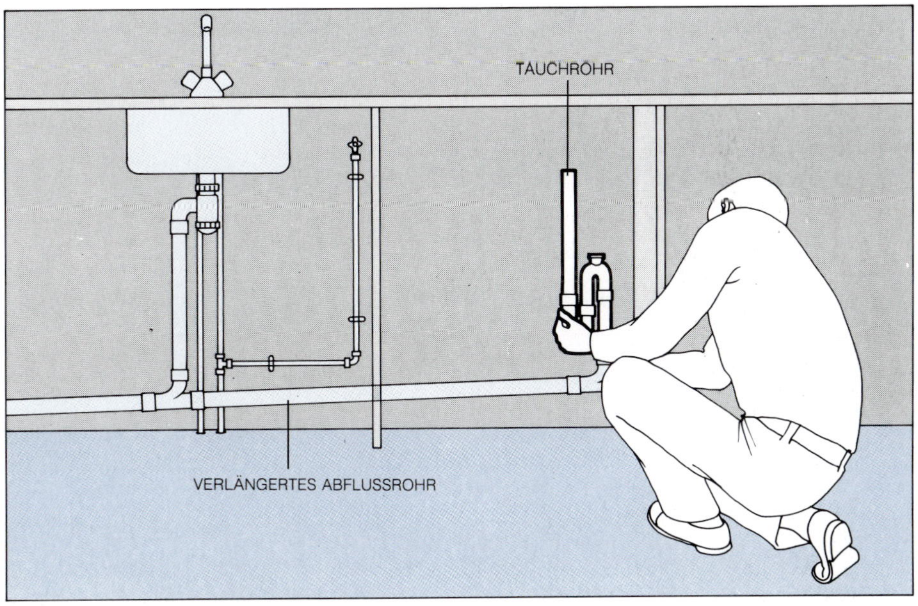

5 Den Geruchverschluß vorbereiten. Das Auslaufende des Geruchverschlusses und den gebogenen Seitenanschluß des T-Stücks mit Lösungsmittel und Kleber *(S. 58)* zusammenfügen. Den Deckel der Reinigungsöffnung vorsichtig von Hand aufschrauben, um das Gewinde nicht zu überdrehen und undicht zu machen.

6 Das neue Abflußrohr anschließen. Die Schraubverbindung zwischen Abflußrohr und Geruchverschluß unter der Spüle lösen. Dann das Abflußrohr so absägen, daß mit Hilfe eines Abzweigstücks eine Verbindung zwischen Geruchverschluß der Waschmaschine und Abwasserleitung hergestellt und der Geruchverschluß der Spüle mit einem neuen Rohrstück wieder angeschlossen werden kann. Die Position des Geruchverschlusses an der Wand hinter der Maschine markieren; dabei die Anschlußbestimmungen des Herstellers beachten, die je nach Waschmaschine unterschiedlich sind. Die Bauteile probeweise zusammenstecken und prüfen, ob der neue Leitungsabschnitt zwischen Geruchverschluß und Abzweig genügend Gefälle hat. Falls nötig, das Gefälle korrigieren und die Leitungsteile mit Lösungsmittel und Kleber fest zusammenfügen.

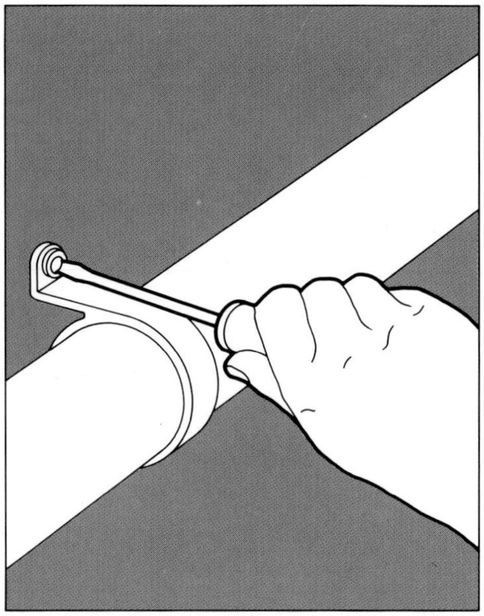

7 Das Abflußrohr befestigen. Mit einer Bohrmaschine in Abständen von einem halben Meter Löcher für die Rohrschellen in die Wand bohren; dazu einen Steinbohrer verwenden. Wird das Abflußrohr nicht fest an der Wand verankert, können sich die geklebten Verbindungen lösen.

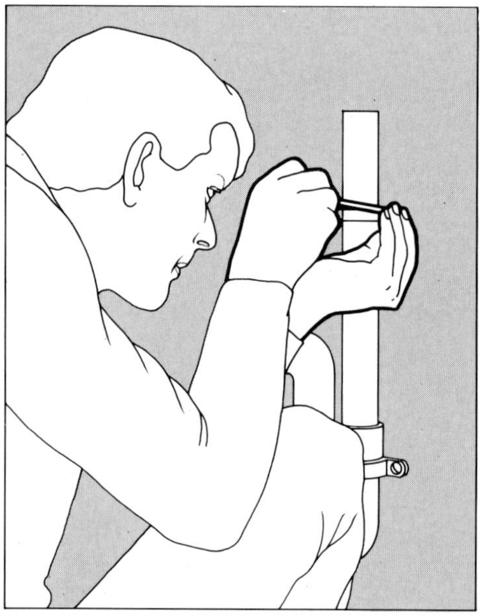

8 Das Tauchrohr befestigen. Das Tauchrohr oben und unten mit einer Kunststoffrohrschelle an der Wand befestigen, damit es durch die Erschütterungen der laufenden Waschmaschine nicht ausreißt.

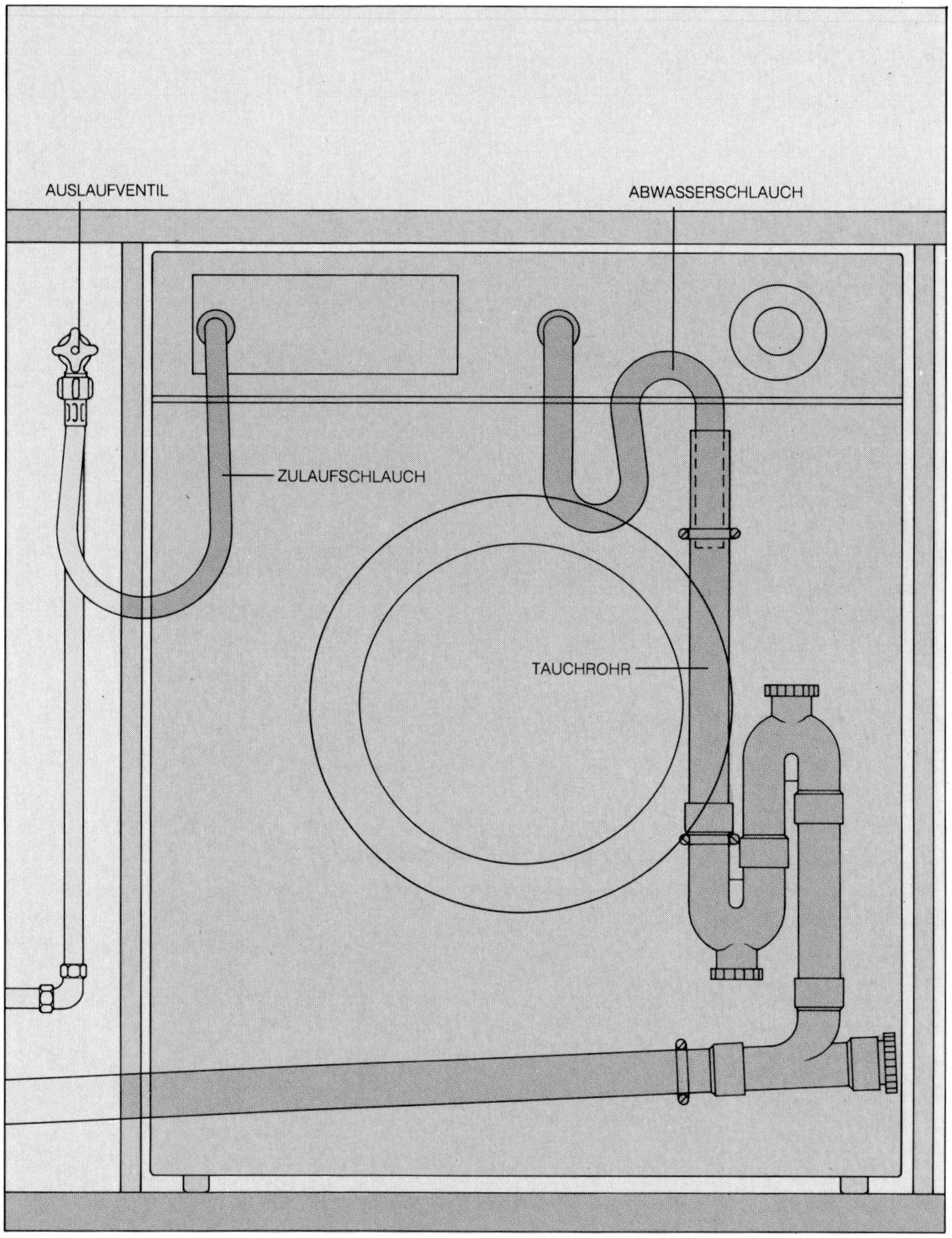

9 Die fertige Installation. Die Waschmaschine so aufstellen, daß sie an die Versorgungsleitung angeschlossen werden kann. Den Hochdruck-Zulaufschlauch an das Auslaufventil anschließen. Das Gewinde der Schlauchverschraubung entspricht dem des Auslaufventils. Den Abwasserschlauch in das Tauchrohr einhängen. Die Maschine so nah an die Wand schieben, wie die Rohrleitungen es zulassen. Die Wasserversorgung anstellen. Ist keine Steckdose in der Nähe der Maschine, sollte eine installiert werden. Kein Verlängerungskabel benutzen.

Eine Außenzapfstelle: Anlage und Montage

Eine Außenzapfstelle ist bei vielen Arbeiten im Freien sehr hilfreich – etwa beim Rasensprengen oder bei der Autowäsche. Die Installation ist einfach: Man zweigt eine Leitung aus 15-mm-Kupferrohr von der Hauptversorgungsleitung ab, führt sie durch die Außenwand und schließt ein Auslaufventil mit Schlauchgewinde an. Diese Installation muß vom Wasserwerk genehmigt werden. Man muß sich auch über alle anderen Bestimmungen unbedingt erkundigen *(S. 8 und 65)*. Bei der Entscheidung, wo die Zapfstelle am besten zu installieren ist, sollte man die Länge der Verbindungsleitung, die dazu verlegt werden muß, berücksichtigen; oft ist es am einfachsten, den Zweig der Hauptleitung anzuzapfen, der die Spüle in der Küche versorgt. Die Zapfstelle sollte so hoch installiert werden, daß man bequem eine Gießkanne füllen kann.

Neben Kupferrohr werden ein T-Stück und zwei Winkel mit Schneidringverschraubungen sowie eine Wandscheibe zur Befestigung des Auslaufventils an der Außenwand benötigt. Das Auslaufventil muß mit einem Rohrbelüfter ausgestattet sein. Außerdem braucht man ein Absperrventil mit Entleerung, das im Haus installiert wird, damit sich die Leitung bei Frostgefahr absperren und vollständig entleeren läßt.

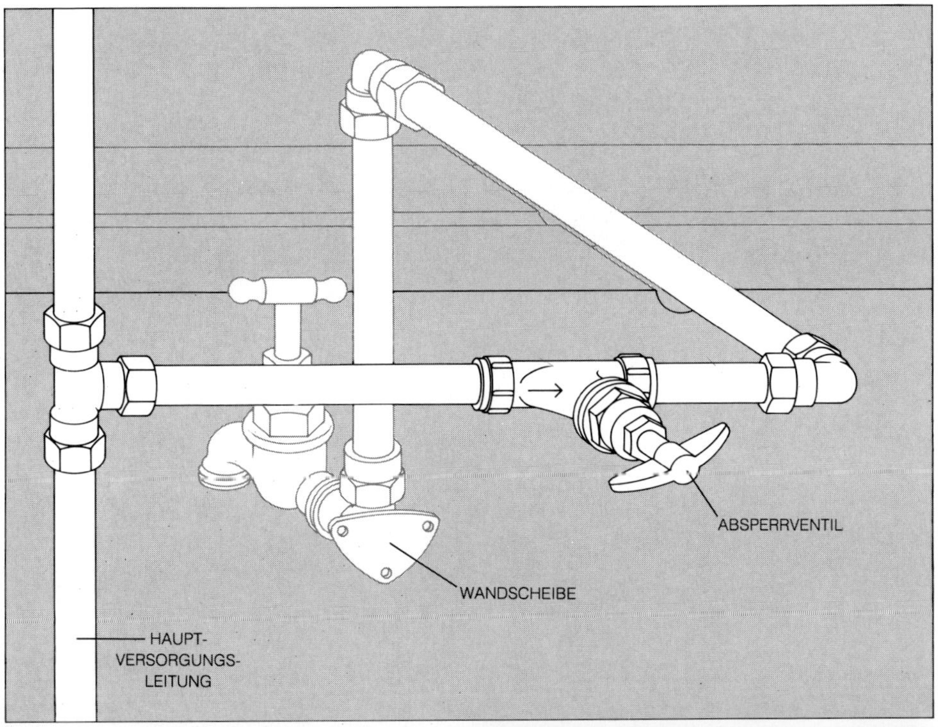

1 Die Versorgungsleitung ins Freie verlegen. Die gesamte Wasserversorgung abstellen und die Hauptleitung entleeren. Ein T-Stück von passendem Durchmesser und mit einem seitlichen 15-mm-Anschluß mit Schneidringverschraubungen in die Hauptsteigeleitung einsetzen *(S. 69)*. Am T-Stück ein kurzes Stück 15-mm-Kupferrohr sowie ein Absperrventil anbringen; darauf achten, daß der Pfeil am Ventil in die Fließrichtung weist. Ein weiteres Rohrstück an das Absperrventil und dort, wo das Rohr durch die Wand geführt werden soll, einen Winkel montieren.

Mit einer Bohrmaschine ein Loch von etwa 20 mm Durchmesser durch die Wand bohren. Dann die Leitung nach außen führen; dazu ein passendes Rohrstück zuschneiden, das etwa 20 mm über die Außenwand hinausragt. Einen weiteren Winkel – mit der Öffnung nach unten – montieren und ein weiteres Rohr anschließen. Die Länge des Rohres ergibt sich aus der gewünschten Höhe des Auslaufventils.

Die Wandscheibe an das Ende der abwärtsführenden Rohrleitung halten und die Schraubenlöcher an der Wand markieren. An den Markierungen Löcher bohren und Dübel einsetzen. Die Wandscheibe auf das Rohrende stecken und an der Wand festschrauben. Die Schneidringverschraubung mit einer Rohrzange festziehen. Die Fuge zwischen Wand und Rohrleitung mit dauerelastischer Dichtungsmasse oder Mörtel füllen.

2 Das Auslaufventil anschließen. Das Gewinde des Ventils mit Teflonband umwickeln und das Ventil in die Wandscheibe eindrehen. Dann das Absperrventil im Haus aufdrehen und die Installation auf ihre Dichtigkeit überprüfen.

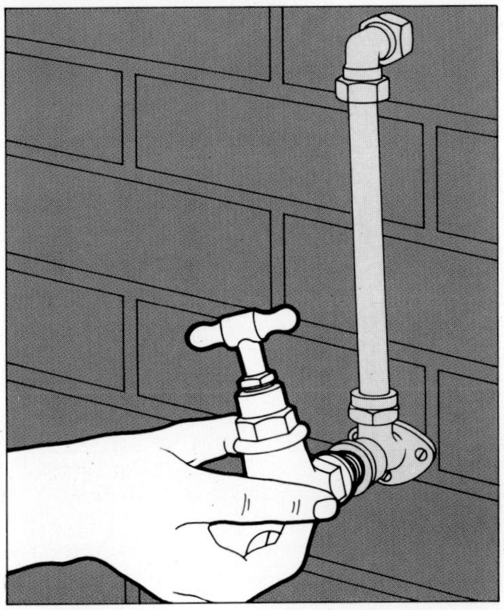

5 Ein Leitfaden für Elektroarbeiten

Den Anschluß eines Kabels vorbereiten. Mit einer Kombizange wird eine Ader vor dem Anschließen an eine Schraubklemme entsprechend geformt. Diesen Arbeitsschritt sollte man nicht auslassen. Er trägt dazu bei, daß Wackelkontakte vermieden werden. Das PVC-Kabel ist dreiadrig, enthält also drei Kupferadern. Die meisten Hausanlagen werden mit dieser Art Kabel installiert.

Viele Hausbesitzer scheuen vor Arbeiten an den elektrischen Installationen im eigenen Heim zurück. Die Elektrizität scheint geheimnisvoll und undurchschaubar und alle Elektroarbeiten mit Gefahr verbunden zu sein. Zum Teil treffen solche Vorstellungen zu, zum Teil aber auch nicht. Wenn z. B. Elektroarbeiten für schwierig und kompliziert gehalten werden, so stimmt das nicht. Die einzelnen Arbeiten und Arbeitsschritte bauen logisch und systematisch aufeinander auf und sind oft leicht auszuführen. Sie erfordern weniger handwerkliche Fertigkeiten als viele andere Heimwerkerarbeiten, zumal viele Materialien und Teile außerdem genormt sind.

Allerdings müssen im Bereich der Elektrotechnik eine Reihe von Bestimmungen, Auflagen und Vorschriften beachtet werden. Alle Anlagen, Geräte und Materialien müssen grundsätzlich den „anerkannten Regeln der Technik“ – z. B. den DIN-Normen und den Bestimmungen des Verbandes Deutscher Elektrotechniker (VDE) sowie den europäischen und internationalen Normen der Komitees IEC und CENELEC – entsprechen. Überdies müssen alle Arbeiten an festen Installationen (zur Errichtung, Erweiterung, Änderung und Unterhaltung) fachmännisch ausgeführt werden. Wer als Fachmann gilt, ist von Land zu Land verschieden. In der Bundesrepublik Deutschland z. B. kann das nur ein Elektriker sein, der von dem zuständigen Elektrizitätsversorgungsunternehmen (EVU) eine Konzession hat. Ähnliches trifft auch für die Schweiz zu. Für die Praxis bedeutet das, daß die Zuständigkeit der EVUs nicht am Zähler aufhört, sondern sich auch auf die Haus- und Wohnungsanlagen erstreckt. Das EVU kann die Installationen jederzeit überprüfen und bei Mängeln den Anschluß an das Stromnetz oder die weitere Versorgung mit Strom verweigern. Entstehen durch unsachgemäß ausgeführte Arbeiten Brände oder andere Schäden, lehnen unter Umständen die Versicherungen jegliche Haftung ab.

Es ist also auf jeden Fall erforderlich, sich vor dem Beginn irgendwelcher Elektroarbeiten bei den zuständigen Versorgungsunternehmen beraten zu lassen, deren Auflagen sich von Land zu Land unterscheiden, und grundsätzlich einen Fachmann bzw. einen zugelassenen Elektriker bei der Arbeit hinzuziehen. Dieses Buch kann aufgrund der regionalen und institutionellen Unterschiede eine derartige Beratung nicht ersetzen.

Die Furcht vor einem elektrischen Schlag oder einem Kurzschluß und Feuer, die viele Heimwerker von Arbeiten an Elektrogeräten und -leitungen abhält, besteht nicht zu Unrecht. Der falsche Umgang mit Elektrizität kann nicht nur gefährlich sein, sondern tödliche Folgen haben. Die Sicherheitsvorschriften zur Verhütung von Unfällen auf S. 100 müssen unbedingt befolgt werden. Außerdem ist es wichtig, sich mit einigen Fachbegriffen vertraut zu machen – das dient auch zum besseren Verständnis der strengen Vorschriften und Bestimmungen.

Um zu erklären, wie die Stromversorgung funktioniert, wird das Stromnetz oft mit den Wasserleitungen verglichen. Ein solcher Vergleich ist nicht ganz korrekt, macht aber doch einiges deutlich, da beide Versorgungssysteme ähnlich arbeiten. Die Generatoren eines Kraftwerks entsprechen etwa den Pumpen eines Wasserwerks, die Stromkabel den Wasserrohren und die elektrische Anlage eines Hauses den internen Wasserleitungen. Der Wasserdruck kann mit der Spannung der Elektrizität verglichen werden. Er wird von Pumpen erzeugt und drückt das Wasser bis zu den Zapfstellen durch die Leitungen. Auf die gleiche Art treibt die vom Generator erzeugte Spannung den elektrischen Strom in die einzelnen Stromkreise einer Hausanlage, die in Form von Steckdosen, Schaltern, Abzweigdosen oder Wand- und Deckenanschlüssen innerhalb der verschiedenen Stromkreise diverse Zapfstellen aufweist. Wenn man einen Lichtschalter betätigt, fließt der Strom wie Wasser bei geöffnetem Hahn. Er fließt durch den stromführenden Leiter, die Phase, und bringt z. B. eine Glühlampe zum Leuchten.

Genau wie ein Wasserversorgungssystem Abflußrohre hat, durch die das Wasser in die Siele abströmt, enthält auch das Stromnetz „Abflüsse“, die Neutralleiter, durch die der Strom zum Kraftwerk zurückfließt. Außerdem gibt es im elektrischen System Erdungs- oder Schutzleiter; sie verhindern, daß Geräte oder Lampen, an denen sich Metallteile befinden, plötzlich unter Spannung stehen und lebensgefährlich werden.

Bei einer Wasserleitung hängt die Stärke des Wasserstroms vom Wasserdruck und vom Rohrdurchmesser ab. In einem bestimmten Zeitraum fließt durch ein enges Rohr weniger Wasser als durch ein weites. Ähnlich wird der durch eine Leitung fließende Strom sowohl von der Spannung als auch vom Querschnitt des Kabels bestimmt: Je dicker das Kabel, desto geringer der Widerstand – und je geringer der Widerstand, desto größer der Stromdurchgang. Der Widerstand wird in Ohm und der Stromdurchgang als Stromstärke in Ampere gemessen.

Hier hört die Vergleichbarkeit jedoch auf, denn anders als das durch Rohre fließende Wasser erzeugt Strom beim Durchfließen eines Drahts Wärme – die quadratisch zum Widerstand des Drahts steigt. Darum ist es unerläßlich, beim Verlegen eines Stromkreises sicherzustellen, daß der Kabelquerschnitt (in mm^2) für den jeweils gewünschten Stromdurchgang groß genug ist *(S. 95)*. Sonst werden die Kabel überlastet, beginnen zu schmoren und verursachen Brände. Für Hausleitungen werden im allgemeinen zwei Größen verwendet: für Licht- und Steckdosenleitungen 1,5-mm^2-Kabel, für den Anschluß von Großgeräten 2,5-mm^2-Kabel. Diese Normalgrößen reichen nur dort nicht aus, wo ein sehr hoher Stromverbrauch auftritt, z. B. bei Durchlauferhitzern oder Warmwasserboilern.

Nicht nur der richtige Querschnitt des Kabels – bzw. des Leiters – ist wichtig, sondern auch das richtige Material. Die meisten Metalle leiten zwar Elektrizität, doch einige sind bessere Leiter als andere. Sie bieten weniger Widerstand und werden nicht so leicht überlastet. Ein besonders guter Leiter ist Kupfer; es wird am häufigsten für Kabeladern verwendet. In Fällen, in denen reines Kupfer zu weich oder auch zu schwer und zu teuer ist, greift man auf Messing, eine stabile Kupferverbindung, bzw. auf Aluminium zurück. Andererseits bietet gerade der Widerstand der Metalle die Voraussetzung, die die Nutzung der Elektrizität als Wärme- und Lichtquelle erlaubt. Die Wolframfäden einer Glühlampe oder die Heizelemente eines Toasters z. B. bestehen aus Materialien, die einen hohen Widerstand haben und bei Stromdurchgang so stark überlastet werden, daß sie aufglühen und Licht oder Wärme spenden.

Das genaue Gegenteil der Leiter sind die Isolatoren. Diese Materialien verhindern den Stromdurchgang und werden benötigt, um spannungsführende Teile wie Kabel, Steckdosen und Stecker zu ummanteln bzw. zu isolieren. Die meisten Nichtmetalle sind Isolatoren; am gebräuchlichsten in der Elektrotechnik sind Kunststoff, Keramik und Gummi. Auch Luft ist ein guter Isolator; die Überlandleitungen mit ihrer sehr hohen Spannung brauchen nur dort isoliert zu werden, wo sie an Leitungsmasten befestigt oder an Gebäuden angeschlossen sind.

Das Erdreich ist ein so guter Leiter, daß der elektrische Strom bei jeglicher Möglichkeit zur Erde abfließt. Deshalb erleidet man auch einen elektrischen Schlag, wenn man einen unter Spannung stehenden Draht berührt und dabei auf dem Erdboden steht. Jeder Stromkreis muß daher neben der Phase und dem Neutralleiter auch einen Erdungs- oder Schutzleiter aufweisen. Wenn die Phase versehentlich mit einem leitenden Material Kontakt bekommt – wie dem Metallgehäuse eines Toasters oder Schnellkochers – wird der Strom umgeleitet bzw. direkt mit der Erde kurzgeschlossen. Gleichzeitig verursacht der geringe Widerstand der Erde einen stark erhöhten Stromdurchgang, was seinerseits eine weitere wichtige Schutzeinrichtung in Aktion setzt: die Sicherung *(S. 93–94)*.

Eine Schmelzsicherung besteht aus einem dünnen Draht und stellt eine gewollte Schwachstelle in einem Stromkreis dar. Wenn aufgrund einer Überlastung oder eines anderen Defekts (z. B. eines Kurzschlusses) zuviel Strom fließt, schmilzt der Sicherungsdraht und unterbricht den Stromkreis, bevor eine gefährliche Wärmeentwicklung erfolgt. Eine Alternative zur Schmelzsicherung ist der Leitungsschutzschalter (LS-Schalter, auch automatische Sicherung genannt), der heutzutage fast ausschließlich verwendet wird. Bei zu hohem Stromdurchgang schaltet er automatisch ab und kann durch Knopfdruck oder Umlegen eines Kipphebels wieder eingeschaltet werden, sobald die Überlastung oder der Kurzschluß behoben ist.

Auch die anderen Teile eines elektrischen Leitungsnetzes sind ähnlich leicht zu verstehen. Fest verlegte Kabel und lose Leitungsschnüre (Litzen) zum Anschluß von Lampen und Elektrogeräten sind heute meist mit PVC ummantelt und isoliert. Steckdosen, Stecker, Wanddosen, Schalter und Lampenfassungen sind im allgemeinen aus Kunststoff gepreßt, einige Teile daran können auch aus Metall sein. Innerhalb der Anschlußteile ist die Kontaktklemme für den Schutzleiter (Erdungsklemme) mit dem Symbol ⏚ markiert, bei einigen Anschlußteilen sind auch die anderen Kontaktklemmen gekennzeichnet, die Phasenklemme mit L und die Neutralleiterklemme mit N. Die Leiter selbst sind nach einem Farbcode gekennzeichnet und werden einfach an die für sie bestimmten Kontaktklemmen angeschlossen. Der Schutzleiter ist gelb-grün, die Phase bei fest verlegten Leitungen schwarz, bei losen braun und der Neutralleiter blau.

Alle Arbeiten an diesen Teilen erfordern nicht viel mehr Sachkenntnis als das Auswechseln einer Glühlampe. Man sollte jedoch unter allen Umständen immer die beiden wichtigsten Sicherheitsregeln befolgen: Niemals eine Elektroarbeit ausführen, wenn man auch nur den leisesten Zweifel hat, daß man sie bewältigt. Und niemals an einem Elektrogerät arbeiten, bevor der Stromkreis nicht nachweislich unterbrochen ist! Es reicht nicht, ein Elektrogerät auszuschalten. Es muß vollständig vom Netz getrennt werden: Man zieht den Netzstecker oder unterbricht die Stromzufuhr an den Hauptsicherungen, dem Hauptschalter oder dem Fehlerstromschutzschalter *(S. 93–94 und 96)*. Letzteres gilt auch für alle Arbeiten an den Stromkreisen sowie den fest angeschlossenen Kabeln und Leitungsschnüren.

Ein einfacher Durchgangsprüfer

Dieser Durchgangsprüfer besteht aus einer 4,5-V-Flachbatterie, einer Kleinspannungsglühlampe (3–6 Volt) mit Fassung, drei Stück Litze und zwei Krokodilklemmen. Zuerst wird die Fassung mit zwei Gummiringen auf der Batterie befestigt, dann zwei Stück Litze von je 1 m Länge an die Krokodilklemmen angeschlossen. Das dritte Stück Litze braucht nur 10 cm lang zu sein. Mit ihm verbindet man einen Anschluß der Lampenfassung und einen Pol der Batterie. Die Anschlüsse an der Fassung sollten möglichst Schraubklemmen sein, sonst müssen die Litzen angelötet werden. Das gilt auch für die Verbindung mit den Batteriepolen. Hat die Batterie jedoch Metallfahnen, ist die Verbindung einfach: Die Fahnen umknicken und mit den abisolierten Litzenadern fest zusammendrücken. Die beiden langen Stücke Litze an die zweite Lampenfassung und an den anderen Batteriepol anschließen.

Mit dem Durchgangsprüfer läßt sich feststellen, ob einzelne Elektroteile, z. B. Schalter oder Gerätekabel, Durchgang haben oder defekt sind. Vor dem Prüfen die Teile vollständig vom Netz trennen! Dann erst wird der Durchgangsprüfer angeschlossen. Wenn die kleine Glühlampe nicht brennt, ist das Teil defekt und muß ersetzt werden.

Eine Gerätesicherung prüfen. Äußerlich ist oft nicht erkennbar, ob eine Gerätesicherung durchgebrannt ist. Der Durchgangsprüfer zeigt an, ob ein Gerät aufgrund einer durchgeschmolzenen Sicherung nicht funktioniert. Die Sicherung herausnehmen und die Krokodilklemmen des Durchgangsprüfers an die Metallkappen setzen. Leuchtet die Glühlampe auf, ist die Sicherung intakt und der Fehler liegt woanders. Leuchtet sie nicht auf, ist die Sicherung defekt. Bevor sie ersetzt wird, muß aber der Fehler im Gerät beseitigt werden. Das ist Sache des Fachmanns.

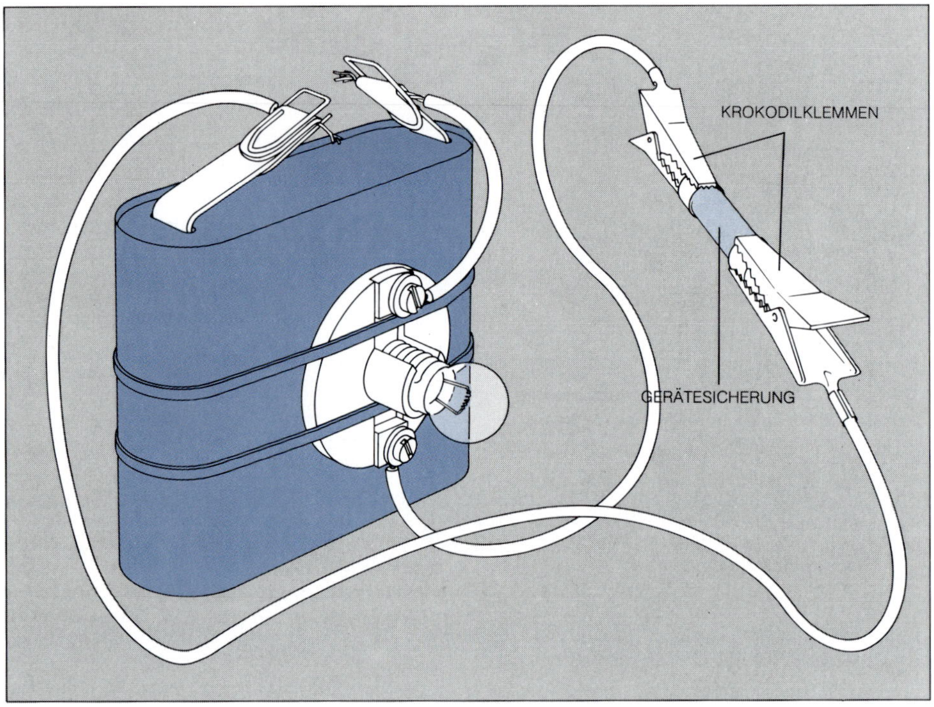

Volt, Ampere, Ohm, Watt

Bei der Arbeit an einer elektrischen Anlage oder beim Kauf von Elektroteilen und -geräten begegnet man Hinweisen auf eine Reihe von Meßeinheiten, die alle eine spezifische Bedeutung haben. Die ersten vier Daten stehen in einem engen Zusammenhang zueinander.

□ VOLT (V) heißt die Meßeinheit für die Spannung, die den Strom durch einen Stromkreis drückt. In der BRD beträgt die Spannung in dem normalen Versorgungsnetz für die Haushalte 220 Volt – mit einer von den Energieversorgungsunternehmen (EVU) garantierten Toleranz von ungefähr fünf Prozent.

Wenn der Strom durch die Phase in ein Elektrogerät fließt, entsteht durch die Energieumwandlung in dem Gerät ein Spannungsabfall, d. h. wenn der Strom das Gerät verläßt und über den Neutralleiter zum Kraftwerk zurückfließt, ist die Spannung praktisch auf Null gesunken.

□ AMPERE (A) ist die Meßeinheit für die Stromstärke, d. h. die Menge der geladenen Teilchen – Elektronen –, die pro Sekunde einen bestimmten Punkt eines Stromkreises passieren. Milliarden von Elektronen ergeben 1 A. Die Stromstärke ist teils von der Spannung, teils vom Widerstand der Leiter abhängig.

□ OHM (Ω) bezeichnet den Widerstand. Diese Einheit und das Ohmsche Gesetz erhielten ihre Namen nach dem im 19. Jahrhundert lebenden deutschen Physiker Georg Simon Ohm. Das Ohmsche Gesetz besagt, daß sich der durch einen Leiter fließende Strom umgekehrt proportional zu seinem Widerstand verhält. Die entsprechende Formel lautet Spannung (V): Widerstand (Ω) = Stromstärke (A). Wenn zwei dieser Größen bekannt sind, läßt sich die dritte errechnen. Der Begriff Impedanz wird manchmal anstelle von Widerstand benutzt. Zwar gibt es einen Unterschied zwischen den beiden Begriffen, doch im Bereich von Hausinstallationen können sie gleichgesetzt werden.

□ WATT (W) ist die Meßeinheit der Leistung und gibt an, wieviel Strom ein Elektrogerät oder eine Lampe in einem bestimmten Zeitraum verbraucht. Das Verhältnis zwischen Volt, Ampere und Watt kann auch in eine Gleichung gefaßt werden, mit der man alle für die beschriebenen Arbeiten nötigen Werte berechnen kann: Spannung (V) × Stromstärke (A) = Leistung (W). Wenn also die Spannung 220 V beträgt und durch ein Gerät 4 A fließen, ergibt sich die Gleichung 220 V × 4 A = 880 W. Umgekehrt kann man errechnen, daß bei einem Gerät mit 1100 W und einer Spannung von 220 V in der Leitung ein Strom von 5 A fließt: 1100 W: 220 V = 5 A. Für höhere Leistungen ist der Begriff Kilowatt (kW) gebräuchlich: 1 kW = 1000 W.

□ KILOWATTSTUNDEN (kWh) sind die Meßeinheit für die Berechnung des Stromverbrauchs über einen bestimmten Abrechnungszeitraum. Wenn man z. B. einen 1-kW-Heizofen genau 1 Stunde lang betreibt, entnimmt er dem Netz eine Kilowattstunde (1 kWh) Energie. Die Kilowattstunde ist eine Verbrauchseinheit, die auch auf der monatlichen oder jährlichen Elektrizitätsrechnung auftaucht.

Werkzeuge für den Heimwerker

Für die in diesem Buch beschriebenen Elektroarbeiten werden nur wenige Werkzeuge benötigt, die keine große Investition erfordern. Einige dieser Werkzeuge sind wahrscheinlich schon in der Grundausstattung eines jeden Heimwerkers vorhanden, z. B. eine elektrische Bohrmaschine, Schraubenzieher, Sägen, Hammer und Meißel. Spezialwerkzeuge dagegen müssen eventuell neu gekauft werden.

☐ TASCHENLAMPE. Sie sollte immer auf dem Sicherungs- oder Verteilerkasten griffbereit sein. Wenn nachts eine Sicherung ausfällt, braucht man nicht lange im Dunkeln herumzutasten, um die Schmelzsicherung auszuwechseln oder den Sicherungsautomaten einzuschalten *(S. 93)*.

☐ ZANGEN. Für Elektroarbeiten werden zwei verschiedene Arten gebraucht. Spitzzangen haben verlängerte Backen und sind ideal, um dünnen Leitungsdraht zu einer Schlaufe umzubiegen, bevor er unter eine Kontaktklemme geschraubt wird. Die Backen sollten innen geriffelt sein, damit sie gut greifen, und in der Nähe des Gelenks zum Abknipsen des Drahtes eine Schneide haben. Kombizangen werden zum Biegen und Formen von starkem Leitungsdraht sowie zum Drehen von lösbaren Teilen verwendet. Auch diese Zangen sollten Schneiden und innen geriffelte Backenflächen haben.

☐ SEITENSCHNEIDER. Man kann zwar auch mit der Kombizange Kabel schneiden *(S. 95)*, doch diese Arbeit wird mit Hilfe von Seitenschneidern erheblich einfacher.

☐ ABISOLIERZANGE. Wie der Name schon andeutet, entfernt man mit diesen Werkzeugen die Isolierung von Elektrodrähten *(S. 101)*. Die hier gezeigte Zange hat an den Zangenarmen je eine Kerbe mit scharfer Schnittkante sowie eine Justierschraube, mit der die beiden Arme auf den Drahtdurchmesser eingestellt werden. Mit den Schnittkanten durchtrennt man die Isolierung, ohne den Draht selbst zu beschädigen, und zieht die Isolierung ab.

☐ UNIVERSALMESSER. Zum Ein- und Zurückschneiden der dicken PVC-Ummantelung von Rundkabeln *(S. 101)* wird ein scharfes Messer benötigt. Das abgebildete Universalmesser empfiehlt sich besonders, da bei Bedarf die Klinge problemlos ausgewechselt werden kann.

☐ SCHRAUBENZIEHER. Für Kabelarbeiten werden Schraubenzieher unterschiedlicher Art benötigt, am meisten benutzt man jedoch die Ausführung für Schraubklemmen. Sie hat genau parallele Klingenkanten.

Obwohl jedes der Werkzeuge isoliert ist, gehen die Ansichten über den Wert einer solchen Isolierung auseinander. Einerseits werden sie als überflüssig angesehen, weil Elektroarbeiten niemals an spannungsführenden Teilen ausgeführt werden sollen. Andererseits schätzt man sie als eine zusätzliche Sicherheitsmaßnahme.

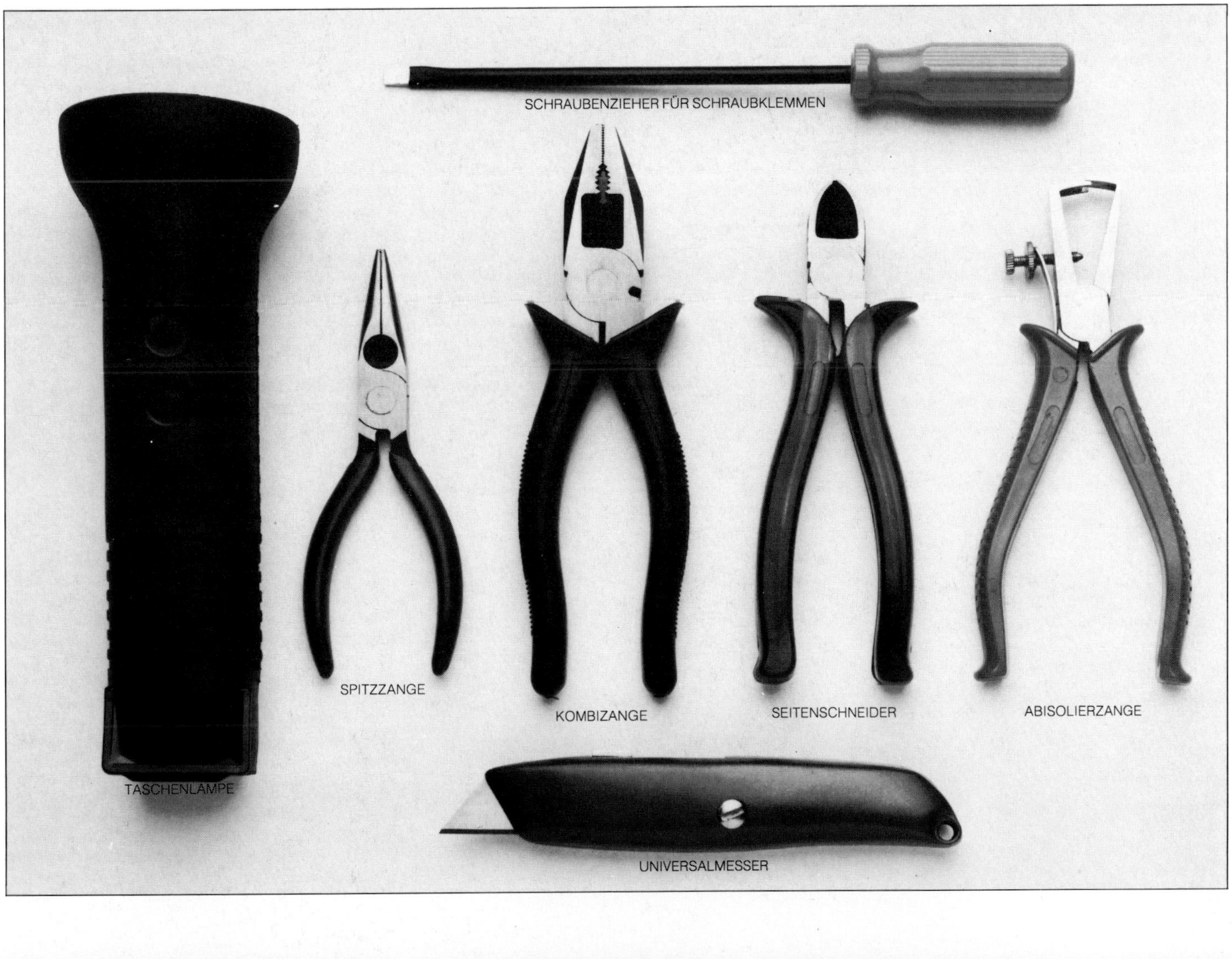

Die unterschiedlichen Wege des elektrischen Stromes

Der im Kraftwerk erzeugte Strom wird mit einer Spannung von 220 V durch ein Verteilerkabel bis in den Hausanschlußkasten geleitet. Dafür stellt das zuständige Elektrizitätsversorgungsunternehmen (EVU) ein vieradriges Zuleitungskabel mit drei Phasen (auch Außenleiter genannt). Jede Phase führt eine Spannung von 220 V gegen den Neutralleiter und von 380 V Phase gegen Phase. In den meisten Fällen ist dieses Hauptkabel zum Haus in der Erde verlegt. In abgelegenen oder gebirgigen Gegenden wird der Strom auch durch Freileitungen über Dachständer bzw. Wandanschlüsse zum Verbraucher geführt.

Der Hausanschlußkasten ist plombiert und enthält drei Hausanschlußsicherungen. Die Stärke dieser Sicherungen ist unterschiedlich und von der jeweiligen Hausanlage abhängig. Für ein privates Wohnhaus werden im allgemeinen drei Haussicherungen von je 63 A installiert.

Vom Anschlußkasten fließt der Strom durch einen ebenfalls plombierten Zähler *(S. 92)*, in dem der Stromverbrauch in Kilowattstunden (kWh) registriert wird. Der Anschlußkasten und der Zähler sind Eigentum des EVU. Beide Einheiten dürfen nur vom Eigentümer und seinen Beauftragten (also dem E-Werk oder seinen konzessionierten Elektrikern) geöffnet oder verändert werden. Bei einem Defekt im Anschlußkasten oder Zähler oder durchgebrannten Hausanschlußsicherungen ist umgehend das EVU zu verständigen, damit es den Schaden beheben lassen kann.

Vom Zähler wird der Strom meistens durch drei weitere Hauptsicherungen geführt und – bei Mehrfamilienhäusern – oft auch noch durch einen Hauptschalter pro Wohnung. Alle Sicherungen und der Hauptschalter müssen von einem zugelassenen Elektriker installiert werden. Sie unterliegen der Verantwortlichkeit des Verbrauchers und erlauben ihm, den Strom für die gesamte Wohneinheit abzuschalten.

Nach den Hauptsicherungen erreicht der Strom die Verteilerschienen mit den Schmelzsicherungen *(S. 93)* bzw. Leitungsschutzschaltern (LS-Schalter, auch Sicherungsautomaten genannt). Überlastung oder Kurzschluß unterbrechen die Stromzufuhr *(S. 93)*. Und wenn ein fest installierter Teil der Anlage defekt wird und repariert werden muß, ermöglichen Schmelzsicherungen und LS-Schalter das Abschalten des betroffenen Stromkreises, ohne die Versorgung der übrigen Stromkreise zu beeinträchtigen.

Am Verteilerkasten sollte durch Beschriftungen für jeden Stromkreis die genaue Zuordnung ablesbar sein. Sind die Stromkreise nicht beschriftet, lohnt sich die nachträgliche Mühe *(S. 98)*.

Die elektrische Anlage eines Hauses unterscheidet sich möglicherweise von dem rechts gezeigten Modell. Eventuell sind der Hausanschlußkasten, Zähler und Verteilerkasten nicht am selben Ort untergebracht. In Mehrfamilienhäusern sind Hausanschlußkasten und Zähler meistens im Keller, die Verteilerkästen in den einzelnen Wohnungen installiert.

Alle Stromkreise für Licht- und Steckdosenanschlüsse werden zur Zeit noch wahlweise mit 16 A oder 10 A abgesichert. Nach einer für ganz Europa angestrebten Vereinheitlichung sollen jedoch für alle Licht- und Steckdosenkreise 10 A vorgeschrieben werden. Innerhalb eines 16- oder 10-A-Stromkreises kann eine beliebige Anzahl von Lichtschaltern und Steckdosen angeschlossen werden – jedoch darf die von allen Leuchten und Geräten gleichzeitig beanspruchte Leistung den Stromkreis nicht überlasten *(S. 99)*. Gesonderte Stromkreise für Geräte mit hoher Leistung, z. B. Küchenherde, führen meistens Drehstrom. Bei Durchlauferhitzern ist das grundsätzlich der Fall.

Im allgemeinen versorgen die Stromkreise für Licht- und Steckdosenanschlüsse jeweils einen oder mehr Räume. In Räumen, in denen jedoch – wie etwa in einer Küche – viele Elektrogeräte zu einer hohen Stromentnahme führen, können zwei oder mehr Stromkreise verlegt sein. Jeder Stromkreis geht vom Verteilerkasten aus und verbindet mit Phase, Neutral- und Schutzleiter eine Reihe von Abzweigdosen, von denen aus die einzelnen Schalter sowie die Deckenlicht- und Steckdosenanschlüsse gespeist werden. Zusätzlich können Stichleitungen zu abgelegenen Steckdosen oder Schaltern – z. B. in einem Bodenraum – abgezweigt werden.

Stichleitungen dürfen aber nicht in jedem Fall verlegt werden. Bei der Stromversorgung für die große Gerätepalette der Küche ist unbedingt darauf zu achten, daß alle Elektrogeräte mit einer Leistung von mehr als 3500 W (3,5 kW) jeweils an einen eigenen Stromkreis mit fünfpoligem Starkstromkabel und mit einer entsprechend starken Sicherung angeschlossen werden.

Alle Unterputz-Abzweigdosen sind runde Kunststoffgehäuse, die eine bestimmte Anzahl Anschlußklemmen enthalten. Die Dosen liegen gewöhnlich unter Putz und etwa 30 cm unterhalb der Decke.

Durchweg teilt sich ein Stromkreis an der ersten Abzweigdose in die Lichtanschlußleitung, an der weitere Abzweigdosen und die Lichtschalter liegen, und eine Leitung für die Steckdosenanschlüsse. Der Stromkreis für das Licht endet am letzten Schalter, der für die Steckdosen an der letzten Steckdose. An der Lichtleitung wird normalerweise für jeden Beleuchtungskörper eine gesonderte Abzweigdose installiert.

Bevor mit größeren Reparaturen oder einem Umbau in einem Haus oder einer Wohnung begonnen wird, sollte man sich eingehend mit dem Lageplan *(S. 98)* der Leitungen vertraut machen. Bei Unterputzleitungen muß sorgfältig darauf geachtet werden, daß die Kabel in Wänden, Decken oder sogar Fußböden nicht angebohrt oder durchschnitten werden. Normalerweise sollten Leitungen immer nur vertikal und horizontal, nie diagonal in den Wänden verlaufen.

Das Leitungsnetz in einem Wohnhaus. Das rechts abgebildete Haus ist mit vier Stromkreisen für die Licht- und Steckdosenanschlüsse (zwei für den ersten Stock, zwei für das Erdgeschoß) und zwei Stromkreisen für fest installierte Großgeräte (einen Küchenherd und einen Warmwasserboiler) versehen. Für die Licht- und Steckdosenkreise wird 1,5-mm^2-Kabel verwendet, für den Anschluß der Großgeräte stärkeres. Jede Stromkreisleitung beginnt am Verteilerkasten und endet am letzten Anschluß. Der Verteilerkasten befindet sich in den meisten Fällen im Keller eines Hauses oder im Korridor einer Wohnung.

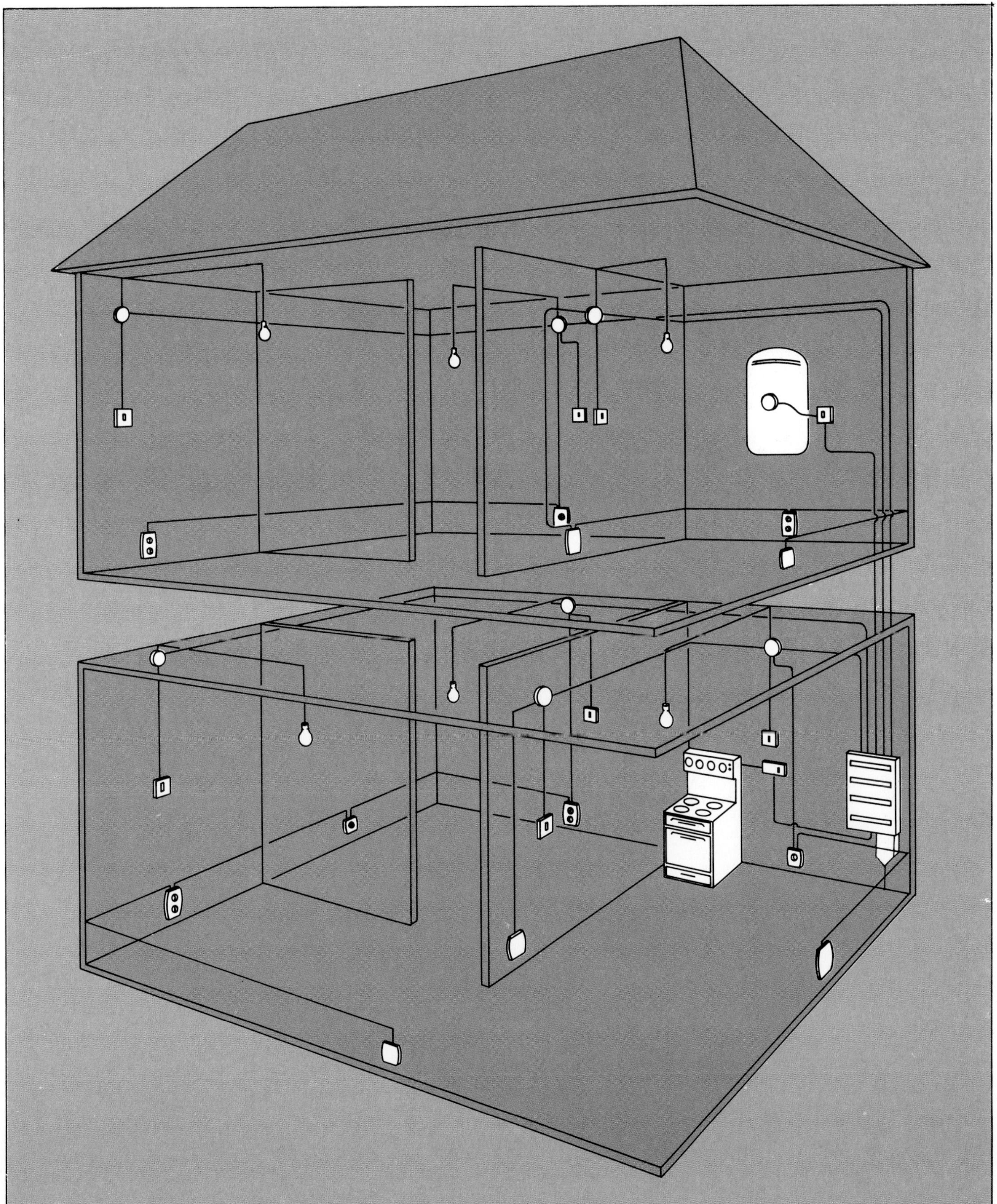

Der Zähler

Der Zähler enthält eine von außen sichtbare Scheibe, die für jede Kilowattstunde (kWh) – die Einheit des Stromverbrauchs – eine bestimmte Anzahl von Malen rotiert. Sie bewegt dabei eine Ziffernwalze, die den fortlaufenden Stromverbrauch anzeigt.

Wohnungsinhaber werden von einigen EVUs gebeten, ihre Elektrozähler einmal im Jahr selbst abzulesen, den Meßwert in eine vorgedruckte Karte einzutragen und sie an das E-Werk zurückzuschicken. Der Ableser des Elektrizitätswerks meldet sich nur dann persönlich, wenn sich Unstimmigkeiten ergeben, z. B. der Verbrauch von dem des Vorjahres erheblich abweicht. Wie man einen Zähler abliest, wird rechts erklärt.

Der Zähler ist Eigentum des EVU, das auch die Meßgenauigkeit des Geräts garantiert. In regelmäßigen Abständen tauscht das Werk die Zähler aus oder überprüft die alten. Gelegentlich möchte man sich aber selbst davon überzeugen, daß der Zähler zuverlässig arbeitet. Am einfachsten geht das mit Hilfe der letzten Ziffer, die in einem rot umrandeten Feld erscheint und die 0,1 (oder 1/10) Kilowattstunden anzeigt: Zunächst alle Elektrogeräte im Haus abschalten und sicherstellen, daß die rotierende Zählerscheibe stillsteht. Die Ziffern vor und hinter dem Komma notieren, dann ein Gerät mit einer Leistung von 1 kW einschalten – etwa einen 1-kW-Heizofen. Arbeitet der Zähler korrekt, sollte sich die Ziffer vor dem Komma nach einer Stunde um 1 erhöht haben. Die Ziffer hinter dem Komma in dem rot umrandeten Feld sollte dieselbe Zahl wie eine Stunde zuvor sein, was bedeutet, daß genau 1 kWh Strom verbraucht wurde.

Mit dem Zähler kann auch der Verbrauch einzelner Elektrogeräte nachgerechnet und überprüft werden. Dafür alle anderen Geräte ausschalten. Das bestimmte Gerät dann genau eine Minute eingeschaltet laufen lassen und die Anzahl der Zählerscheiben-Umdrehungen notieren. Mit 60 multiplizieren und durch die auf dem Typenschild des Zählers aufgedruckte Konstante dividieren; sie gibt an, wie viele Umdrehungen die Scheibe pro Kilowattstunde macht (U/kWh): Auf diese Weise ergibt sich die Leistung des geprüften Geräts in Kilowatt.

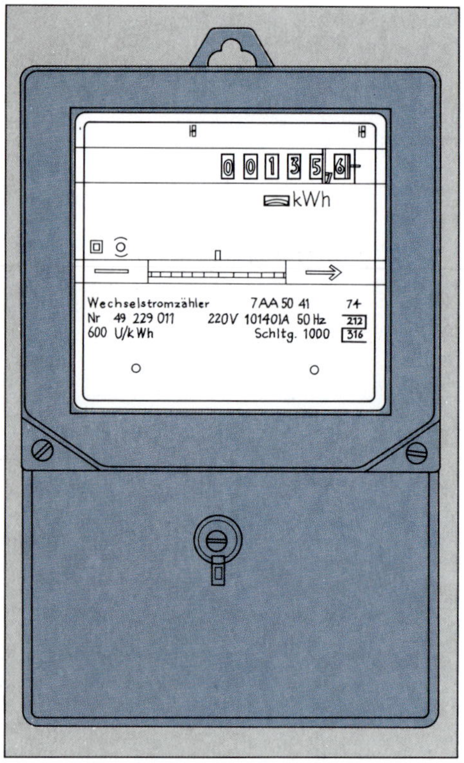

Einen Zähler ablesen. Die Zähleranzeige ähnelt den Tachometern in PKWs und läßt sich genauso ablesen. Normalerweise zeigt das Sichtfeld sechs Ziffern: Alle sind weiß auf schwarzem Untergrund, nur die sechste – hinter dem Komma – erscheint in einem rot umrandeten Feld. Die Ziffer links registriert die Zehntausender, die folgende die Tausender usw. bis zur Einerstelle vor dem Komma. Die Ziffer im roten Feld ist die erste Stelle nach dem Komma und gibt die Zehntel einer Verbrauchseinheit an; sie dient nur zur Überprüfung einzelner Geräte.

Tips zum Energiesparen

Gegen ständig höher werdende Stromrechnungen gibt es eine ganze Reihe von Maßnahmen. Zum Beispiel:

□ Leuchtstoffröhren *(S. 108)*, die bei gleicher Wattzahl mehr Licht als Glühlampen geben, verbrauchen für gleiche Helligkeit und Lichtausbeute weniger Strom und haben eine längere Lebensdauer.

□ Dimmerschalter erlauben eine stufenlose Lichtregulierung und eine bequeme Anpassung der Lichtverhältnisse an die jeweiligen Bedürfnisse.

□ Schalter mit Pilotlicht helfen daran denken, Lampen und Geräte nach der Benutzung abzuschalten.

Andere Möglichkeiten, die Ausgaben für Elektrizität zu senken, erfordern keine Zusatzteile, sondern nur veränderte Gewohnheiten bei der Nutzung von elektrischen Geräten und Lampen.

□ Grundsätzlich eine einzelne Glühlampe mit höherer als mehrere mit niedriger Wattzahl einschalten. Zwei 60-Watt-Lampen geben weniger Licht als eine 100-Watt-Lampe, obwohl sie etwa 20 Prozent mehr Energie verbrauchen und teurer sind.

□ Besonders langlebige Glühlampen nur benutzen, wenn der Vorteil der Langlebigkeit den Nachteil überwiegt, daß sie im Vergleich zu Standardlampen gleicher Wattzahl ungefähr 20 Prozent weniger Licht geben.

□ Lampenschirme verwenden, die an beiden Seiten weit geöffnet sind; sie verbreiten das Licht besser als enge Schirme.

□ Bei Warmwasserboilern eventuell die Isolierung des Tanks erneuern. Dadurch wird weniger Energie benötigt, um das Wasser auf der gewünschten Temperatur zu halten.

Vor jedem Kauf eines Großgeräts auf dem Typenschild nachsehen, wieviel Leistung (Watt) es hat und diese Zahl mit den Angaben auf Geräten anderer Hersteller vergleichen. Falls sich alle anderen Faktoren entsprechen, das Gerät mit der niedrigsten Leistung wählen.

Informationen über die vom örtlichen Elektrizitätswerk angebotenen Spartarife einholen und eingehend überprüfen, ob sie genutzt werden können.

Schmelzsicherungen und Leitungsschutzschalter

Vom Zähler fließt der Strom zum Verteilerkasten mit den Sicherungen und dem heutzutage eventuell vorhandenen Hauptschalter. Mit der Verteilung auf die diversen Stromkreise wird der Strom auch durch eine entsprechende Anzahl von Sicherungen, Schmelzsicherungen *(unten links)* oder Leitungsschutzschaltern – LS-Schaltern – *(unten rechts)*, geführt.

Beide Arten von Sicherungen garantieren die Sicherheit einer Anlage. Wenn ein Defekt oder eine Überlastung dazu führt, daß zuviel Strom durch eine Leitung fließt, brennt die Sicherung des betroffenen Stromkreises durch und schaltet ihn ab. Die Automatik der Sicherungen arbeitet zuverlässig und verhindert, daß überlastete Leitungen zu schmoren beginnen und Brände verursachen.

LS-Schalter sind bequemer zu handhaben als Schmelzsicherungen, die nach dem Durchbrennen ausgewechselt werden müssen. Sobald die Ursache für die Stromunterbrechung behoben ist, wird der LS-Schalter einfach durch Knopfdruck oder Umlegen eines Kipphebels eingeschaltet.

LS-Schalter sind jedoch eine verhältnismäßig neue Entwicklung, und viele Installationen werden nach wie vor durch Schmelzsicherungen geschützt. Bei ihnen ist das eigentliche Sicherungselement in eine Keramikpatrone fest eingesetzt. Bei Kurzschluß muß die Patrone ausgewechselt werden. Alle Patronen, die mit Hilfe von Porzellanschraubkappen in den Verteilerkasten – bei älteren Anlagen in die Sicherungstafel – gedreht werden, sind der zulässigen Stromstärke entsprechend mit einer Einprägung und einem Farbplättchen markiert. 6 A = grün, 10 A = rot, 16 A = grau, 20 A = blau, 25 A = gelb und 35 A = schwarz. Eine durchgebrannte Sicherung erkennt man am abgeschmolzenen Farbplättchen am sichtbaren Ende der Keramikpatrone. Die Durchmesser der Patronen und der Paßschrauben, die sie im Verteilerkasten aufnehmen, sind aufeinander abgestimmt. Die Paßschrauben machen es unmöglich, eine stärkere Sicherungspatrone als zulässig einzudrehen.

Schmelzsicherungen und LS-Schalter schützen nicht nur die Stromkreise eines Hauses, sie haben auch noch eine andere wichtige Funktion. Mit Schmelzsicherungen oder LS-Schaltern läßt sich die Stromzufuhr für einzelne Stromkreise unterbrechen.

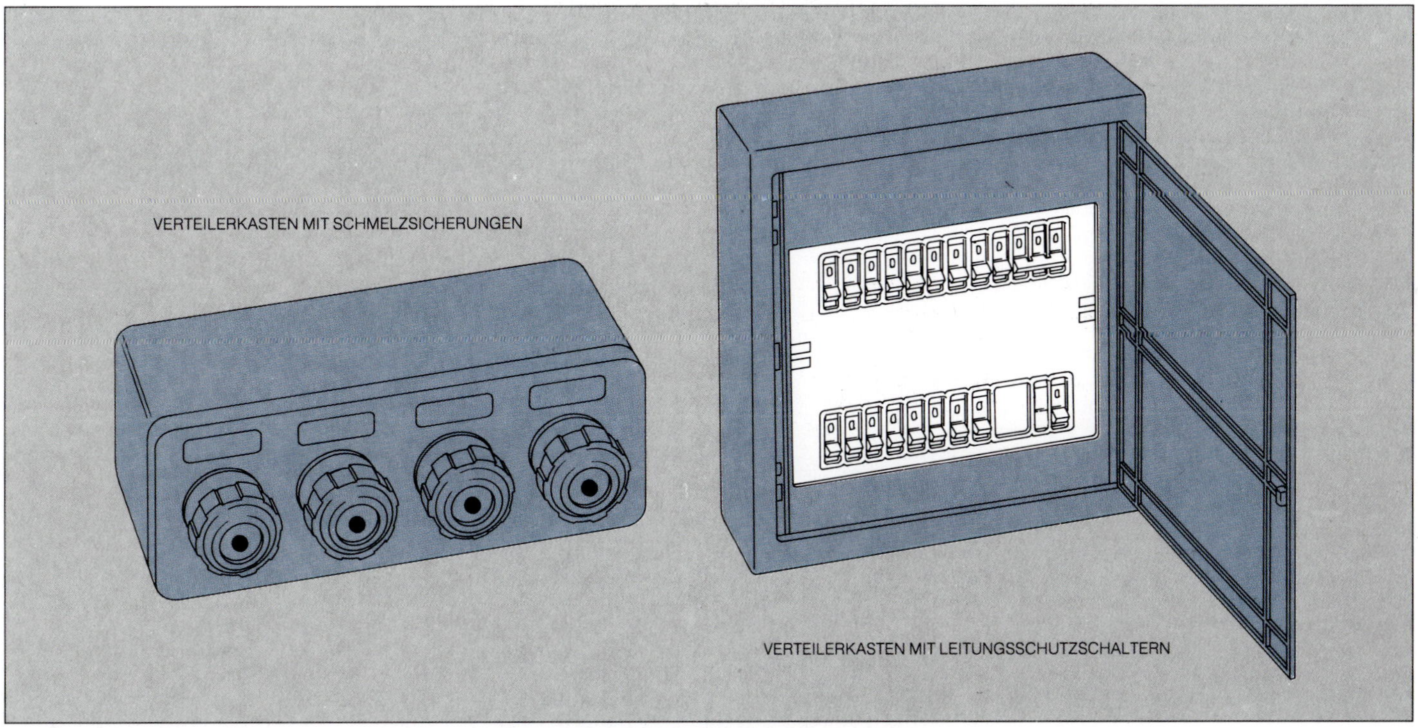

Verteiler. Verteilerkästen für Schmelzsicherungen oder LS-Schalter gibt es in unterschiedlichen Größen: von Kleinverteilern mit nur zwei Sicherungen bis zu Verteilern mit 15 und mehr. Die Größe des Verteilerkastens hängt aber auch vom Alter der Anlage ab. Auf Sicherungstafeln des alten Modells können mehrere Stromkreise mit einer Sicherung gesichert sein *(oben links)*, in moderneren Verteilerkästen oder -schränken hat normalerweise jeder Stromkreis einen LS-Schalter *(oben rechts)*. Oft bieten solche modernen Verteiler Raum für weitere Sicherungen, so daß bei späterem Bedarf zusätzliche Stromkreise angeschlossen werden können. Sonst hat man die Möglichkeit, einen zusätzlichen Kleinverteiler – mit zwei Sicherungen für zwei neue Stromkreise – zu installieren.

Der Umgang mit Sicherungen

Wenn eine Sicherung durchbrennt, wird die Stromzufuhr für den betroffenen Stromkreis unterbrochen, und man muß herausfinden, was das Ansprechen der Sicherung verursacht hat. Vor der Arbeit am Stromkreis unbedingt die Hauptsicherungen herausdrehen oder abschalten, da fehlerhafte Verbindungen von einzelnen Stromkreisen bei einer Hausanlage durchaus nicht ausgeschlossen werden können.

Handelt es sich bei der Sicherung um einen LS-Schalter, so ist der Hebel in die Aus-Position gesprungen, und es ist einfach, ihn wieder in die Ausgangsstellung zu bringen. Zuvor muß aber unbedingt die Ursache für die Überlastung oder den Kurzschluß behoben sein; sonst spricht die Sicherung gleich wieder an. Bei den Schmelzsicherungen erkennt man eine durchgebrannte Sicherung daran, daß sich das Farbplättchen am weiten Ende der Keramikpatrone gelöst hat. Die defekte Schmelzsicherung ist in jedem Fall gut erkennbar und muß ersetzt werden, sobald die Überlastung oder der Kurzschluß behoben ist. Beim Auswechseln *(rechts)* die Keramikpatrone niemals direkt in die Fassung setzen (auch nicht probeweise!), sondern immer die Schraubkappe benutzen – sie dient als Isolierung. Sobald nämlich die Patrone mit dem Netz Kontakt hat, steht sie unter Spannung. Kommt man dann mit dem Metallring am weiten Ende der Patrone in Berührung, erhält man einen Schlag.

Vor dem Auswechseln einer Sicherung immer erst überprüfen, was das Ansprechen der Sicherung ausgelöst hat. Meist ist die Ursache offensichtlich. Brennt die Sicherung durch, sobald das Licht eingeschaltet wird, dann ist wahrscheinlich eine Glühlampe oder die Lampenschnur nicht in Ordnung. Brennt die Sicherung erst einige Zeit nach dem Einschalten durch, kann die Leitung des betroffenen Stromkreises schadhaft geworden sein.

Eine Stromkreissicherung spricht nur infolge von Überlastung oder Kurzschluß, d. h. Fehlern an den Leitungen oder angeschlossenen Geräten, an. Wenn der Verdacht besteht, daß die fest installierten Leitungen defekt sind, ist es erforderlich, den Elektriker hinzuzuziehen.

Eine Schmelzsicherung auswechseln. Die Schraubkappe lösen und die Sicherungspatrone herausnehmen. Wenn sich das Farbplättchen gelöst hat, die Patrone durch eine neue von gleicher Plättchenfarbe bzw. gleicher Stromstärke ersetzen. Das weite Ende der Keramikpatrone in die Schraubkappe setzen *(unten)* und die Kappe mit der Patrone in das Gewinde im Verteilerkasten oder in der Sicherungstafel drehen.

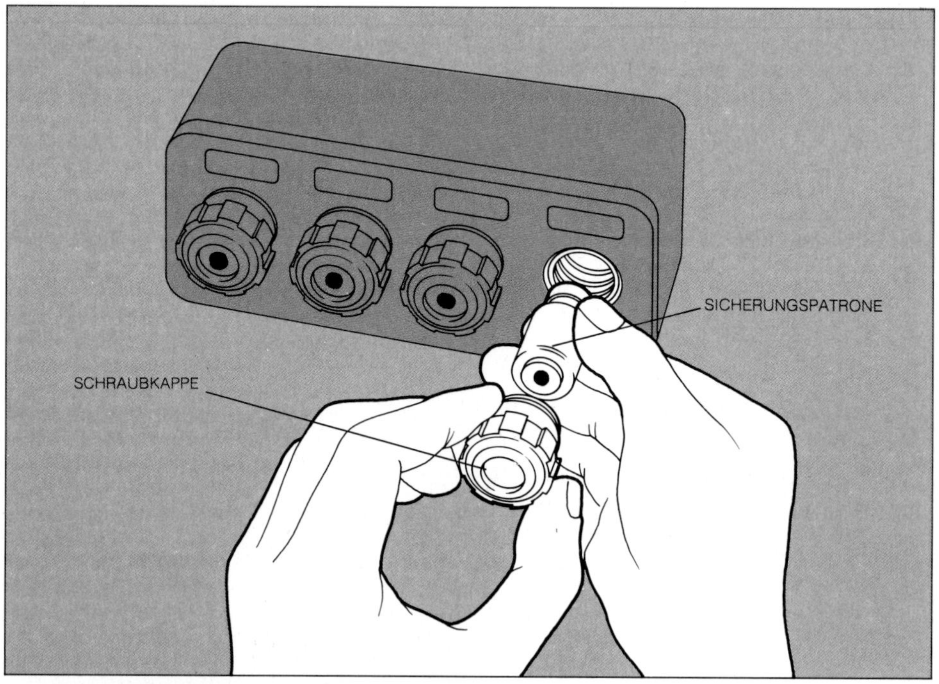

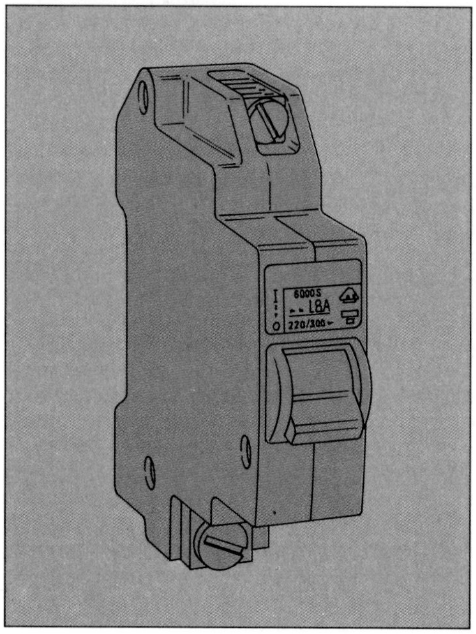

Leitungsschutzschalter. Verteilerkästen können als Sicherungen auch LS-Schalter enthalten, die in der Handhabung wesentlich bequemer sind als Schmelzsicherungen. Ob LS-Schalter nun mit Kipphebel *(links)* oder Druckknopf ausgestattet sind, im Falle einer Überlastung oder eines anderen Defekts unterbrechen sie selbsttätig die Stromzufuhr. Ist der Defekt am Stromkreis oder Gerät behoben, läßt sich der LS-Schalter einfach durch Umlegen des Kipphebels oder durch Knopfdruck wieder einschalten. Der kleinere Knopf an einigen Druckschaltern wird benutzt, wenn man den Stromkreis abschalten will.

Eine Auswahl von Litzen und Kabeln

Für Verkabelungsarbeiten werden zwei verschiedene Leitungsmaterialien – Kabel und Litze – verwendet. Kabel wird für alle fest verlegten Leitungen vom Verteiler zu Steckdosen und festen Lichtanschlüssen eingesetzt, Litze (bzw. Leitungsschnur) für alle losen Verbindungen zum Anschluß von Elektrogeräten oder Lampen.

Die am häufigsten verwendeten Litzen haben zwei oder drei Adern mit PVC-Isolierung und einem äußeren PVC-Mantel.

Zweiadrige Litze wird nur für den Anschluß von schutzisolierten Geräten (einem Haarfön mit Kunststoffmantel oder einer Stehlampe mit Holzständer und -fuß sowie Kunststoffassung) verwendet. Sie sind durch das Symbol ⧈ gekennzeichnet.

Ein anderer Typ ist die textilumkleidete Rundlitze. Geräte wie Bügeleisen oder Schnellkocher, deren Außenteile und -flächen heiß werden, müssen mit Leitungsschnur dieses Typs versehen werden. Sie besteht aus drei Metalladern, die mit Kunstgummi isoliert sind, und einem äußeren Mantel aus dichtgeflochtener Baumwolle. Dieser Mantel widersteht höheren Temperaturen als normale PVC-Mäntel.

Für den Anschluß von Geräten in Feuchträumen oder im Freien ist Litze mit einem Mantel aus festem Gummi vorgeschrieben. Für Hochleistungsgeräte, wie etwa Küchenherde oder Sauna-Öfen, wird fünfadrige Anschlußlitze benötigt.

Kabel in Hausleitungen haben meistens drei isolierte Adern. Ausnahmen bilden das für Wechselschaltungen *(S. 118)* verwendete vieradrige Kabel und das fünfadrige Kabel für Drehstrom, d. h. die Stromkreise zur Versorgung von Durchlauferhitzern, Küchenherden und Sauna-Öfen. Wie normale Leitungsschnur haben Kabel einen Mantel aus PVC. In neueren Häusern wird Kabel im allgemeinen als Flachkabel unter Putz verlegt. Aufputzkabel für die Verlegung mit Schellen – z. B. in Kellern oder Garagen oder in Leitungskanälen – ist meistens rund.

Bei Litze setzt sich die jeweilige Kupferader aus mehreren Einzeldrähten zusammen, daher bleibt die Leitungsschnur flexibel. Bei Kabeln sind die Adern massiv. Leitungen werden nach ihrem Querschnitt benannt. Je größer der Querschnitt ist, desto mehr Strom kann durch die Leitung fließen.

Bei dreiadrigem Kabel oder dreiadriger Litze waren die Schutzisolierungen der Adern bzw. Leiter früher folgendermaßen markiert: die Phase schwarz, der Neutralleiter grau und der Schutzleiter rot. In den siebziger Jahren wurden die Kennfarben geändert: Seitdem ist bei Litze die Phase braun, der Neutralleiter hellblau und der Schutzleiter grün-gelb, bei Kabel ist die Phase schwarz, der Neutralleiter hellblau und der Schutzleiter gelb-grün.

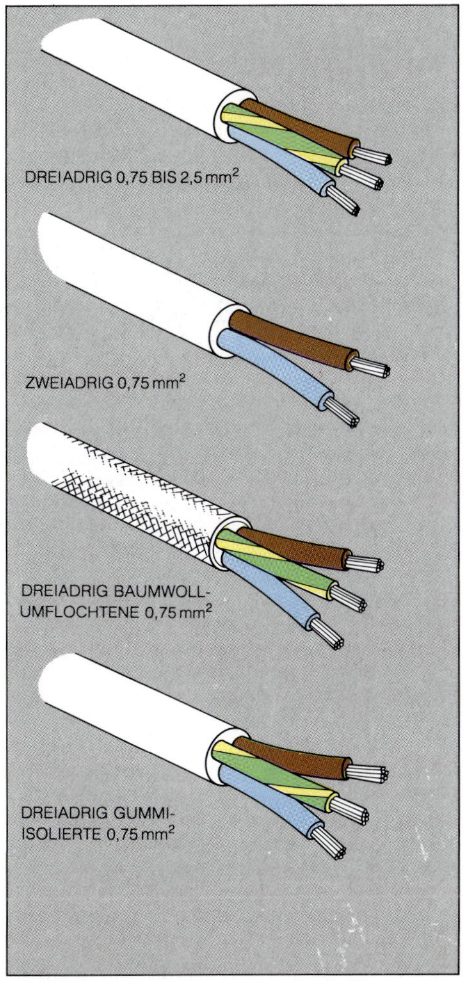

Die richtige Litze wählen. Für Haushaltszwecke – Geräte mit geringem Stromverbrauch, wie Tischlampen und Haartrockner – wird Litze mit 0,75 mm² Querschnitt verwendet, für Großgeräte, wie Herde mit einer Leistung von mehr als 5,5 kW, Litze mit bis zu 4 mm². Die Litzenquerschnitte sind unten mit den jeweiligen Grenzwerten für Stromstärke und Wattzahlen aufgeführt.

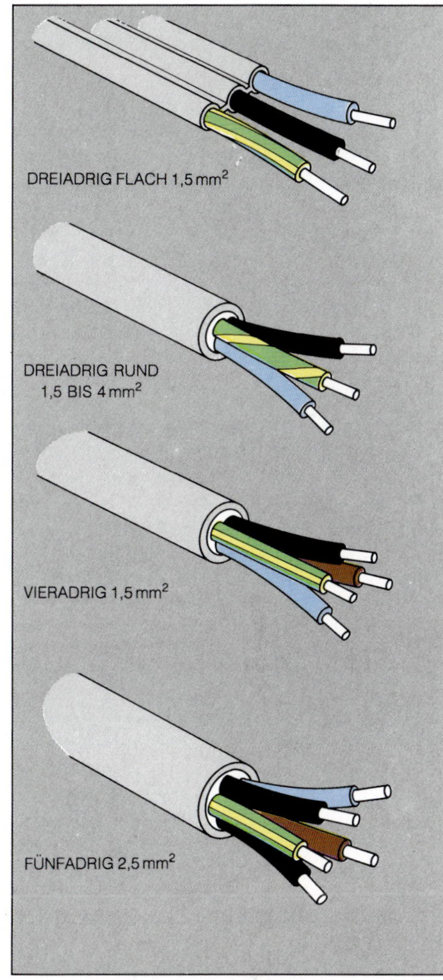

Das richtige Kabel wählen. Die Querschnitte der in einem Haus installierten Kabel reichen von 1,5 mm² für Licht- und Steckdosenstromkreise bis 16 mm² für die Leitung zwischen Zähler und Verteilerkasten. Die möglichen Kabelquerschnitte werden in der Tabelle unten mit den entsprechenden Grenzwerten für die Stromstärke und dem entsprechenden Verwendungszweck aufgeführt.

Litzen und Belastungswerte

Querschnitt (mm²)	Stromstärke (Ampere)	Leistung (Watt)
0,75	6	1320
1,0	10	2200
1,5	16	3500
2,5	20	4400
4,0	25	5500

Kabel und Belastungswerte

Querschnitt (mm²)	Stromstärke (Ampere)	Anwendungsbereich
1,5	16	Licht- und Steckdosenstromkreise
2,5	20	Warmwasserspeicher
4,0	25	kleine Herde
6,0	35	große Herde
10,0	50	Zählerzuleitung
16,0	63	Zählerzuleitung

Schutzerdung und Potentialausgleich

In einem Stromnetz erreicht der Strom den Verbraucher bzw. ein Elektrogerät durch die Phase, und durch den Neutralleiter fließt er zum Kraftwerk zurück. Der Phasenstrom und der Strom im Neutralleiter sind gleich groß. Gelegentlich kommt es jedoch vor, daß dieser Kreislauf durch Defekte gestört wird.

Das geschieht z. B., wenn die Isolierung der Adern in einem Elektrogerät mit Metallgehäuse beschädigt ist, die Phase mit dem Gehäuse Kontakt hat und es dadurch unter Spannung steht. Berührt man das Gehäuse, wird der menschliche Körper zum Stromleiter, da er dem Strom einen relativ geringen Widerstand bietet. Der Strom fließt zur Erde und durch das Erdreich zu den geerdeten Generatoren im Kraftwerk zurück.

Aus diesem Grund müssen mit Ausnahme der schutzisolierten alle Elektrogeräte bzw. ihre Metallteile über einen Schutzleiter geerdet sein *(gegenüber)*. Tritt ein Defekt auf, fließt der Fehlerstrom über den Schutzleiter zur Erdungsschiene im Verteilerkasten und von da aus in die Erde ab und zum Kraftwerk zurück. Gelegentlich fließen Fehlerströme auch über einen hauseigenen Fundamenterder aus massivem Kupferrohr ab, der in die Erde führt. Fundamenterder sind heutzutage meistens nur noch zusätzlich installiert. Entscheidend ist, daß alle Schutzleiter einer Hausanlage über eine Sammelschiene mit dem Neutralleiter des Versorgungsnetzes oder dem Fundamenterder verbunden sind.

Zusätzliche Sicherheit bieten die Sicherungen: Da Schutzleiter einen sehr geringen Widerstand haben, fließt bei einem Defekt ein so hoher Strom – der Fehlerstrom –, daß die Sicherungen sofort ausgelöst werden. Der Strom wird abgeschaltet.

Durch defekte Installationen oder Elektrogeräte können aber auch alle anderen Metallteile eines Hauses (Wasser-, Gas- und Heizungsrohre, Badewannen, Becken und Handtuchhalter) unter Spannung geraten, insbesondere wenn man durch Berührung eine Verbindung zwischen defekten Geräten und den übrigen metallenen Teilen herstellt. Das kann lebensgefährlich sein!

Im Badezimmer, wo die Gefahr durch Nässe besonders groß ist, müssen daher alle Metallteile (auch metallene Beckenabflüsse) mit einer Potentialausgleichsleitung verbunden werden. Diese wiederum ist mit einer eigenen Erdungsleitung (mindestens 4 mm^2) an der Potentialausgleichsschiene angeschlossen, über die eine Anbindung an das jeweils installierte Schutzsystem des Hauses besteht. Die Vorschriften für die Schutzsysteme können von Land zu Land sehr verschieden sein *(S. 85)*. In Zweifelsfällen ist es erforderlich, immer einen zugelassenen Elektriker hinzuzuziehen.

Eine Verbindung zur Erde herstellen. Die Zeichnung rechts zeigt ein typisches Schutzerdungssystem. Es beginnt mit der Erdungsklemme an der Grundplatte eines Toasters mit Metallgehäuse. Der an die Erdungsklemme angeschlossene gelb-grüne Schutzleiter stellt über die Geräteschnur die Verbindung mit dem Schutzleiter des Stromkreises her. Dieser Schutzleiter ist wiederum über eine Sammelschiene auf der alle Schutzleiter der Anlage zusammenlaufen, mit dem Neutralleiter des Versorgungsnetzes oder – falls vorhanden – dem Fundamenterder des Hauses verbunden. Über die Potentialausgleichsschiene sind die Hausantennen, Blitzableiter und einige postalische Einrichtungen sowie alle metallenen Installationsteile, Heizungs- und Versorgungsrohre in das jeweils installierte Schutzsystem einbezogen.

Die Fehlerstrom-Schutzschaltung

Die beschriebenen Schutzsysteme wirken alle nicht, wenn man eine spannungsführende Leitung direkt berührt (Lebensgefahr!) oder durch Fehler in einer Anlage geringe Ströme laufend direkt – ohne den Umweg über die Schutzleiter der Hausanlage – in das Versorgungsnetz zurückfließen. In beiden Fällen sprechen die Sicherungen nicht an. Sicherheit bietet nur eine zusätzliche Schutzmaßnahme: der Einbau eines Fehlerstrom-Schutzschalters.

Unbedingt erforderlich ist ein Fehlerstrom-Schutzschalter (FI-Schalter) wenn die Stromversorgung über Freileitungen und die Erdung in diesem Zusammenhang ausschließlich über einen Fundamenterder erfolgt. Der über einen Fundamenterder abfließende Strom ist unter Umständen nicht stark genug, um die Sicherungen auszulösen, besonders dann nicht, wenn das Wetter trocken und der Widerstand des Erdbodens damit sehr hoch ist.

Hochempfindliche FI-Schalter sprechen schon auf sehr geringe Ströme an. Sie arbeiten nach dem Prinzip des Stromgleichgewichts. Der Strom, der eine Hausanlage verläßt, sollte genauso stark sein wie der Strom, der in die Hausanlage hineinfließt, z. B. 17 A. Fließen aber durch einen Anlagenfehler 0,2 A ab und nur 16,8 A zum Kraftwerk zurück, „fehlen" 0,2 A. Dieser Fehlerstrom ist für den Menschen lebensgefährlich hoch. Schutz bieten nur FI-Schutzschalter mit einer Nenn-Fehlerstromstärke von 30 mA (0,03 A), d. h. einer Abschalt-Fehlerstromstärke von ungefähr 20 mA. Sie unterbrechen die Stromzufuhr innerhalb von 30 Millisekunden – schnell genug, um selbst bei Berührung einer 220-V-Leitung einen lebensgefährlichen Stromfluß zu verhindern.

FI-Schalter sind in manchen Gebieten und Bereichen vielfach vorgeschrieben. Fundamenterder z. B. dürfen nur in Kombination mit FI-Schaltern installiert werden. Zu der Planung und dem Einbau solcher Schalter immer einen zugelassenen Installateur hinzuziehen *(S. 85)*. Wenn die Stromzufuhr einer Anlage unterbrochen werden soll, kann man die FI-Schalter wie die Hauptsicherungen oder Hauptschalter zum Abstellen benutzen.

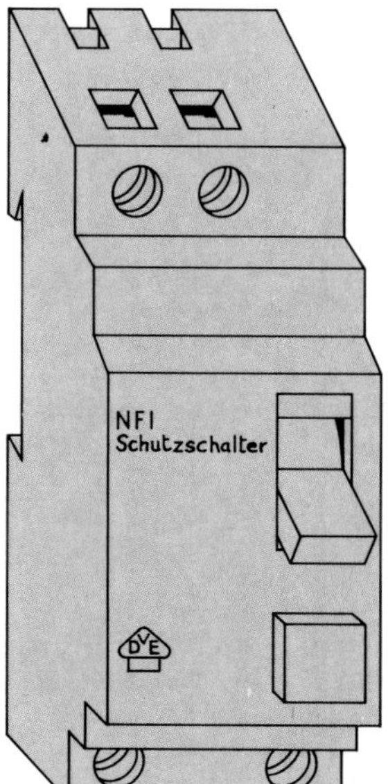

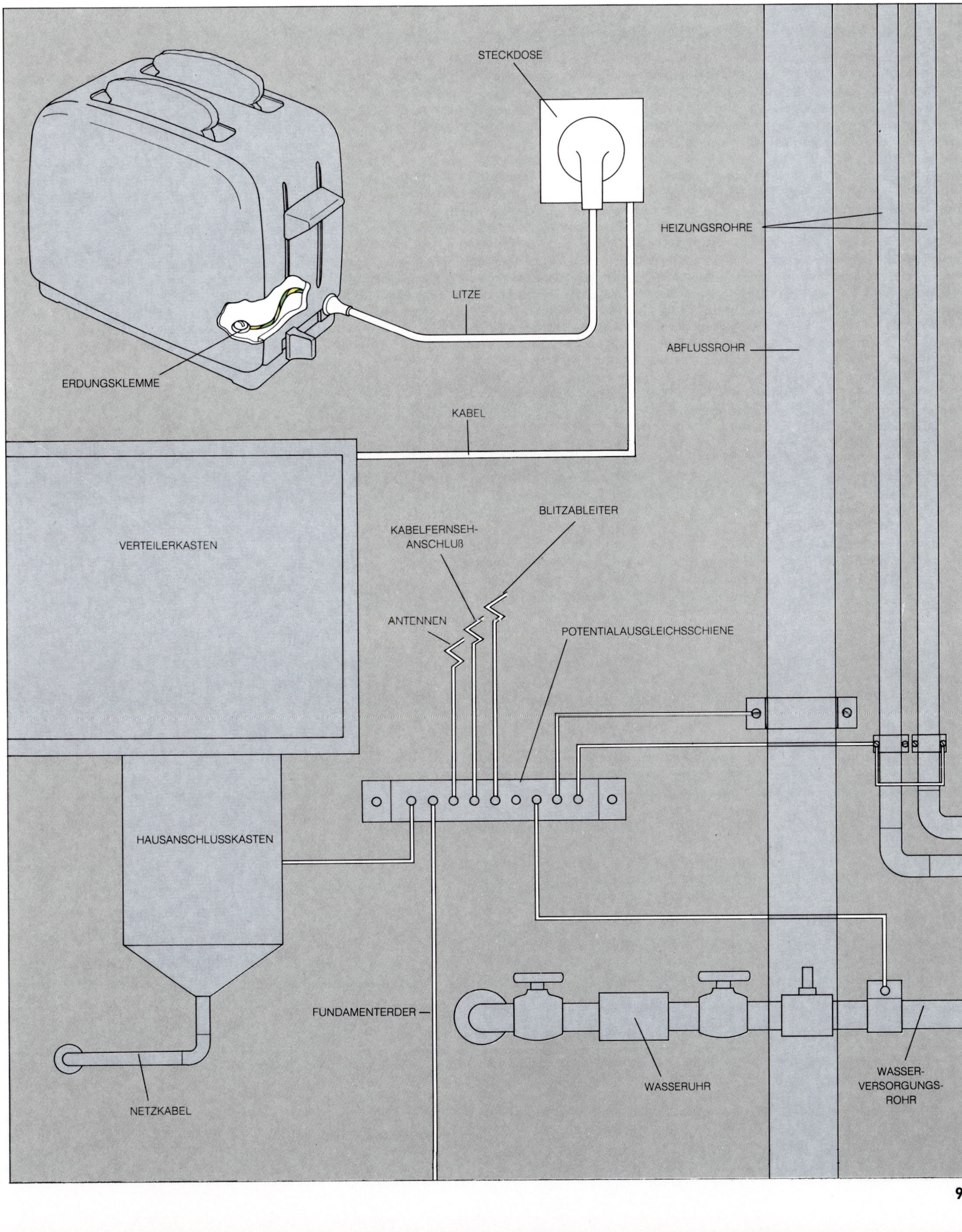
STECKDOSE
HEIZUNGSROHRE
LITZE
ABFLUSSROHR
ERDUNGSKLEMME
KABEL
BLITZABLEITER
KABELFERNSEH-
ANSCHLUß
VERTEILERKASTEN
ANTENNEN
POTENTIALAUSGLEICHSSCHIENE
HAUSANSCHLUSSKASTEN
FUNDAMENTERDER
WASSERUHR
WASSER-
VERSORGUNGS-
ROHR
NETZKABEL

Erstellen eines Leitungsplans

Alle Arbeiten an elektrischen Hausanlagen können durch die Erstellung eines Lageplans sehr erleichtert werden. Er zeigt auf, welche Sicherung welche Lampen, Schalter und Steckdosen absichert, und macht es möglich, Defekte schnell aufzufinden, Überlastungen zu vermeiden *(gegenüber)* und mit einem Blick zu erkennen, welche Teile des Hauses von der Stromzufuhr getrennt werden, wenn man einen Stromkreis abschaltet.

Vor der Anfertigung der Zeichnung sollte man jede Sicherung zusätzlich zur Beschriftung mit einer Nummer versehen. Dann den Lageplan anfertigen: Alle Stockwerke oder sogar Räume werden zunächst einzeln erfaßt, d. h. alle Licht-, Schalter- und Steckdosenanschlüsse ihrer Lage entsprechend sorgfältig eingetragen.

Als nächstes nacheinander für jeden Raum alle Lampen und beweglichen Elektrogeräte, z. B. Fernseher und Plattenspieler, einschalten. Die fest installierten Geräte – Küchenherde oder Warmwasserspeicher – vorerst davon ausnehmen. Diese Großgeräte werden durch besondere Stromkreise versorgt, die später ausgemacht und markiert werden können. Ist ein Steckdosenanschluß zum Zeitpunkt der Planerstellung gerade nicht in Benutzung, irgendein Gerät, etwa einen kleinen Heizofen oder eine Lampe, anschließen. Ist der Anschluß eine Doppelsteckdose, genügt die Zuschaltung eines einzigen Gerätes, da beide Anschlüsse zu demselben Stromkreis gehören.

Die Sicherungen nacheinander – aber immer nur eine zur Zeit – herausdrehen oder abschalten – und jedesmal die Anschlüsse, die nicht mehr arbeiten, auf der Zeichnung mit der Nummer der abgeschalteten Sicherung versehen. (Hierbei sollte man sich von einer zweiten Person helfen lassen, um nicht dauernd hin- und herlaufen zu müssen.) Um im Notfall schnell nachsehen zu können, ist es sinnvoll, die Lagepläne in der Nähe des Verteilerkastens aufzubewahren.

Ein Leitfaden für das Leitungsnetz. Bei diesem Plan des Obergeschosses eines Wohnhauses sind alle vorhandenen Anschlüsse für Schalter, Licht und Steckdosen *(Schlüssel unten)* mit der Nummer der zugehörigen Sicherung bzw. des zugehörigen Stromkreises gekennzeichnet. An Hand einer solchen Skizze läßt sich mit einem Blick feststellen, welche Anschlüsse vom Abschalten einer bestimmten Sicherung betroffen sind bzw. welche Sicherungen überprüft werden müssen, falls ein Stromkreis plötzlich ausgefallen ist.

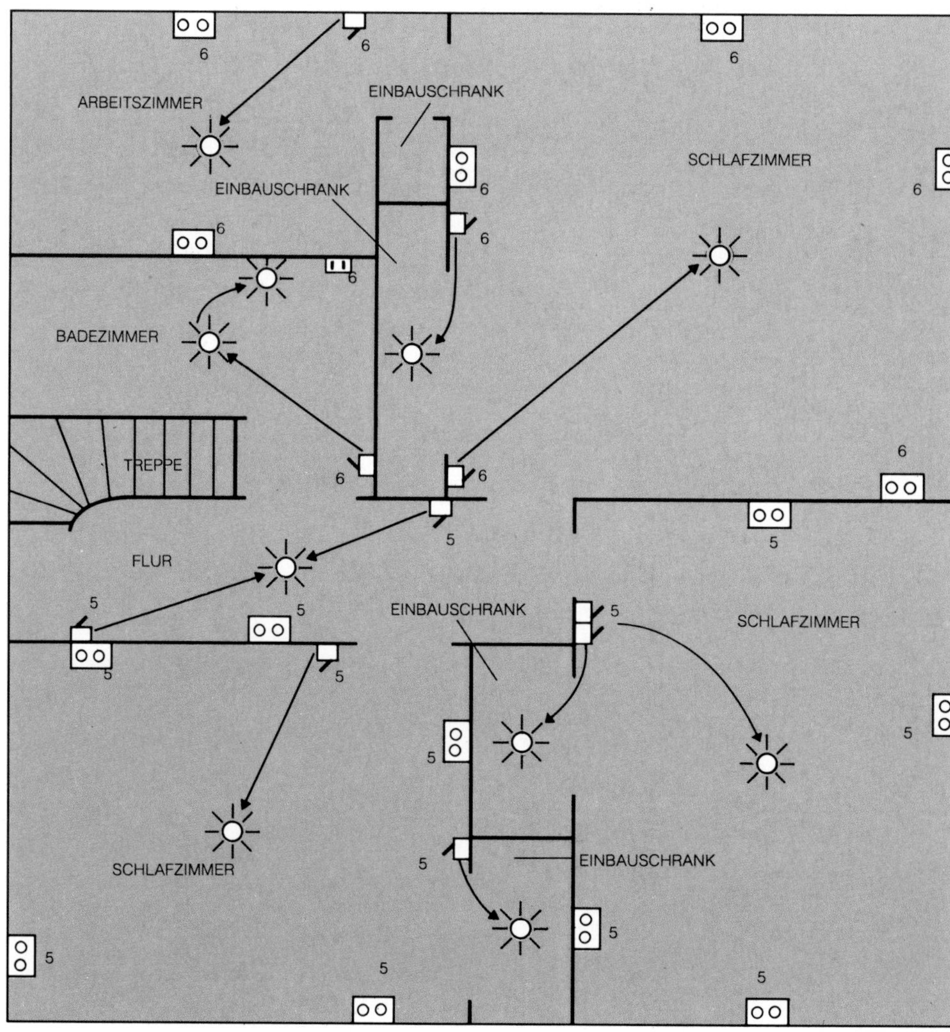

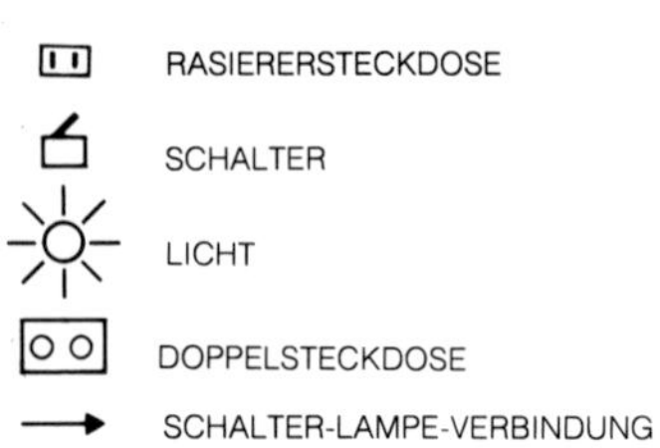

Die Berechnung der Belastung

Auch wenn ein Stromkreis eine beliebige Anzahl von Lampen und Steckdosen versorgen kann, wird die zulässige Menge des gleichzeitig fließenden Stromes durch den Querschnitt des Leitungskabels begrenzt. Fließt zuviel Strom, spricht die betroffene Sicherung an und unterbricht die Stromzufuhr für alle angeschlossenen Verbraucher.

Durch Zuschalten einer Tischlampe wird kaum eine Überlastung entstehen, solche Leuchten verbrauchen nur wenig Strom. Doch der Anschluß von Geräten wie Toastern oder Schnellkochern hat eine viel stärkere Wirkung. Darum sollte man schon vor dem Zuschalten von Geräten mit hoher Leistung nachrechnen, ob der betroffene Stromkreis die zusätzliche Belastung auch trägt.

Dazu alle Lampen und Elektrogeräte einschließlich der zusätzlichen Geräte notieren, die gleichzeitig an einem Stromkreis betrieben werden sollen, und ihre Leistung in Watt angeben. (Die Wattzahl steht auf den Glühlampen und auf den Typenschildern der Elektrogeräte.) Die Wattangaben addieren und die Summe durch 220 – die Netzspannung in Volt – teilen: Es ergibt sich die Stromstärke in Ampere. Man kann auch die Stromstärke des Stromkreises mit 220 multiplizieren und erhält dann die Leistung in Watt. Wie immer man auch vorgeht, der für die Summe der gleichzeitigen Stromabnehmer ermittelte Wert darf nicht höher sein als der für den Stromkreis zulässige.

Die gleiche Berechnungsmethode gilt auch für Stromkreise, die ausschließlich Lichtanschlüsse versorgen. Dabei jedoch bedenken, daß dort, wo Glühlampen mit weniger als 100 W in Gebrauch sind, die Berechnungen trotzdem für 100 W durchgeführt werden sollten. So sichert man sich gegen eine versehentliche Überlastung ab – etwa durch Auswechseln einer 60-W- gegen eine 100-W-Lampe. Beim Einsetzen von Glühlampen mit höherer Leistung muß unbedingt berücksichtigt werden, daß solche Lampen größer sind und eventuell die Lampenschirme berühren und daß sie grundsätzlich mehr Wärme abstrahlen. Dadurch können die Schirme in Brand geraten.

Bei Plänen zur Erweiterung der Hausanlage – etwa durch einen weiteren Stromkreis für eine Garage oder eine Werkstatt – muß zunächst festgestellt werden, wie hoch die Gesamtbelastbarkeit der vom örtlichen EVU installierten drei Hauptsicherungen ist, die sich vor den Sicherungen der Stromkreise befinden. Die Belastbarkeit wird in Ampere angegeben und ist in die einzelnen Sicherungen geprägt. Den Wert einer Sicherung – normalerweise 50 A – mit 3 multiplizieren, um die Belastungsgrenze der Hauptsicherungen zu erhalten; im allgemeinen 150 A. Dann muß der Strombedarf des Haushalts insgesamt überschlagen werden, unter Einbeziehung der geplanten Anschlüsse. Das Ergebnis zeigt – als Orientierungswert –, ob die vorhandenen Hauptsicherungen alle Stromkreise ausreichend absichern. Obwohl es unwahrscheinlich ist, daß alle Stromkreise und Anschlüsse eines Hauses gleichzeitig benutzt werden, sollte der Strombedarf für fest angeschlossene Großgeräte mit eigenen Stromkreisen (Waschmaschinen, Wäschetrockner, Warmwasserspeicher, Geschirrspüler oder Küchenherde) mit 100 Prozent veranschlagt werden. Hat ein Küchenherd eine eingebaute 10-A-Steckdose – zum Anschluß eines Schnellkochers oder Handmixers etwa –, muß diese Belastung mitgezählt werden. Bei den normalen 16-A-Stromkreisen für Licht- und Steckdosenanschlüsse wird jedoch lediglich von einer 40prozentigen Auslastung ausgegangen.

Bei dem unten angeführten Beispiel beträgt der erforderliche Strombedarf 147,6 A und liegt innerhalb der Belastbarkeit der Hauptsicherungen. Leichte Differenzen von etwa 1,5 A können ignoriert werden; dem errechneten Orientierungswert für den Gesamtbedarf liegt eine sehr vorsichtige Veranschlagung der Großgeräte zugrunde. In Wirklichkeit kommt es selten vor, daß alle Elektrogeräte und Lampen gleichzeitig eingeschaltet sind und die Belastungsgrenze der Hauptsicherungen erreicht wird. Sehr viel wichtiger ist es, darauf zu achten, daß die einzelnen Stromkreise nicht überlastet werden. Trotzdem sollte das EVU befragt werden, wenn die Differenz zwischen errechnetem Gesamtbedarf und der Belastungsgrenze der Hauptsicherungen größer als 10 A ist. Unter Umständen ist es ratsam, die Pläne für die Einrichtung eines zusätzlichen Stromkreises aufzugeben oder einen neuen, stärkeren Hauptanschluß legen zu lassen. Wahlweise kann sich eventuell auch die Investition eines Stromrelais lohnen, das automatisch gewisse Geräte vorübergehend abschaltet, wenn ein anderes Großgerät eingeschaltet wird. So wird eine Überlastung des Hausleitungsnetzes verhindert.

Hausleitungen und ihre Belastbarkeit

Stromkreise	Berechnung	Ergebnis
16 A Licht und Steckdosen	40% von 16 A	6,4 A
16 A Licht und Steckdosen	40% von 16 A	6,4 A
16 A Licht und Steckdosen	40% von 16 A	6,4 A
16 A Licht und Steckdosen	40% von 16 A	6,4 A
16 A Waschmaschine	100% von 16 A	16,0 A
16 A Wäschetrockner	100% von 16 A	16,0 A
16 A Geschirrspüler	100% von 16 A	16,0 A
16 A Warmwasserbereiter	100% von 16 A	16,0 A
3x 16 A Küchenherd	3x 100% von 16 A	48,0 A
10 A Integrierte Steckdose	100% von 10 A	10,0 A
		147,6 A

Sicherheitsregeln und -maßnahmen

Bei Arbeiten an elektrischen Leitungen und Geräten sind Schutzmaßnahmen von vordringlicher Wichtigkeit. Man muß sich immer bewußt sein, daß Elektrizität latent gefährlich ist: Die Spannung in den Hausleitungen reicht aus, um einen elektrischen Schlag tödlich werden zu lassen. Zudem stellt Elektrizität auch immer eine potentielle Brandgefahr dar.

Es ist daher unbedingt erforderlich, alle geltenden Bestimmungen *(S. 85)* sowie die folgenden grundlegenden Sicherheitsregeln zu beachten:

□ Niemals Elektroarbeiten ausführen, die man nicht ganz sicher beherrscht.

□ Vor Arbeiten an Elektrogeräten immer erst den Stecker ziehen. Vor allen Arbeiten an fest verlegten Leitungen die Stromzufuhr nicht nur an den zugehörigen Stromkreissicherungen, sondern immer auch an den Hauptsicherungen, dem Hauptschalter oder Fehlerstromschalter unterbrechen: Schmelzsicherungen herausdrehen, LS-Schalter ausschalten. Erst nach vollständiger Beendigung der Arbeiten die Sicherung wieder einschalten. Das gilt auch für Arbeiten an Geräten: Die Arbeit beenden, die Sicherung einschalten, erst dann den Geräteschalter betätigen.

□ Bei Arbeiten an Elektroleitungen niemals gleichzeitig Teile der Wasser- oder Gasleitung oder der Zentralheizung berühren. Dabei auch nie auf feuchtem Untergrund stehen oder Elektroteile mit feuchten Händen berühren.

□ Leitungslitze niemals an Stellen unter Teppiche oder Bodenbeläge führen, an denen man auf die Litze treten kann. Der Mantel wird brüchig und isoliert nicht mehr. Brandgefahr!

□ Litze niemals auf Sockelleisten auftackern; die Klammern könnten die Isolierung beschädigen und mit den nackten Adern Kontakt bekommen.

□ Brüchige oder beschädigte Litze immer durch Litze des richtigen Typs ersetzen. Litzen niemals mit Isolierband verbinden oder ausbessern.

□ Alles Elektromaterial und -zubehör muß den DIN-Normen und den Bestimmungen des VDE (Verband Deutscher Elektrotechniker) entsprechen und das VDE-Zeichen tragen.

□ Niemals Einzelteile oder Material verwenden, das bereits abgenutzt ist.

□ Niemals einen Stromkreis durch das Anschließen von mehr Lampen oder Steckdosen überlasten, als die Auslegung des Stromkreises zuläßt.

□ Niemals Leitungen aus dem Haus nach draußen verlegen, etwa für Anschlüsse in Garagen, Gewächshäusern oder an Swimmingpools. Solche Arbeiten immer zugelassenen Elektrikern übertragen.

□ Um die langfristige Sicherheit der ausgeführten Elektroarbeiten zu gewährleisten, die Arbeiten vorschriftsmäßig ausführen und keinen Arbeitsschritt zur Vereinfachung oder Abkürzung des Verfahrens auslassen. Es ist unbedingt zu beachten, daß jeder Elektriker nach Abschluß von Elektroarbeiten ein nach VDE vorgeschriebenes Prüfprogramm durchführen muß (Messungen nach VDE 705).

Der gefährlichste Raum im Haus

Die unmittelbare Nachbarschaft von Strom- und Wasserleitungen machen das Badezimmer zum gefahrenträchtigsten Raum eines Haushalts. Daher unterliegen Badezimmer bzw. grundsätzlich alle Naßräume ganz besonders scharfen Schutzbestimmungen.

□ In Bade- oder Duschräumen dürfen laut VDE-Bestimmungen innerhalb festgelegter Schutzbereiche um Wanne oder Dusche von 60 cm Breite und Tiefe sowie 225 cm Höhe keine Leitungen unter Putz verlegt werden. Ausgenommen hiervon sind lediglich Kabelleitungen für fest installiertes Zubehör, z. B. Rasierersteckdosen. Für solche Teile müssen die Kabelzuführungen vertikal von oben oder unten an die Anschlüsse geführt und von hinten angeschlossen werden. Innerhalb der Schutzbereiche dürfen nach den VDE-Bestimmungen keine Schalter oder Steckdosen installiert werden, ausgenommen sind Einbauschalter an „Verbrauchsmitteln“ wie Heißwasserboilern.

□ Lichtschalter gehören nicht in Badezimmer. Lampen im Bad oder Duschraum müssen von Schaltern außerhalb des Raumes bedient werden. Das gilt nicht für schutzisolierte Badezimmerschrank- und Spiegelleuchten.

□ Leitungen, die zur Versorgung anderer Räume dienen, dürfen niemals durch Bad oder Dusche führen.

□ Innerhalb des Badezimmers nur schutzisolierte Geräte verwenden.

□ Niemals ein Gerät – z. B. einen Fön – mit in das Bad nehmen, das außerhalb des Raumes an eine Steckdose mit normaler Netzspannung angeschlossen ist.

□ Alles Elektrozubehör mit äußeren leitenden Metallteilen – etwa ein beheizter Handtuchhalter – muß geerdet werden. Metallteile, die nichts mit der Elektrik zu tun haben (wie Wannen und Becken aus Gußeisen oder Heizkörper), mit einer Potentialausgleichsleitung verbinden.

□ Falls in einem anderen Raum als dem Bad eine Dusche eingebaut werden soll, müssen die Vorschriften über die Schutzzone und alle anderen Bestimmungen für Badezimmer beachtet werden. Für diese Arbeit einen Fachmann hinzuziehen.

Abisolieren von Litzen und Kabeln

Eine elektrische Verbindung wird hergestellt, indem die stromführenden Leitungen (Litzen oder Kabel) an die Klemmen von Schalter, Steckdose oder Stecker angeschlossen werden. Um den Leitungsstrang dafür vorzubereiten, müssen der Mantel der Leitung und die Isolierung der einzelnen Adern entfernt werden. Die freigelegten Kupferdrähte können dann an den Anschlußklemmen befestigt werden.

Man kann zum Abziehen des Mantels ein Universalmesser benutzen, das Abisolieren der Leitungsadern sollte jedoch weder mit einer Schere noch mit einem Messer geschehen. Dafür gibt es Abisolierzangen *(S. 89)*: Sie sind ein Spezialwerkzeug und arbeiten akkurater. Da man sie genau auf den Durchmesser der jeweiligen Ader einstellen kann, bricht die Ader nicht so leicht. Beim Einschneiden des Mantels unbedingt darauf achten, daß die Aderisolierung nicht angeritzt wird. Kurzschluß- und Brandgefahr!

Der äußere Mantel sollte nur von dem Stück Kabel oder Litze entfernt werden, das in Schalter, Stecker oder Steckdose verbleibt. Doch sollte vorsichtshalber auch innerhalb solcher Teile etwa 10 mm äußere Ummantelung stehengelassen werden. Von den Adern höchstens 10 mm Isolierung abstreifen: zu lange nackte Adern können sich innerhalb des Anschlußteils berühren und einen Kurzschluß verursachen. Besteht die Litzenader aus mehreren Drähten, müssen sie fest verdrillt, besser noch: verlötet werden – besonders bei der Verwendung von Schraubklemmen. Um Litzen optimal anzuschließen, sollten immer Klemmen richtiger Größe gewählt werden, d. h. die Bohrungen der Schraub- oder Federklemmen müssen dem Aderquerschnitt entsprechen. Die Adern werden immer gerade in die Kontaktbohrungen geführt, nur sehr dünne Adern werden einmal umgebogen. Bei Schraubkontakten in Steckern werden die Adern – je nach Steckertyp – um die Schrauben herumgeführt oder gerade in die Kontaktbohrung gesteckt *(S. 102)*.

1 Den Mantel abziehen. Zuerst das Stück markieren, das abisoliert werden soll. Mit einem Universalmesser den Leitungsmantel der Länge nach bis zu der markierten Stelle einschneiden und dabei darauf achten, daß die Isolierung der Adern nicht verletzt wird. Passiert das doch, Kabel oder Litze an der angeritzten Stelle abschneiden und neu beginnen.

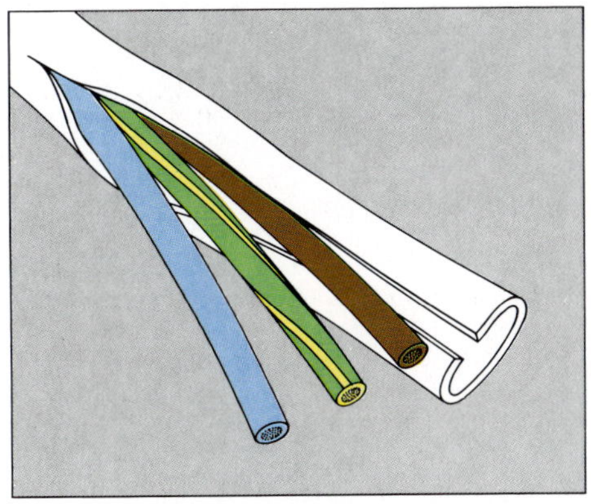

2 Den Mantel abschneiden. Den aufgeschnittenen Mantel von den isolierten Aderenden zurückstreifen und das Stück so weit wie möglich umbiegen. Messer in den Falz führen und das Stück Mantel abtrennen. Mit dem Messer immer vom Körper weg arbeiten.

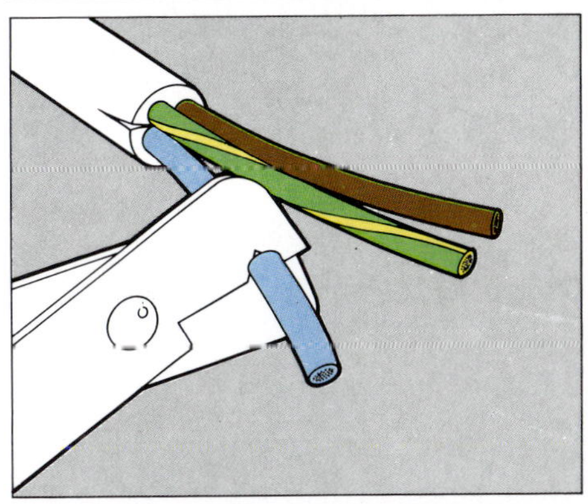

3 Die Adern abisolieren. Die Abisolierzange auf den Durchmesser der Adern einstellen. Immer nur eine Ader zur Zeit in die Zange legen und die Kunststoffisolierung unter leichtem Vor- und Zurückdrehen des Werkzeugs abziehen. Alle Adern in gleicher Länge abisolieren.

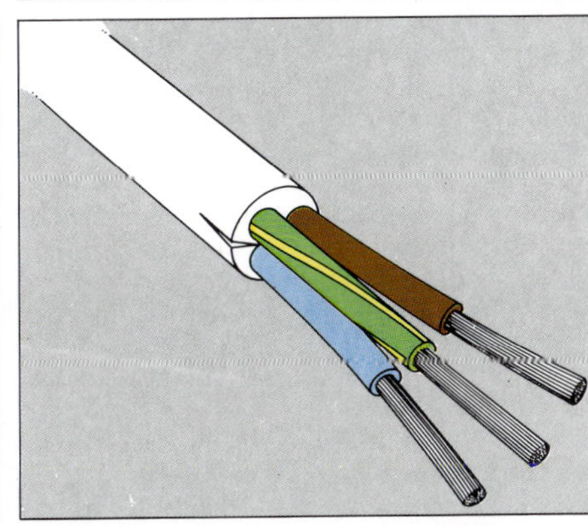

4 Die Adern vorbereiten. Die feinen Kupferdrähte der jeweiligen Adern – der Phase sowie der Neutral- und Schutzleiter – mit den Fingern fest verdrillen oder besser noch verlöten, so daß jede der drei Adern möglichst kompakt ist und die Drahtenden nicht abstehen und einen Kontakt zur anderen Ader herstellen.

Das richtige Verdrahten eines Steckers

Viele elektrische Geräte werden heute mit fest an die Leitungsschnur angespritzten Steckern auf den Markt gebracht. Es ist jedoch sehr nützlich, einen Stecker selbst verdrahten zu können, Stecker können brechen oder abreißen und müssen dann ersetzt bzw. neu angeschlossen werden.

Ist das anzuschließende Gerät schutzisoliert (also mit dem internationalen Symbol zweier ineinanderliegender Quadrate gekennzeichnet), darf kein Schutzleiter angeschlossen werden. Für solche Geräte eine Leitung mit angespritztem (fest verbundenem) Stecker besorgen. Die Praxis, die zweiadrige Litze mit einem Schukostecker zu verbinden und dessen Erdungsklemme frei zu lassen, ist nach allen Bestimmungen und Vorschriften unzulässig! Schutzisoliert sind die meisten Küchenmaschinen, Elektrowerkzeuge und vor allem Elektrogeräte, die im Badezimmer benutzt werden.

Bei Geräten ohne Schutzisolierung müssen immer Gerätestecker mit Schutzerdungsanschluß verwendet werden *(rechts)*, d. h. der gelb-grüne Schutzleiter der dreiadrigen Gerätelitze wird in der Erdungsklemme im Stecker befestigt. Diese Klemme ist mit dem internationalen Symbol für die Schutzerdung ⏚ gekennzeichnet.

Auf dem Markt werden viele unterschiedliche Steckermodelle aus den verschiedensten Materialien zum Verkauf angeboten. Doch die Art, wie Stecker angeschlossen werden, ist im wesentlichen immer die gleiche. Zuerst die Litze für den Anschluß vorbereiten: die letzten 50 mm des Kunststoffmantels entfernen, um die einzelnen Leitungsadern freizulegen *(S. 101)*. Dann mit einer Abisolierzange vorsichtig jeweils höchstens 10 mm Isolierung von den Adern abziehen. Die feinen Aderdrähte jeweils fest verdrillen, damit die Drahtenden nicht hervorstehen und die Adern dadurch miteinander Kontakt bekommen. Kurzschlußgefahr!

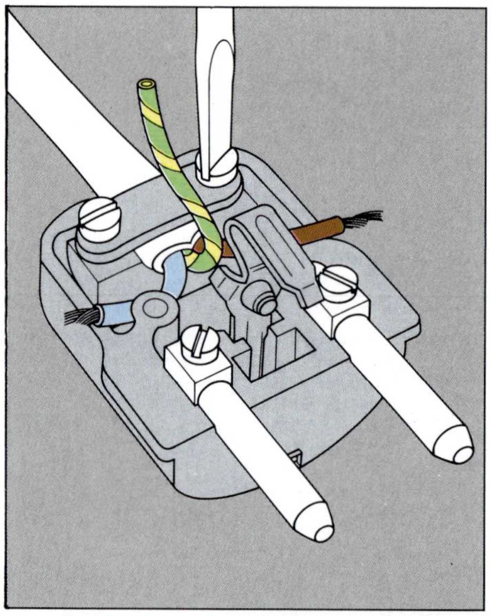

1 **Eine Leitungsschnur richtig befestigen.** Zuerst die Schraube lösen, die die beiden Steckerhälften zusammenhält und die Zugentlastungsklemme durch das Herausdrehen einer der zugehörigen Schrauben und durch Lockern der zweiten öffnen. Dann 50 mm Mantel von der Litze entfernen und sie so in die Zugentlastungsklemme legen, daß sie nicht über den Adern, sondern über dem Stück mit intaktem Mantel faßt. Die Schrauben der Zugentlastungsklemme gleichmäßig fest anziehen.

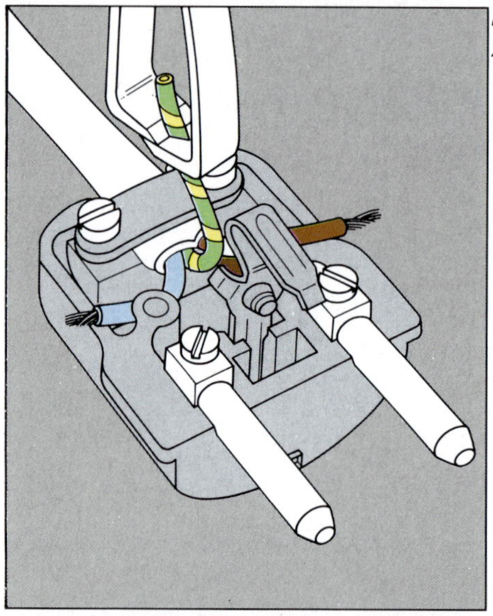

2 **Die Litzenadern freilegen.** Phase und Neutralleiter für den Vorratsbogen etwa 5 mm länger belassen, als das für das Einlegen in die Anschlußklemmen nötig ist. Den Vorratsbogen des Schutzleiters etwas größer wählen, damit bei einem Abreißen des Steckers die Erdung zuletzt unterbrochen wird. Mit einer Abisolierzange von jeder Ader vorsichtig etwa 10 mm Isolierung abziehen. Die Drahtenden der Adern jeweils fest verdrillen, so daß keine Drahtenden mehr abstehen. Nur bei sehr dünnen Adern die Aderenden umbiegen.

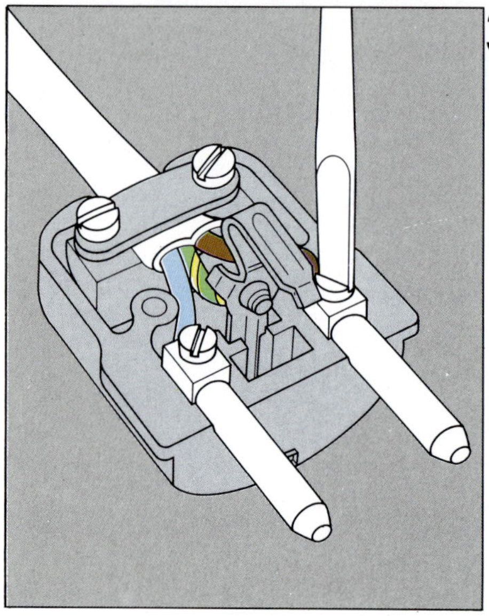

3 **Die Adern befestigen.** Die Schrauben der Anschlußklemmen lockern. Das vorbereitete Ende jeder einzelnen Ader in das Einführungsloch des Kontaktes stecken. Dabei unbedingt darauf achten, daß der gelb-grün gekennzeichnete Schutzleiter in die mit dem Schutzerdungssymbol versehene Klemme geführt wird. Die Schrauben gut, aber nicht zu fest anziehen; sonst wird die Ader zerdrückt. Überprüfen, ob alle Adern gut sitzen und die Drahtenden der Adern nicht abstehen. Die Steckerhälften wieder zusammenfügen und verschrauben.

Leitungsschnur verlängern

Es ist nützlich zu wissen, wie man eine Leitungsschnur verlängert, d. h. mit einem zweiten Stück Leitungsschnur verbindet, um den Funktionsbereich von beweglichen Elektrogeräten, z. B. von Tisch- oder Stehlampen oder Staubsaugern, zu vergrößern oder die Leitungsschnur großer und schwerer Geräte bis zu einer Steckdose zu führen. Es gibt verschiedene Möglichkeiten, um eine sichere Verbindung herzustellen.

Die Verlängerungsschnur kann an eine Steckdosenbox (Mehrfachsteckdose) angeschlossen werden, die eine oder mehrere Schukosteckdosen enthält. Die Box hat einen flachen Boden, so daß sie nicht rollt oder kippt und dadurch den Stecker lockert. Den Stecker an der Geräteschnur lassen und einfach in eine der Steckdosen stecken. Bei gleichzeitiger Benutzung mehrerer Steckdosen nicht den Stromkreis überlasten.

Verlängerungskupplungen bestehen aus Stecker und Dose; die Verbindung kann also wie an der Steckdosenbox leicht wieder gelöst werden, indem man den Stecker herauszieht. Die Kupplungsdose muß sich immer an dem Teil der Schnur befinden, die mit einem Schukostecker an das Netz angeschlossen wird. Der Kupplungsstecker gehört an die Geräteschnur.

Es ist äußerst gefährlich, den Kupplungsstecker an die Verlängerungsschnur zu montieren: Wenn man einen Stecker an das Netz anschließt, stehen die Kontaktstifte des anderen Steckers unter Spannung und man würde bei Berührung der Stifte einen elektrischen Schlag erhalten.

Eine dritte Möglichkeit zur Verlängerung von Leitungsschnur bietet die Lüsterklemme, bei der einander gegenüber angeordnete Anschlußschrauben die Aderenden festhalten. Die Adern werden durch Bohrungen an den Schmalseiten in die Klemme eingeführt. Den Kontakt stellt ein Messingstreifen innerhalb der Kunststoffklemme her. Obwohl die Schraubenköpfe in Kunststoffkragen versenkt sind, garantieren die Kragen keine vollständige Isolierung. Sie sind nicht berührungssicher! Lüsterklemmen dürfen daher nur dort verwendet werden, wo sie nicht ohne weiteres berührt werden können, z. B. in der Rosette einer Hängeleuchte *(S. 106)*.

Unabhängig von der Verbindungsart darf immer nur Leitungsschnur desselben Typs verbunden werden, d. h. zweiadrige Litze nur mit zweiadriger, dreiadrige nur mit dreiadriger. Außerdem muß sorgfältig darauf geachtet werden, daß die Adern immer ihre bestimmte Funktion behalten. Sonst geht die Orientierung darüber verloren.

Bevor man jedoch eine der drei Verbindungsarten wählt, sollte man überlegen, ob es nicht lohnt, das Gerät mit einer längeren Leitungsschnur zu versehen oder eine zusätzliche Steckdose zu installieren – wenn das Gerät sehr häufig benutzt wird. Auf jeden Fall dürfen Verlängerungsleitungen nicht quer über Durchgänge führen, unter Teppichen liegen oder Kindern zugänglich sein. Es besteht Stolpergefahr und Abnutzungsgefahr. Eine Litze mit beschädigtem Mantel kann leicht einen Brand verursachen!

Eine Kupplung anschließen. Stecker und Dose öffnen. Die Verlängerungsschnur (die zum Netz führt) abisolieren und unter die Zugentlastungsklemme schrauben *(gegenüber)*. Die Adern auf richtige Länge zurückschneiden und etwa 10 mm abisolieren. Die Aderdrähte verdrillen oder verlöten und in den Anschlußklemmen befestigen *(gegenüber, Arbeitsschritt 3)*. Dann das Ende der Geräteschnur vorbereiten und an den Kupplungsstecker anschließen. Beim Anschließen der Drähte darauf achten, daß der Schutzleiter nur an der mit dem Schutzerdungssymbol gekennzeichneten Klemme befestigt wird. Alle Anschlußschrauben noch einmal nachziehen und die Gehäusehälften anschließend zusammenschrauben. Nach den VDE-Bestimmungen muß anschließend ein Prüfprogramm durchgeführt werden *(S. 100)*.

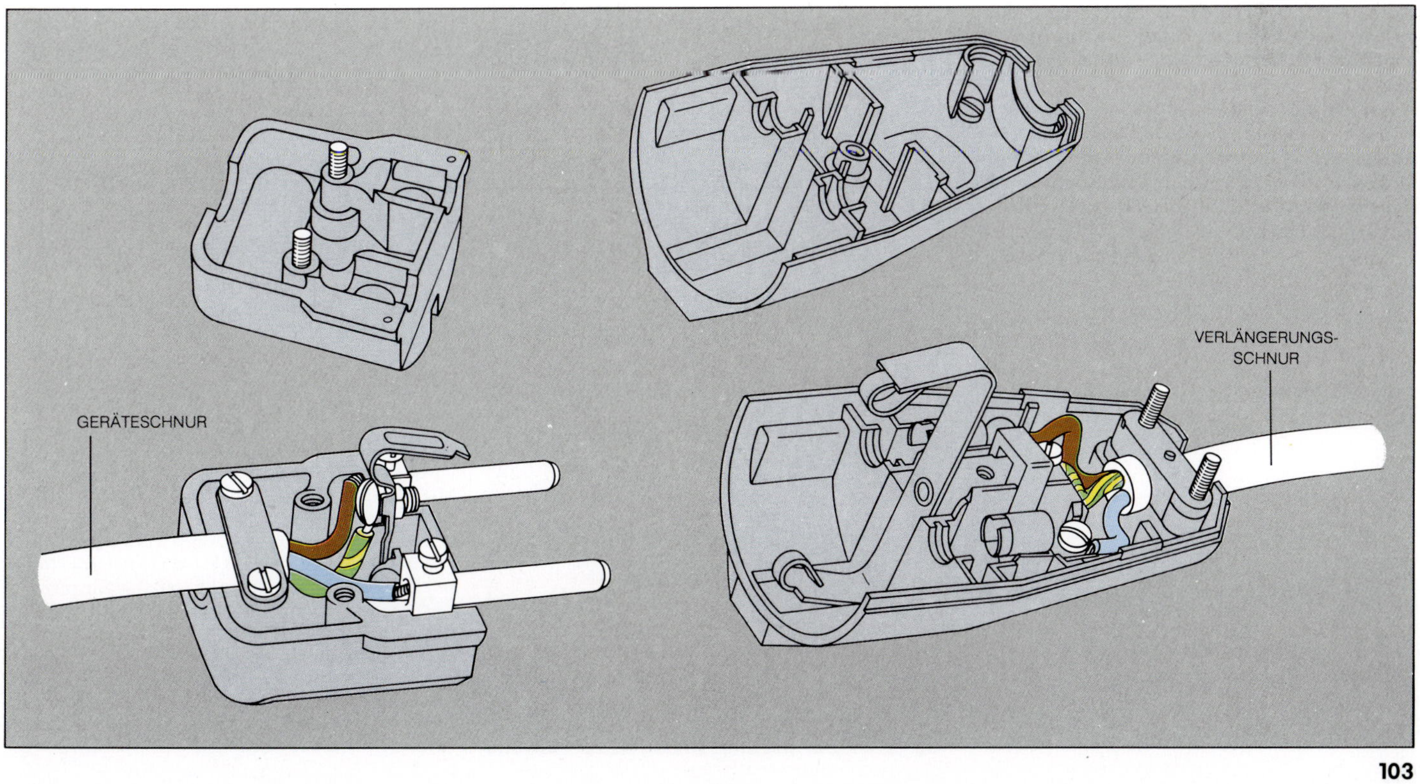

Neuverdrahtung einer Lampe

Obwohl es eine große Auswahl von Tischlampen unterschiedlichster Form und Größe gibt, sind die Konstruktion und das Zubehör im wesentlichen gleich. Hauptbestandteil sind die Fassung – oft mit integriertem Schalter –, der Lampenfuß, die Leitungsschnur und der Stecker.

Eine typische Lampenfassung besteht aus drei Teilen: einem Oberteil mit Schraubfassung, einem Einsatz mit den Kontakten für die Glühlampe und den Anschlußklemmen für die Leitungsschnur sowie einem Unterteil, das die Fassung mit dem Lampenfuß verbindet – oft mittels einer Gewindebuchse. Wenn Lampenfassungen einen integrierten Schalter haben, befindet er sich im Einsatz.

Eine Lampenfassung besteht entweder aus Metall oder Kunststoff. Beim Anschließen der Litzen sind beide Typen jedoch unterschiedlich zu behandeln. Lampen mit Metallfassung müssen mit einem Schutzleiter geerdet werden *(rechts)*, damit der Benutzer an ihnen keinen elektrischen Schlag erhält. Einige Lampen mit Kunststoffassung brauchen – vorausgesetzt, daß alle wesentlichen Teile auch aus Kunststoff bestehen, d. h. die Lampen dadurch schutzisoliert sind – nicht geerdet zu werden.

Die häufigsten Reparaturen bestehen im Auswechseln einer Fassung – weil entweder die alte beschädigt oder der Schalter defekt ist – und im Austauschen einer abgenutzten bzw. zu kurzen Leitungsschnur. Soll anstelle einer Metallfassung eine Kunststoffassung eingesetzt werden, muß man folgendes beachten: Wenn nicht absolut sicher ist, daß die Lampe als schutzisoliert gelten kann, immer eine Fassung wählen, an die ein Schutzleiter angeschlossen werden kann. Braucht eine Lampe tatsächlich nicht geerdet zu werden, als Leitungsschnur auch eine zweiadrige Litze wählen. Bei der Verwendung von dreiadriger Litze ist es unzulässig, den Schutzleiter abzuknipsen.

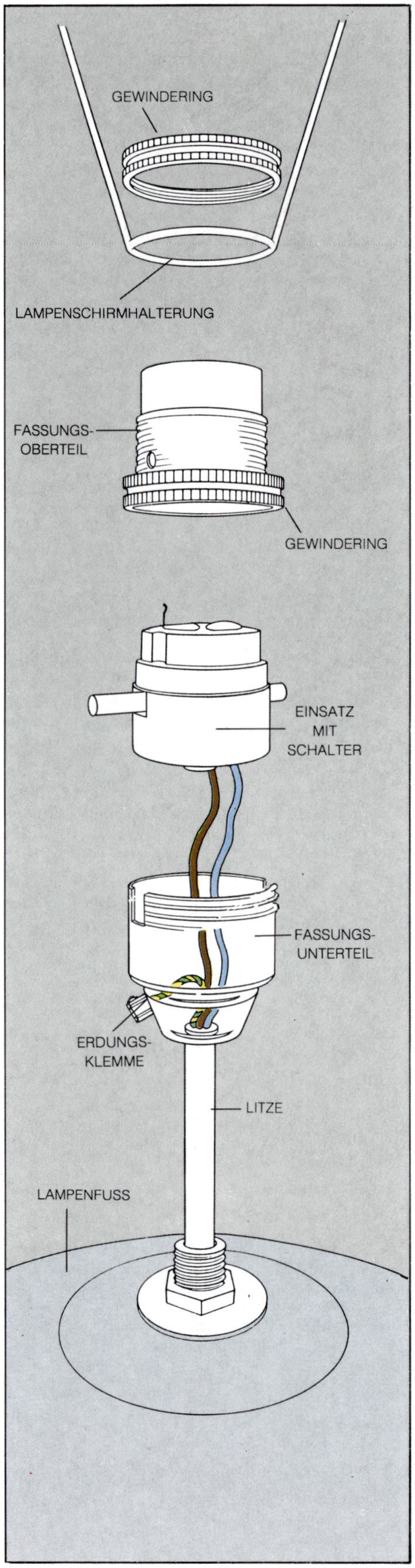

Eine geerdete Lampe. Diese Zeichnung zeigt die einzelnen Teile einer typischen Tischlampe mit Metallteilen. Ein auf die Fassung geschraubter Gewindering *(oben)* hält den Lampenschirm. Das Oberteil der Lampenfassung ist ebenfalls mit einem Gewinde versehen: Es wird mit dem Unterteil so zusammengeschraubt, daß der Einsatz mit den Kontakten und dem Schalter völlig umschlossen wird. Die Leitungslitze wird vom Lampenfuß aus *(unten)* durch den Lampenstab geschoben. Der Schutzleiter der Litze wird innerhalb der Fassung an einer Erdungsklemme befestigt, während Phase und Neutralleiter an die Klemmen unterhalb des Schalters angeschlossen werden.

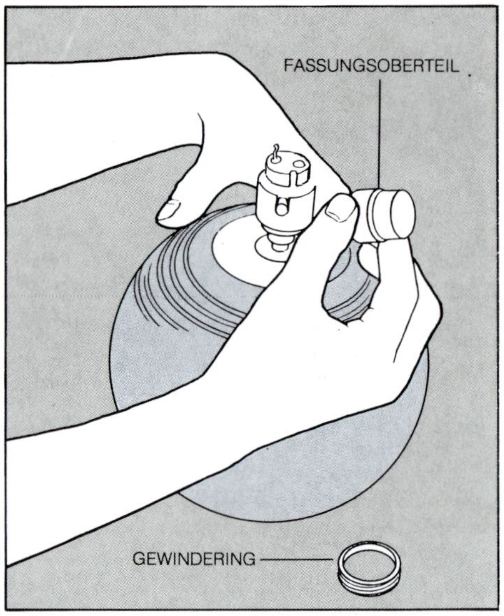

1 Eine Fassung zerlegen. Zuerst immer den Netzstecker ziehen. Den Gewindering abschrauben und den Lampenschirm abnehmen. Ober- und Unterteil der Fassung auseinanderschrauben. Das Oberteil abnehmen, damit der Einsatz mit den Anschlußklemmen und den Kontakten für die Glühlampe freigelegt wird.

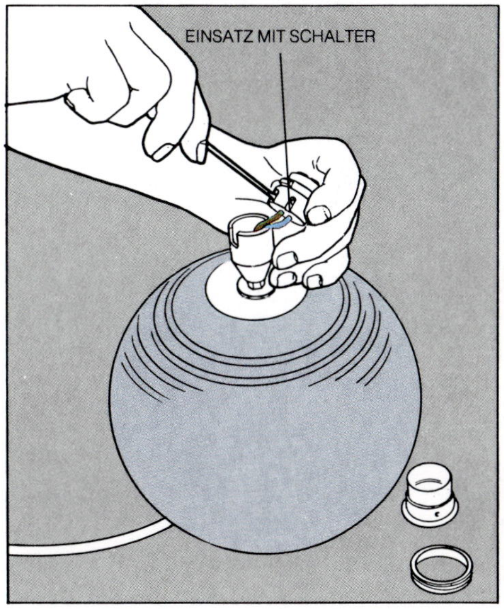

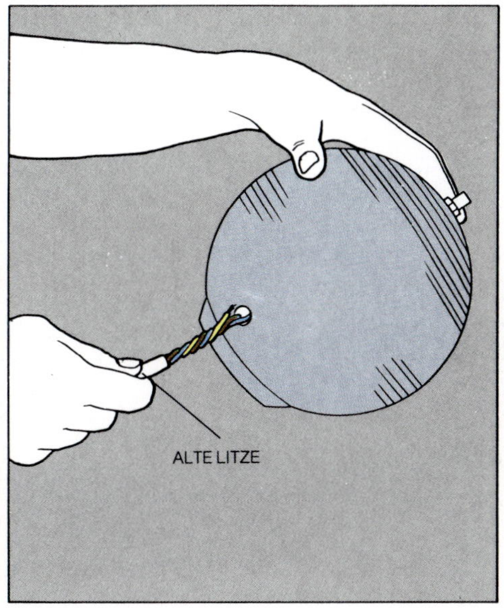

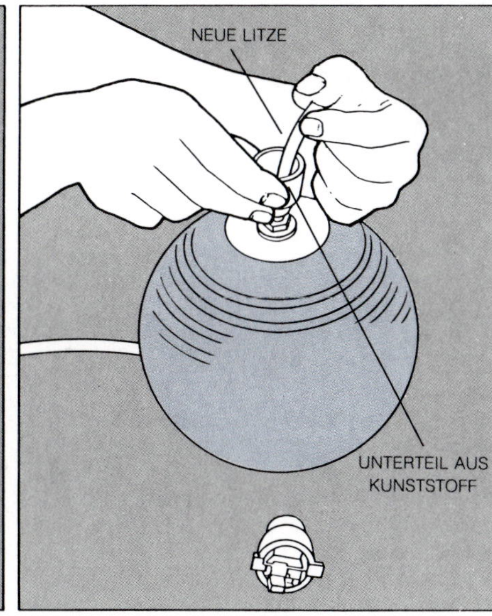

2 Die Litzenadern lösen. Als erstes die Erdungsklemme – einen kleinen Vorsprung auf dem Unterteil der Lampenfassung – aufschrauben und den Schutzleiter lösen. Die Litze von unten her etwas hochschieben, damit der Einsatz mit den Adern etwas hochgezogen werden kann. Phase und Neutralleiter durch Aufschrauben der beiden Anschlußklemmen lösen und herausziehen *(oben)*. Dann das Unterteil der Fassung abschrauben.

3 Die alte Leitungsschnur entfernen. Die Litze durch die untere Öffnung des Lampenfußes ganz aus der Lampe ziehen. Die neue Leitungsschnur bzw. Litze durch eine PVC- oder Gummimuffe ziehen und durch den Lampenfuß schieben, bis sie aus der oberen Öffnung hervorragt. Die PVC-Muffe verhindert, daß die Litze am Lampenfuß beschädigt wird.

4 Die Litzenadern vorbereiten. Ausreichend Litze durchziehen, um daran arbeiten zu können. Dann die Litze durch das Fassungsunterteil ziehen und dieses Teil auf den Lampenfuß schrauben. Den Litzenmantel so weit wie nötig entfernen und die Adern etwa 10 mm weit abisolieren. Die Aderdrähte jeweils fest verdrillen oder verlöten, damit keine Enden abstehen und einen unerwünschten Kontakt zur anderen Ader herstellen.

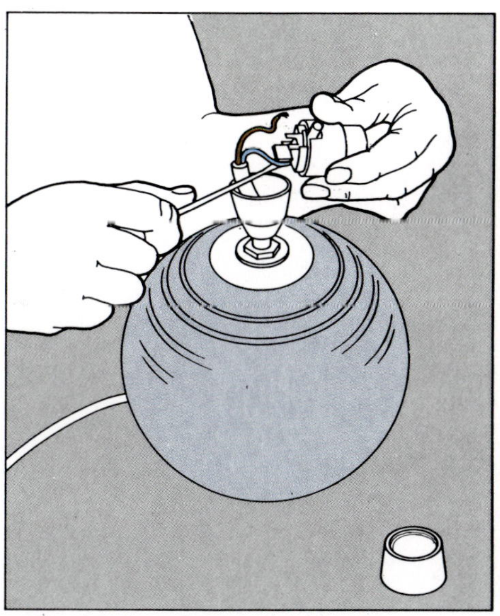

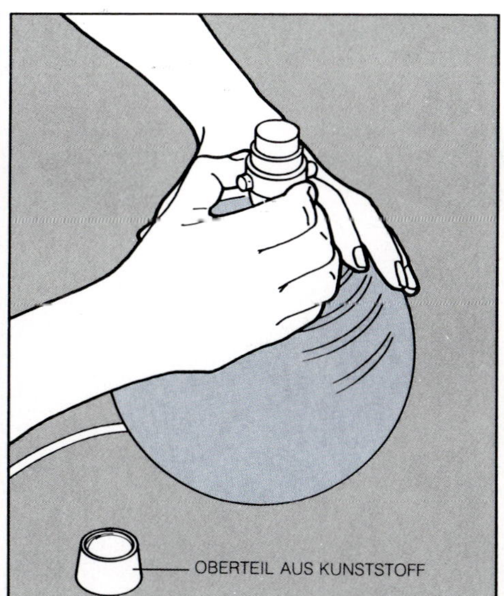

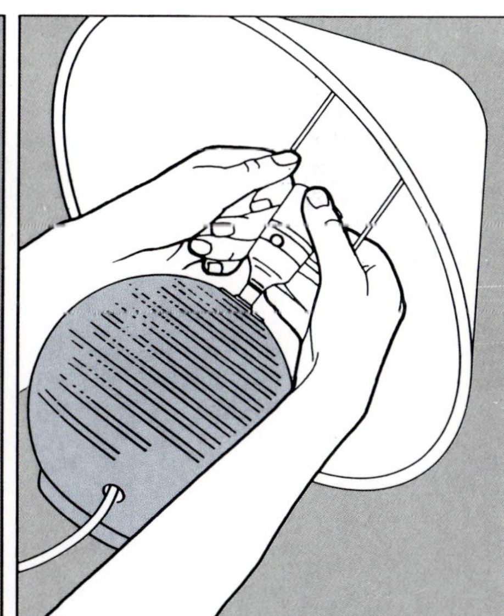

5 Die Adern anschließen. Die freien Enden von sowohl Phase als auch Neutralleiter wahlweise in je eine der Anschlußklemmen unterhalb des Schalters und der Kontaktplatte der neuen Fassung einführen. Die Schrauben der Klemmen festziehen, damit die Drähte sicher befestigt sind. Falls eine Erdung erforderlich ist *(S. 104)*, den Schutzleiter an die Erdungsklemme anschließen. Die Abbildung zeigt eine Lampe, die aus Kunststoff besteht und deshalb als schutzisoliert gilt.

6 Die Fassung befestigen. Die Leitungsschnur um das Stück, das über das Fassungsunterteil ragt, durch den Lampenfuß zurückziehen, bis der angeschlossene Einsatz der Fassung vollständig im Fassungsunterteil liegt.

7 Den Lampenschirm befestigen. Den Lampenschirm mit der Halterung über den oberen Rand des Fassungseinsatzes streifen, mit einer Hand festhalten und mit dem Fassungsoberteil festschrauben. Die Fassungsteile nicht zu fest verschrauben, damit sie nicht springen.

Hänge- und Wandlampen

Eine der einfachsten Möglichkeiten, den Eindruck eines Raumes zu verändern, besteht darin, eine unmoderne Beleuchtung durch eine neue zu ersetzen. Man unterscheidet zwei Typen von fest installierten Beleuchtungskörpern: Hängelampen *(rechts)* und Decken- oder Wandlampen *(gegenüber, unten)*.

Die meisten Hängelampen werden an einen in die Decke gedübelten Haken gehängt und die frei hängende Leitungsschnur bzw. Litze zur Zugentlastung über eine Öse geführt. Die Lampe darf nie lediglich an der Lüsterklemme hängen! Da die meisten Lampenfassungen aus Kunststoff sind, werden diese Lampen nicht geerdet. Ihre Leitungsschnüre sind daher zweiadrig. Bei Verwendung einer Metallfassung muß man eine dreiadrige Litze mit Schutzleiter benutzen und die Fassung erden.

Wand- und Deckenlampen werden mit ihrem Sockel direkt an der Wand oder Decke befestigt. Obwohl es viele verschiedene Modelle gibt, haben alle Leuchten eine stabile Sockelplatte und eine Fassung, und sie werden alle auf die gleiche Art an das Netz angeschlossen. Das Decken- oder Wandkabel wird durch eine Öffnung in der Sockelplatte geführt und direkt an die Fassung angeschlossen. Der Schutzleiter muß an der gekennzeichneten Erdungsklemme in der Sockelplatte befestigt werden.

Wandlampen müssen unmittelbar über der Unterputzdose befestigt *(ganz rechts, unten)* und die Leitungen wie bei Unterputzsteckdosen verbunden werden. Die Anschlußdosen sind bei bestimmten Anbringungshöhen als Schutzmaßnahme vorgesehen, damit bei Renovierung oder Umzug keine losen Kabelenden aus der Wand hängen. In einem solchen Fall muß jede Leitungsader mit einer Lüsterklemme gesichert, in die Wanddose gedrückt und die Dose mit dem Schutzdeckel geschlossen werden. Es gibt aber auch Wandanschlüsse ohne Unterputzdosen. Für Deckenlampen sind Unterputzdosen nicht vorgesehen.

Unabhängig davon, wie die Lampe angeschlossen werden muß, immer die Phase mit der Phase, den Neutralleiter mit dem Neutralleiter verbinden und den Schutzleiter an die vorgesehene Erdungsklemme anschließen. Die Erdung ist unbedingt erforderlich, wenn nicht alle wesentlichen Teile der Leuchte aus nichtleitendem Material (z. B. Kunststoff) bestehen, also als schutzisoliert gelten können. Vor der Montage die Stromzufuhr an den Hauptsicherungen oder dem Hauptschalter unterbrechen *(S. 100)*.

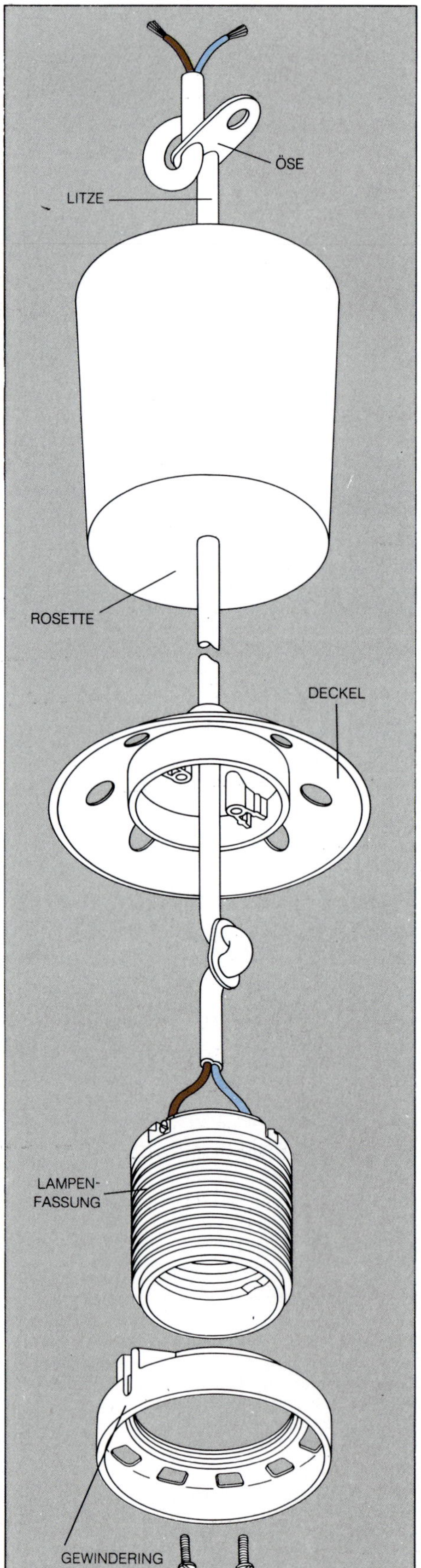

Die Hängelampe. Die Lampenfassung hängt an der Leitungsschnur, über die der Strom vom Deckenkabel durch die Lüsterklemme bis zur Glühlampe geführt wird *(ganz rechts, oben)*. Die Leitungsschnur wird durch eine Öse gefädelt, die die Zugentlastung gewährleistet und an den Deckenhaken gehängt wird. Die Leitungsschnur darf nicht einfach nur über die Lüsterklemme geführt werden. Eine Deckenrosette – eine Art Haube – verdeckt Haken, Öse und Lüsterklemme; sie wird vor dem Anschließen auf die Leitungsschnur gestreift. Die meisten Rosetten sind mit einer Schraubklemme versehen, die sie an der Leitungsschnur in Position halten. Die Leitung führt an die Lampenfassung, die durch einen kappenartigen Deckel abgeschlossen wird. Dieser Lampendeckel schützt die Anschlüsse in der Fassung; er ist durch Federn oder Schrauben befestigt.

Eine Hängelampe anbringen

Den Anschluß herstellen. Die Stromzufuhr an den Hauptsicherungen oder dem Hauptschalter unterbrechen. Die alte Lampe abnehmen: Die Schrauben in der Lüsterklemme lösen und die Adern herausziehen. Überprüfen, ob die Adern des Deckenkabels noch fest genug in der Klemme sitzen. Eventuell die Kabeladern neu anschließen. Die Deckenrosette über die Leitungsschnur der neuen Lampe streifen. Dann die Adern der Leitungsschnur 10 mm weit abisolieren, die Aderdrähte jeweils verdrillen oder verlöten. Die Leitungsschnur durch die Öse fädeln und die Öse an den Deckenhaken hängen. Die vorbereiteten Litzenenden in der Lüsterklemme befestigen. Dabei Phase an Phase und Neutralleiter an Neutralleiter anschließen. Den Schutzleiter des Deckenkabels ebenfalls in der Lüsterklemme sichern. Abschließend die Deckenrosette über den Anschluß schieben.

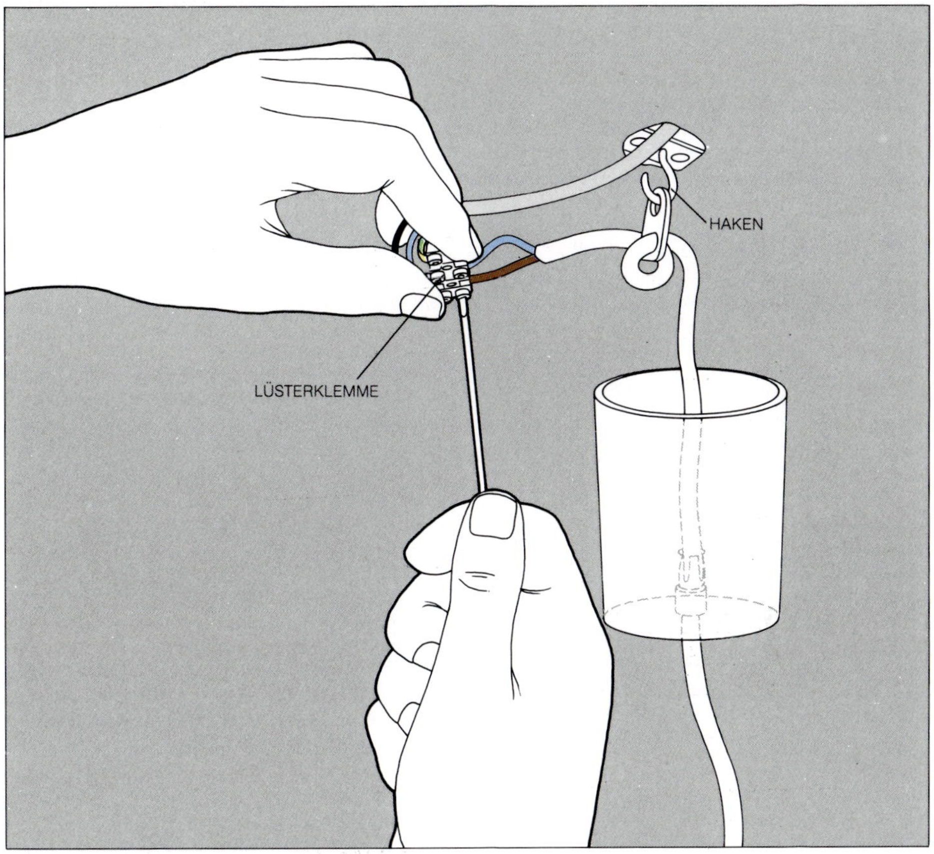

Den Sockel einer Wandlampe auswechseln

Die Position der Sockelplatte festlegen. Die Stromzufuhr an den Hauptsicherungen oder dem Hauptschalter unterbrechen. Den alten Sockel öffnen – er befindet sich in diesem Fall über einer Unterputzdose. Den Anschluß lösen und den Sockel demontieren. Den neuen Sockel auf die Wand halten, das Wandkabel durch die Sockelplatte führen und den Sockel in die richtige Position rücken. Die Bohrlöcher markieren und den Sockel wieder abnehmen. Die Dübellöcher bohren, dann das Wandkabel durch die Sockelplatte führen *(rechts)* und den Sockel an die Wand schrauben. Anschließend die Phase und den Neutralleiter des Wandkabels an die Anschlußklemmen schrauben und den Schutzleiter an die Erdungsklemme auf der Sockelplatte anschließen. Bei schutzisolierten Lampen ist die Erdung nicht erforderlich. Den Schutzleiter des Wandkabels dann in einer gesonderten Klemme sichern und im Sockel lassen.

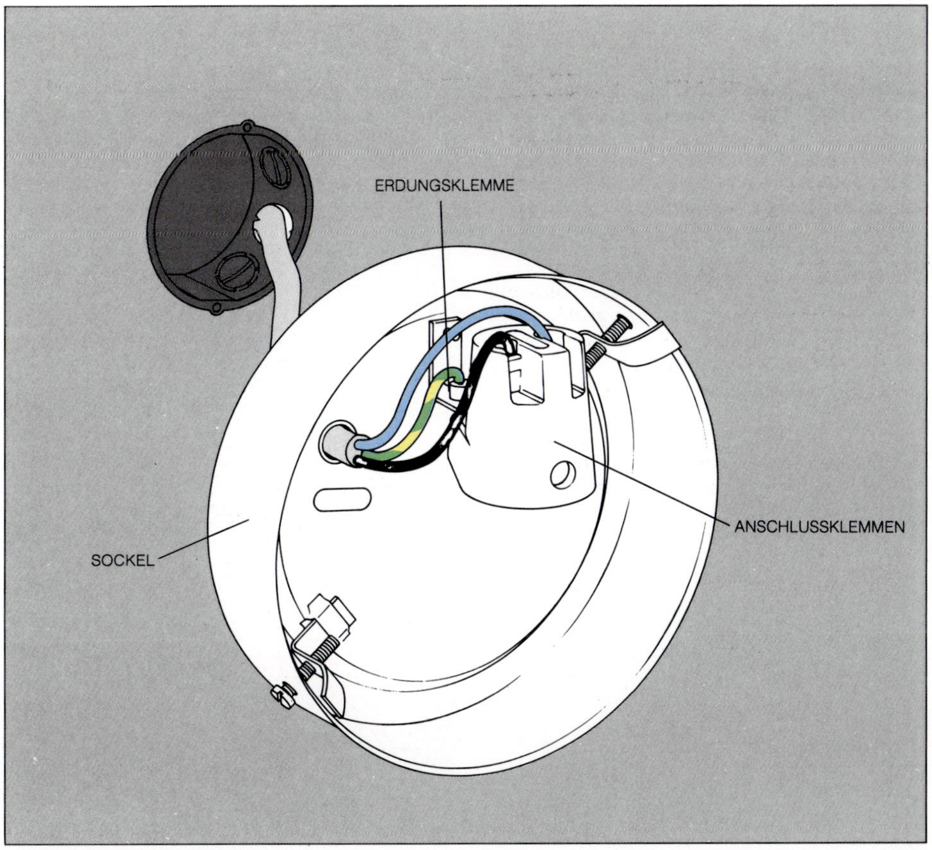

Leuchtstoffröhren zum Energiesparen

Obwohl die Kosten für die Anschaffung und den Einbau von Leuchtstofflampen höher sein können, geben Leuchtstoffröhren nicht nur ein ebenmäßigeres Licht ab als Glühlampen, sondern sparen auch Energie ein. So gibt eine Leuchtstoffröhre bis zu fünfmal soviel Licht wie eine Glühlampe mit gleicher Wattleistung. Bei normalem Gebrauch hat eine Röhre außerdem eine etwa fünfmal höhere Lebensdauer – im Vergleich etwa 7500 Stunden gegenüber 1500 Stunden.

Leuchtstofflampen haben aber auch Nachteile. Die Farbqualität des Lichts entspricht nicht ganz der angenehmen Wirkung von Glühlampenlicht, obwohl einige Röhrentypen dieser Wirkung sehr nahe kommen, z. B. Warmtonröhren. Die Gestaltung der Beleuchtungskörper ist außerdem eingeschränkt durch Form und Größe der Röhren, die entweder lang und gerade oder auch kreisrund bzw. U-förmig sind.

Leuchtstoffröhren arbeiten nach einem völlig anderen Prinzip als Glühlampen. Bei der Glühlampe wird das Licht von einem Wolframfaden ausgestrahlt, der durch den durchfließenden Strom erhitzt und innerhalb kurzer Zeit zum Glühen gebracht wird. Bei der Leuchtstoffröhre wird das Licht von einem Belag fluoreszierender Teilchen auf der Innenfläche der Röhre ausgestrahlt: Sie leuchten auf (fluoreszieren), wenn elektrischer Strom zwischen den zwei Elektroden in den Röhrenenden fließt.

Um diesen Prozeß auszulösen, wird ein zusätzlicher Spannungsstoß benötigt. Bei den üblichen Lampen geschieht das mit Hilfe eines kleinen Vorschaltgeräts in Verbindung mit einem Starter.

Leuchtstofflampen können an die normalen, schon vorhandenen Lichtleitungen angeschlossen werden. Sie sind im allgemeinen leicht zu reparieren, weil ihre Hauptverschleißteile – Röhre und Starter – ohne Schwierigkeit ausgewechselt werden können. Die Ursache der meisten Störungen kann unter Zuhilfenahme der Fehlerdiagnosetabelle auf S. 111 bestimmt werden. Falls die Störung nicht klar erkennbar ist, kann man den Fehler auch herausfinden, indem man die beiden Hauptverschleißteile nacheinander austauscht, aber immer nur eines zur Zeit. Dabei ist darauf zu achten, daß die Ersatzteile in Leistung und Spannung den alten Teilen entsprechen. Zunächst die Röhre auswechseln. Falls der Fehler damit nicht behoben ist, als nächstes probeweise den Starter auswechseln.

Ein dritter wichtiger Bestandteil ist das Vorschaltgerät. Es ist unverwüstlich, wird kaum defekt und ist als Einzelteil auch kaum erhältlich. Falls doch ein Defekt auftritt, wird der Kauf einer kompletten neuen Lampe nur unerheblich teurer. Für den Fall einer Montage: Beim Anschließen des Kabels an das neue Vorschaltgerät die Aderverbindungen eine nach der anderen übertragen und dabei genau das auf dem Vorschaltgerät aufgedruckte Schaltbild beachten. Es kann vorkommen, daß eine Leuchtstoffröhre im Dunkeln bei ausgeschaltetem Schalter leuchtet. Der Grund dafür ist der fehlerhafte Anschluß der Adern: Der Schalter liegt im Neutralleiter. In einem solchen Fall steht die Röhre auch unter Spannung. Lebensgefahr! Den Schalter unbedingt in die Phase legen.

Die meisten Leuchtstofflampen haben Metallgehäuse und müssen daher geerdet werden. Falls in Altbauten noch Kabel ohne Schutzleiter in den Wänden und Decken liegen, ist den Bestimmungen gemäß der Anschluß von Leuchtstoffröhren unzulässig.

Farbvarianten von Leuchtstoffröhren. Die Charakteristika des von den unterschiedlichen Leuchtstoffröhren erzeugten Lichts lassen sich aus der Tabelle rechts ablesen. Farbeigenschaften bzw. die Farbwiedergabe wird besonders dann wichtig, wenn man in einem Raum die vorhandenen Farben mit dem Kunstlicht in Einklang bringen möchte oder wenn man im voraus einschätzen können möchte, wie gut sich das Licht einer bestimmten Leuchtstoffröhre mit dem einer Glühlampe verträgt. Die im Handel am meisten gefragten Leuchtstoffröhren sind entsprechend der Lichtfarben als „Weiß“ oder „Warmton“ klassifiziert. Sie erzeugen auch, gemessen an der Leistung, am meisten Licht. „Warmton-Extra“-Röhren vermitteln eine besonders gute Farbwiedergabe und ein den Glühlampen ähnliches Licht, ergeben aber – gemessen an der Wattzahl – rund 10% weniger Lichtausbeute als die Typen „Weiß“ oder „Warmton“.

Die Wirkung von Lichtfarben auf Raumfarben

Farbton	Farbeigenschaften
Weiß	Betont Gelb und in geringerem Maße auch Grün. Dämpft Rottöne und Blautöne, die zum Violett tendieren. Sachlich neutrale Lichtfarbe, die recht gut mit Glühlampenlicht harmonisiert.
Warmton	Betont Gelb und in abgeschwächter Form auch Grün. Dämpft Rottöne etwas und auch Blautöne, die zum Violett tendieren. Gute Abstimmung mit Glühlampenlicht: eine warmweiße Lichtfarbe.
Warmton-Extra	Betont Gelb und in abgeschwächter Form auch Grün. Dämpft Blautöne etwas. Behaglich warme Lichtfarbe, dem Glühlampenlicht am verwandtesten und mit diesem sehr gut harmonisierend.

Standardlampen mit Starter. Dieser Typ ist die für Wohnraumzwecke am meisten verbreitete Leuchtstofflampe. Sie enthält unter anderem einen Starter: eine kleine, zylindrische Vorrichtung, die neben einer der Fassungen in das Gehäuse eingepaßt ist. Wenn der Starter defekt ist, diesen in das Gehäuse drücken und entgegen dem Uhrzeigersinn drehen, bis der Bajonettverschluß ausrastet. Den neuen Starter in das Gehäuse setzen und unter Druck mit einer Drehung im Uhrzeigersinn einrasten lassen.

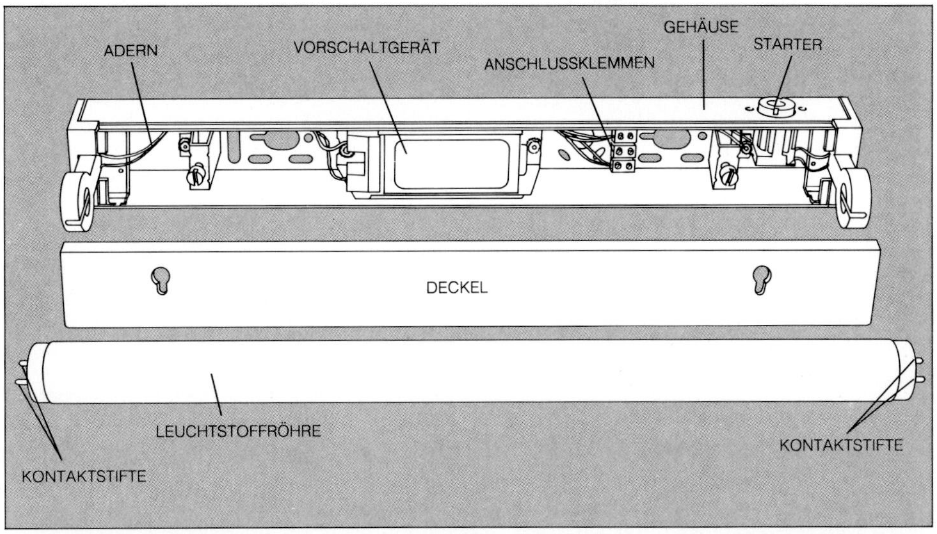

Leuchtstoffbirnen. Als Alternative zu den konventionellen Leuchtstoffröhren gibt es auch kompakte kleine Leuchtstoffbirnen. Sie bestehen aus zwei U-förmigen, in eine Spezialbirne eingepaßte Leuchtstoffröhren, die wie normale Glühlampen in Standardlampenfassungen eingeschraubt werden können. Obwohl diese Kontaktbirnen genausoviel Licht erzeugen wie herkömmliche Glühlampen, verbrauchen sie nur ein Viertel des Stromes. Sie haben außerdem eine fünfmal so hohe Lebensdauer.

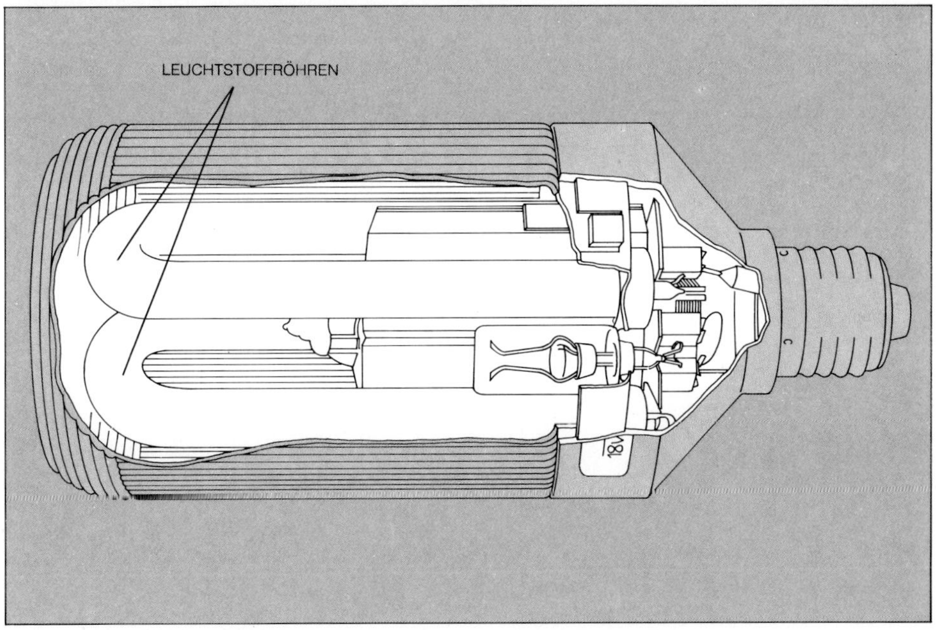

Leuchtstofflampen anbringen

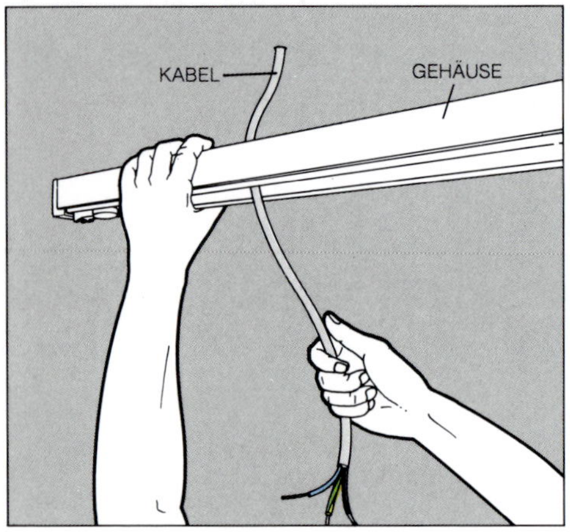

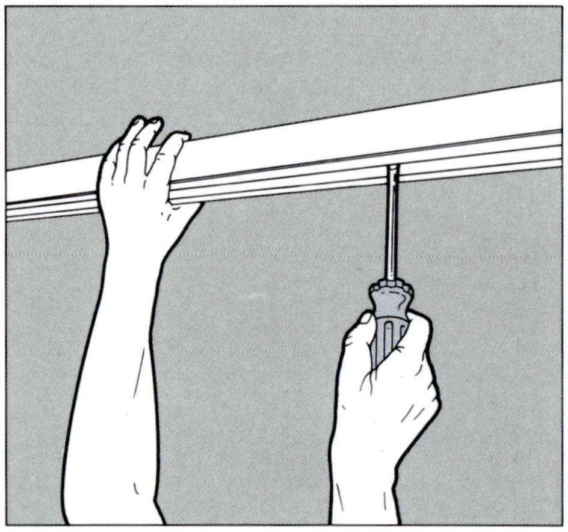

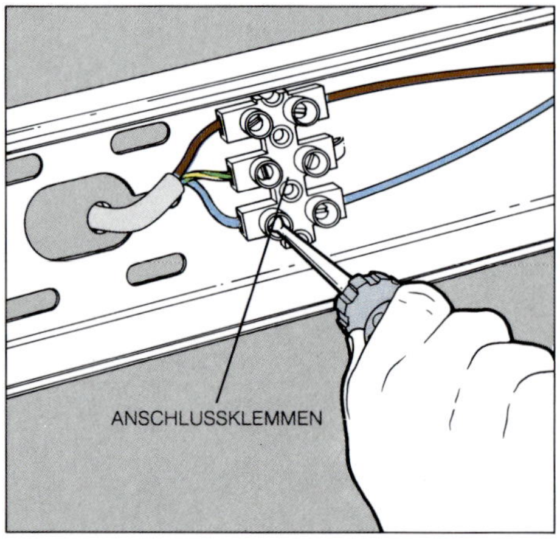

1 Das Deckenkabel einziehen. Den Gehäusedeckel der Lampe entfernen, damit die Grundplatte mit der Kabelöffnung, den Montagefenstern und den Anschlußklemmen zugänglich wird. Dann den alten Deckenlichtanschluß entfernen und das Kabelende durch die Kabelöffnung des Gehäuses führen *(oben)*.

2 Das Gehäuse anbringen. Das Lampengehäuse an die Decke halten, in die gewünschte Position rücken und die Befestigungslöcher an der Decke markieren. Dann die Löcher für die Dübel bohren, die Dübel einsetzen – bei Gipskartonplatten Spreizdübel verwenden – und das Gehäuse anschrauben. Zum Markieren von Holzdecken einen Spitzbohrer verwenden. Falls bei Holzdecken die Befestigungslöcher zwischen zwei tragenden Balken liegen, müssen die Deckenbretter von Balken zu Balken mit einem Brett verstärkt werden *(S. 113)*.

3 Das Deckenkabel anschließen. Das Deckenkabel mit einem Seitenschneider oder einer Kombizange auf die richtige Länge bringen. Die Kabeladern – wie auf S. 101 gezeigt – abisolieren und die Adern an die Anschlußklemmen auf der Grundplatte anschließen: die schwarze Ader (Phase) an die mit L gekennzeichnete Phasenklemme, die blaue Ader (Neutralleiter) an die mit N bezeichnete Neutralleiterklemme und den grün-gelben Schutzleiter an die Erdungsklemme *(S. 102)*.

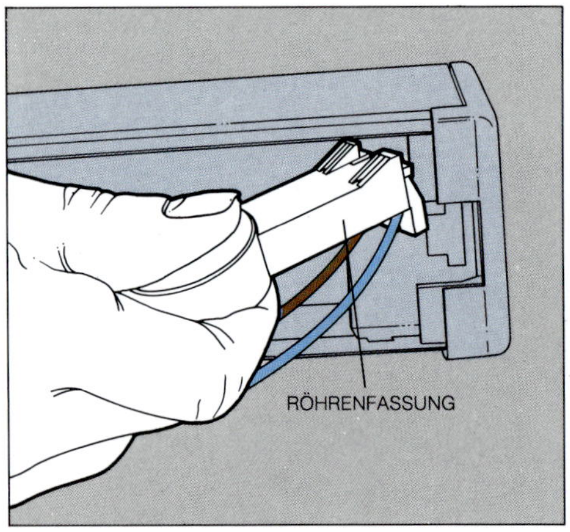

4 Die Fassungen einsetzen. Bei typischen Wohnbereichs-Lampenausführungen wird die Röhre von einem Paar zweipoliger Fassungen gehalten, die bereits vom Hersteller verkabelt und beidseitig auf Trägerblöcke oder -bleche montiert sind. Diese Trägerblöcke in die Halterungen am Ende des Lampengehäuses einhängen. Anschließend den Gehäusedeckel einsetzen bzw. anschrauben.

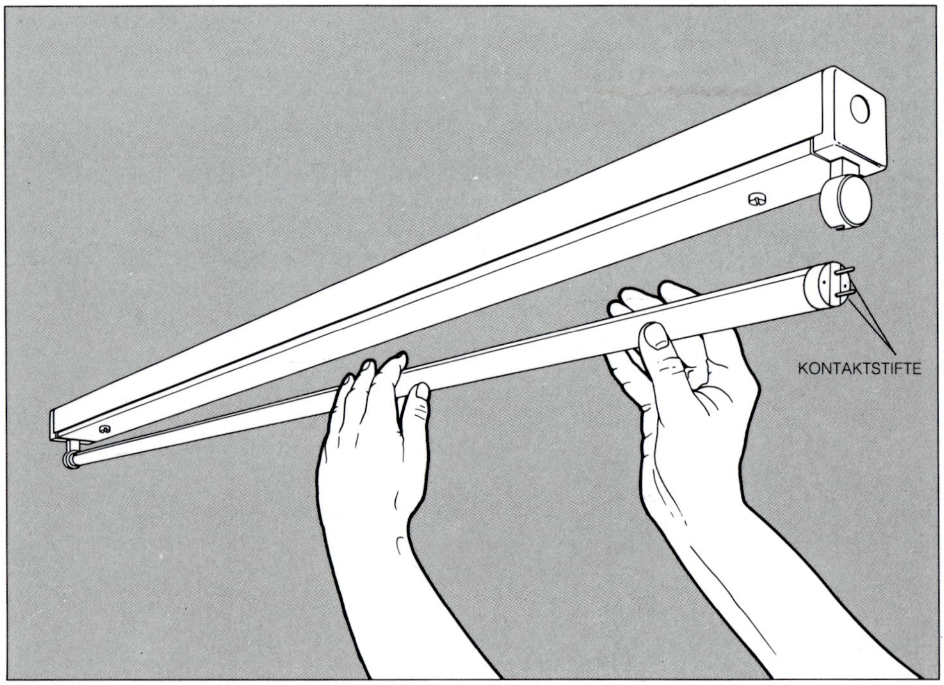

5 Die Röhre einsetzen. Die Steckkontakte an einem Ende der Leuchtstoffröhre in eine der beiden Fassungen am Gehäuse schieben. Mit der anderen Seite genauso verfahren. Die Röhre drehen, bis sie einklinkt. Überprüfen, ob die Röhre fest eingerastet ist, und erst dann das Licht einschalten. Falls die Leuchtstoffröhre mit einer matten Wanne verkleidet ist, auch die Wanne immer vor dem Einschalten anbringen.

Fehlerdiagnose für Leuchtstofflampen

Problem	Mögliche Ursache	Abhilfe
Röhre leuchtet nicht auf	Sicherung durchgebrannt oder ausgeschaltet	Neue Sicherung einsetzen bzw. Sicherungsautomaten einschalten.
	Röhre zu alt	Neue Röhre einsetzen.
	Ungenügender Kontakt zwischen Röhre und Fassung	Röhre gewaltlos in der Fassung drehen, bis sie eingerastet ist.
	Röhre paßt nicht zum Vorschaltgerät	Nachprüfen, ob Wattangaben auf Starter und Röhre übereinstimmen.
	Vorschaltgerät falsch angeschlossen	Anschluß anhand Schaltbild auf dem Vorschaltgerät überprüfen. Falls erforderlich, Vorschaltgerät neu anschließen.
	Defekter Starter	Starter auswechseln.
	Defektes Vorschaltgerät	Vorschaltgerät erneuern.
	Zu geringe Spannung im Haus	Stromspannung im Haus durch das Elektrizitätswerk überprüfen lassen.
	Raumtemperatur unter 10° C	Niedrigtemperatur-Vorschaltgerät einsetzen.
Röhre leuchtet nur an den Enden auf, nicht in der Mitte	Defekter Starter	Starter auswechseln.
	Vorschaltgerät falsch angeschlossen	Anschluß anhand Schaltbild auf dem Vorschaltgerät überprüfen. Falls erforderlich, Vorschaltgerät neu anschließen.
	Raumtemperatur zu hoch oder zu niedrig	Falls Temperatur zu niedrig, Fassungen abschirmen. Falls Temperatur zu hoch, Fassungen ventilieren.
Licht der Röhre flackert oder setzt aus	Bei neuen Röhren normal	Wird normalerweise bei weiterem Gebrauch besser – falls nicht, Starter erneuern.
	Röhrenstecker haben keinen ausreichenden Kontakt mit den Lampenfassungen	Röhre in der Fassung gewaltlos drehen, bis sie eingerastet ist.
	Röhre zu alt	Röhre auswechseln.
	Raumtemperatur unter 10° C	Niedrigtemperatur-Vorschaltgerät einsetzen.
Leuchte macht Brumm- oder Summgeräusche	Anschlüsse des Vorschaltgeräts sind gelockert oder falsch angeschlossen	Adern neu anschließen und Anschluß anhand Schaltbild auf dem Vorschaltgerät überprüfen.
	Falsches Vorschaltgerät	Vorschaltgerät auswechseln: den richtigen Typ und die richtige Wattzahl wählen.
Auffällige Schwärzung an den Enden der Röhre	Röhre zu alt	Röhre auswechseln. Falls die Röhre neu ist, Starter auswechseln.
Leichte Schwärzung an den Enden der Röhre	Röhre ermüdet	Röhre erneuern.
Röhre leuchtet etwas bei ausgeschaltetem Schalter (nur bei Dunkelheit sichtbar); Folgeproblem: Röhre steht unter Spannung – Achtung Lebensgefahr!	Falscher Anschluß der Adern im Schalter: Schalter liegt im Neutralleiter	Adern im Schalter neu anschließen; den Schalter unbedingt in die Phase legen. Liegt der Schalter im Neutralleiter, steht die Röhre unter Spannung *(S. 108)*. Lebensgefahr!

Spotstrahler- und Lichtschienensysteme

Eine einzige Hängelampe in der Zimmermitte gewärleistet in einem Raum von durchschnittlicher Größe wohl häufig eine annehmbare Ausleuchtung, doch es ist unwahrscheinlich, daß sich auch eine vorteilhafte Raumwirkung einstellt. Unter Umständen entsteht ein trüber und ungepflegter Eindruck.

Strahler stellen eine neuartige Möglichkeit der Beleuchtung dar, die sowohl praktische als auch ästhetische Vorteile hat. Da fast alle Modelle mit Schwenkarmen ausgerüstet sind, läßt sich das Licht so ausrichten, wie man es gerade braucht. Das gebündelte Licht, das sie liefern, erleichtert das Lesen, Nähen und alle anderen Arbeiten, die viel Konzentration erfordern. Spotstrahler können aber auch eingesetzt werden, um bestimmte Einrichtungsstücke, wie Kunstgegenstände oder Pflanzen, in einem Zimmer besonders hervorzuheben.

Für Strahler werden vorwiegend vier Glühlampentypen verwendet: normale Glühlampen, silberbeschichtete Kolbenreflektorlampen und Kopfspiegellampen sowie Parabolspiegellampen (PAR-Lampen) mit Aluminiumbeschichtung.

Die meistverwendete Lichtquelle ist die Wolframfaden-Glühlampe; sie sollte zwecks guter Lichtausbeute mit einem reflektierenden Schirm verwendet werden. Der abgegebene Lichtstrahl ist breit und diffus. Doch reicht eine 60-Watt-Glühlampe durchaus zum Lesen aus, sofern sie nicht mehr als 2 m entfernt ist. Zur guten Ausleuchtung einer Tisch- oder anderen Arbeitsfläche gibt bei einem Abstand von 1 m eine 60- bis 100-Watt-Glühlampe genügend Licht.

Am häufigsten werden Spotstrahler wahrscheinlich mit Kolbenreflektorlampen verwendet. Die rückwärtigen inneren Kolbenflächen der Lampe sind silberbeschichtet. Der Lichtkegel ist stark gebündelt und hat – je nach Typ – Ausstrahlungswinkel von 22° oder 35°. Kolbenreflektorlampen werden in gleicher Watt-Stärke angeboten wie Normallampen, bieten aber eine wesentlich bessere Ausleuchtungsmöglichkeit.

Kopfspiegellampen sind auch silberbeschichtet – und zwar in der Kuppel des Lampenglaskörpers. Dadurch wird das Licht auf einen Reflektor innerhalb der Fassung zurückgeworfen und ein Lichtkegel von nur etwa 20° erzeugt. Diese Lampe ist besonders zum Hervorheben bestimmter Objekte oder Raumteile geeignet.

Die Spiegel von Parabolspiegellampen sind auf den gesamten Seitenflächen mit einer besonders wirksamen Reflektorschicht versehen. Es gibt sie in zwei Versionen: mit einem schmalen Ausstrahlungswinkel von nur 15° für Spotstrahler und mit einem 30°-Ausstrahlungswinkel für Flutlichtzwecke. Beide Arten sind in einer wetterunempfindlichen Ausführung erhältlich und für den Innen- wie den Außenbereich verwendbar.

Spotstrahler wurden für die Direktmontage auf Wänden oder Zimmerdecken entwickelt. Sie haben in vielen Fällen einen an der Rückseite offenen Montagefuß, der über einer – sofern vorhanden – Unterputz-Wandanschlußdose befestigt wird. Die Dose, die denselben Durchmesser haben muß wie der Montagefuß des Strahlers, hat eine Öffnung für das Kabel und zwei Ösen für die Befestigungsschrauben. Da sie den elektrischen Anschluß aufnimmt, muß sie aus nichtbrennbarem Material gefertigt sein.

Die Montage von Spotstrahlern ist immer dann sehr einfach, wenn sie an schon vorhandene Deckenanschlüsse angeschlossen wird und wie auf der gegenüberliegenden Seite gezeigt erfolgt. Spotstrahler sind vielseitig einsetzbar: Sie können nicht nur direkt an Wänden oder Decken angebracht werden, sondern auch an Lichtschienen. Solche Schienensysteme wurden ursprünglich für Schaufenster und Ausstellungshallen entwickelt, werden heute jedoch wegen ihres praktischen Nutzens auch für Wohnräume und Flure verwendet.

Eine Lichtschiene ist im Grunde genommen nur eine profilierte Aluminiumleiste und ähnelt einer doppelten Vorhangschiene. Da die drei Leiter massiv sind und durch die ganze Schiene laufen, können die Strahler an jedem gewünschten Punkt der Lichtschiene angeschlossen und dadurch alle Teile eines Raumes ausgeleuchtet werden.

Alle Lichtschienen, die auf Decken oder Wänden montiert werden, sind mit einem Anschlußstück versehen, in dem sich die Anschlußklemmen und die Kabelöffnung befinden. Dieses Teil muß über dem Kabelende angebracht werden.

Im allgemeinen werden Lichtschienen in Längen von 1 bis 3 m angeboten. Doch mit Hilfe von geraden, gekrümmten, T-förmigen, kreuzförmigen oder rechtwinkligen Kupplungsstücken können sie so kombiniert werden, daß sie Bögen beschreiben oder um Zimmerecken laufen. Sie können problemlos auf jede gewünschte Länge zugesägt werden. Das Ende der Lichtschiene ist nach der Installation unbedingt durch eine aufschraubbare Endkappe zu sichern.

Die direkte Montage

Ein einzelner Wandstrahler. Vor dem Anbringen eines Wandstrahlers zunächst die alte Wandlampe abnehmen. Sie wird in vielen Fällen über einer Unterputzdose angebracht sein *(unten)*. Die Dose mit dem eingeführten Kabel in der Wand belassen und den Strahler mittels Anschlußklemmen anschließen: die schwarze Wandkabelphase mit der braunen Leitungsphase und jeweils die blauen Neutralleiter sowie die gelb-grünen Schutzleiter miteinander verbinden. Anschließend den Strahlerfuß über der Dose festschrauben.

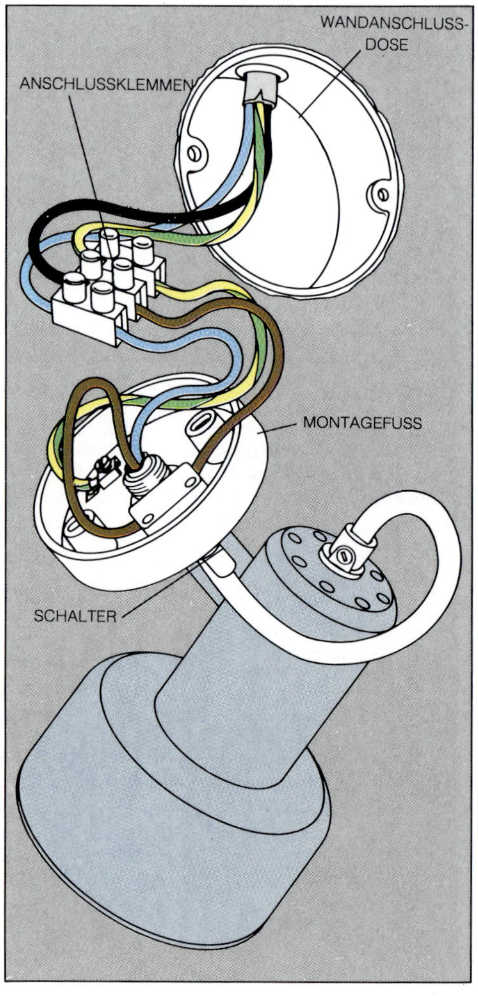

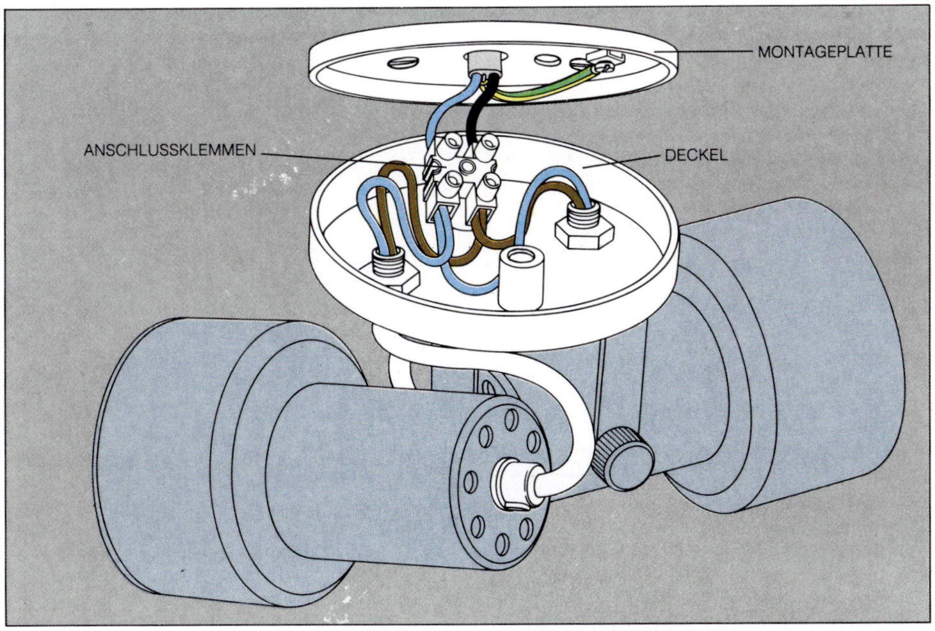

Ein Doppelstrahler für die Decke. Nach dem Abnehmen der alten Lampe die Montageplatte des Strahlers gegen die Decke halten und die Position der Befestigungslöcher markieren. Die Löcher bohren und die Dübel einsetzen. Kabel durch die Kabelöffnung ziehen und die Montageplatte an der Decke festschrauben. Wenn es sich um eine Holzdecke handelt, die Befestigungslöcher mit einem Spitzbohrer vorbohren und die Montageplatte mit Holzschrauben an den Deckenbalken befestigen. Treffen die Schrauben nicht auf einen Querbalken, den Zwischenraum mit einer Sperrholzplatte verstärken. Dann den Strahler anschließen: die Phase (schwarz) mit der Phase (braun), den Neutralleiter mit dem Neutralleiter (blau) und den Schutzleiter mit der Erdungsklemme an der Montageplatte oder im Deckel verbinden. Die Phasen und Neutralleiter der beiden Strahler laufen in je eine Bohrung der Klemmen *(links)*. Den Deckel des Montagefußes aufsetzen und festschrauben.

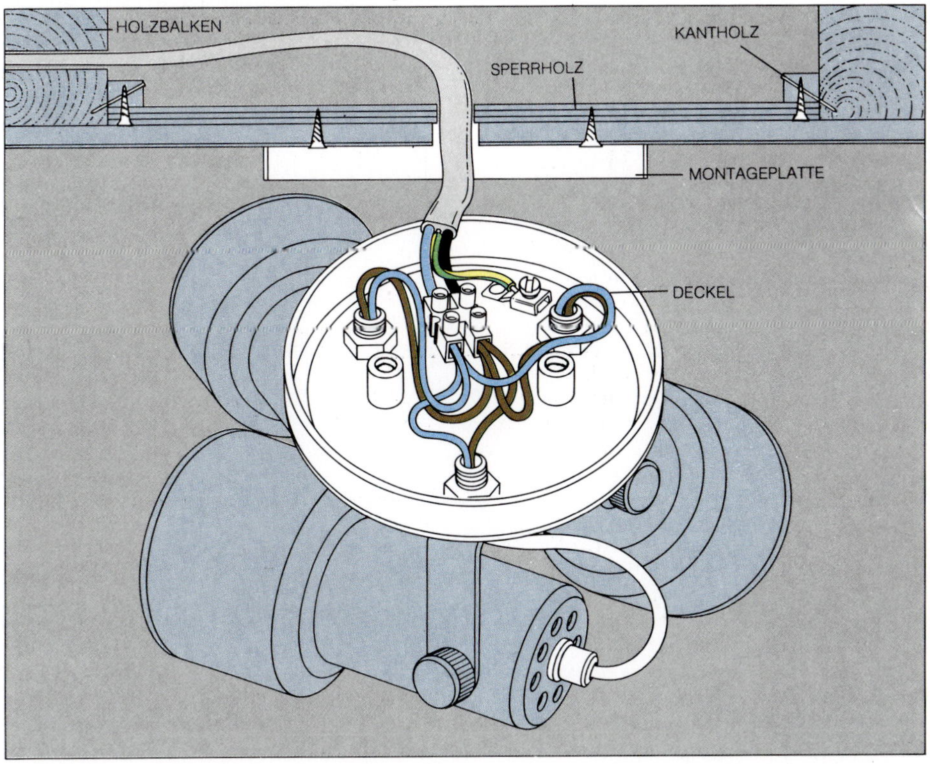

Mehrfachstrahler. Mehrfachstrahler können auf dieselbe Art wie Doppelstrahler angebracht werden. Treffen die Schrauben bei Holzdecken nicht auf die Querbalken, den Zwischenraum mit einer Sperrholzplatte verstärken *(rechts):* Direkt über dem Deckenkabel im darübergelegenen Raum Fußbodenbretter abheben. Ein 50 mm starkes Stück Sperrholz so zusägen, daß es der Länge nach zwischen die Deckenbalken paßt, und 50 x 100 mm starke Kanthölzer auf die Seiten schrauben, die an den Deckenbalken anliegen sollen. Ein 20 mm großes Loch für das Kabel bohren und das Kabel hindurchziehen. Das Brett ausrichten und durch die Kanthölzer an die Balken nageln oder schrauben. Dann das Kabel anschließen und den Montagefuß mit Schrauben befestigen. Zur Befestigung in Gipsdecken (mit Reetunterlage) mit Hilfe eines Klappdübels einen Deckenhaken einsetzen und das Bohrloch am Haken mit einer Kunststoffscheibe abdecken.

Lichtschienen an Zimmerdecken

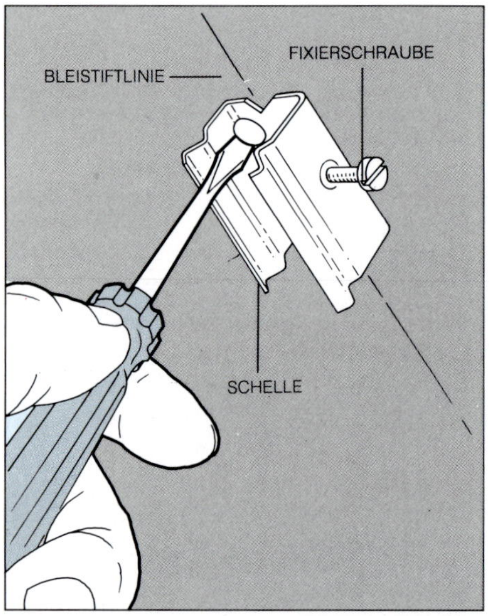

1 Montageschellen anbringen. Den alten Deckenanschluß entfernen. Das Ende der Stromschiene mit dem Anschlußblock über das Deckenkabel halten und die Schiene richtig positionieren. Die Mitte der Schmalseiten mit Bleistift auf die Decke übertragen und diese beiden Punkte verbinden, dabei die Lichtschiene als Lineal benutzen. Die Montageschellen der Länge nach genau mittig auf der Linie mit Dübeln und Schrauben befestigen. Die seitlichen Fixierschrauben so weit lockern, daß sie das Einsetzen der Schiene erlauben, aber nicht herausfallen können.

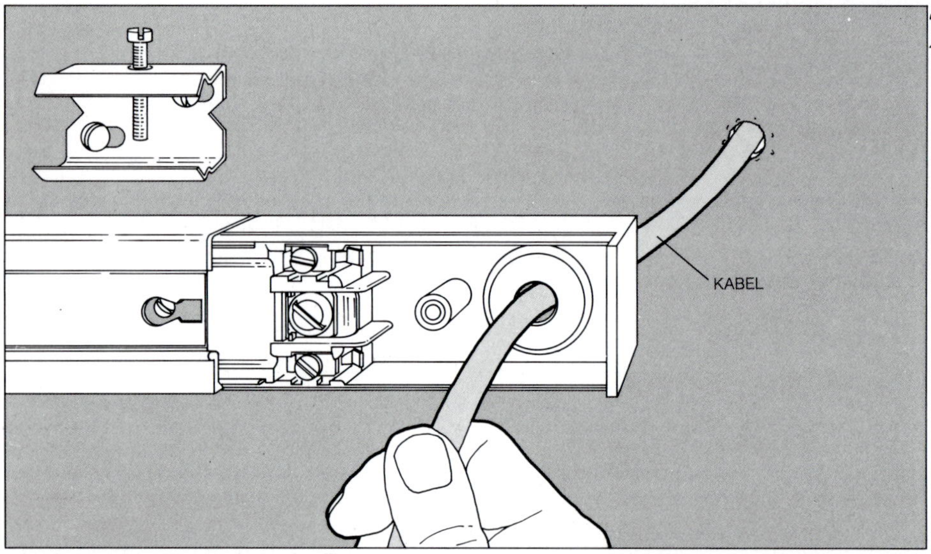

2 Das Kabel einfädeln. Die Schiene noch nicht in den Schellen fixieren. Zuerst die Abdeckplatte vom Anschlußblock der Stromschiene abschrauben und das Kabel von oben durch die Kabelöffnung in den Anschlußblock ziehen *(links)*.

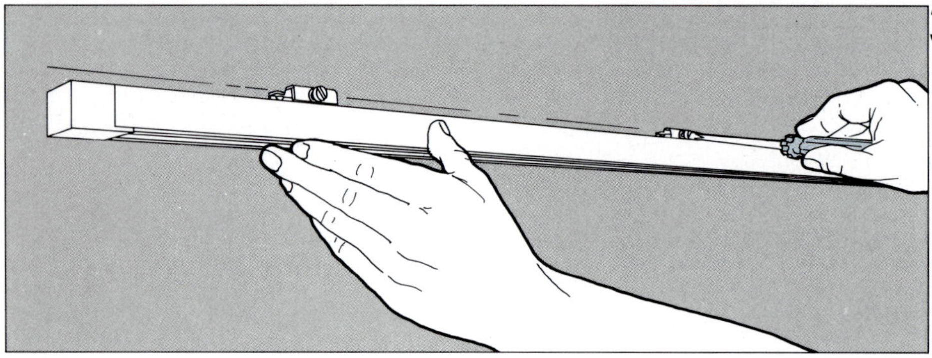

3 Die Lichtschiene befestigen. Die Lichtschiene kräftig in die Montageschellen drücken. Die Fixierschrauben der Schellen anziehen, bis sie die Stromschiene unverrückbar festhalten. Das Deckenkabel auf die erforderliche Länge zurückschneiden und abisolieren *(S. 101)*.

4 Die Lichtschiene anschließen. Die Kabeladern in die Klemmen im Anschlußblock der Lichtschiene schrauben, die schwarze Ader an die Phase, die blaue an den Neutralleiter und die gelb-grüne in die mit dem Erdungssymbol gekennzeichnete Klemme. Anschließend überprüfen, ob alle Adern fest sitzen, dann den Anschlußblock mit der Abdeckplatte schließen.

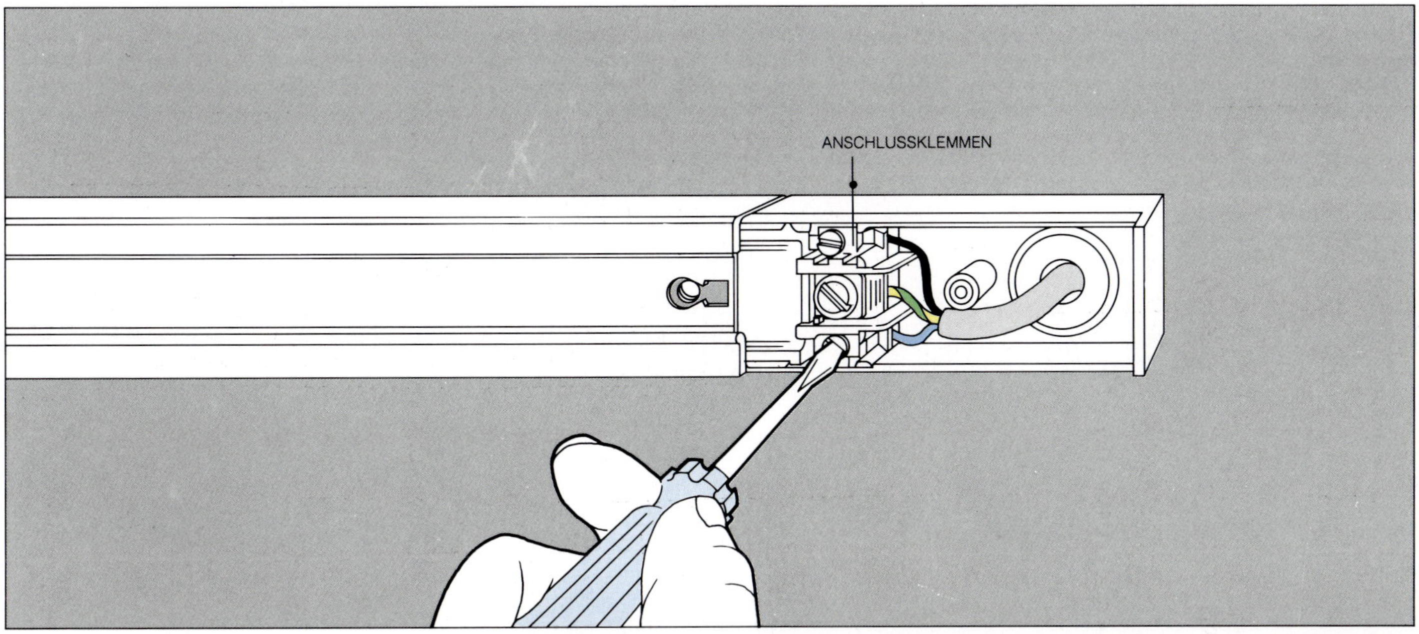

5 Einen Spotstrahler anbringen. Den schwenkbaren Fuß des Strahlers öffnen und die ausgekehlte Seite in die Schiene der Anlage hineingleiten lassen *(rechts)*. Den Strahler abgewinkelt in die gewünschte Position schieben und den Fuß schließen, damit der Strahler fixiert ist. Alle Strahler genauso einsetzen und positionieren.

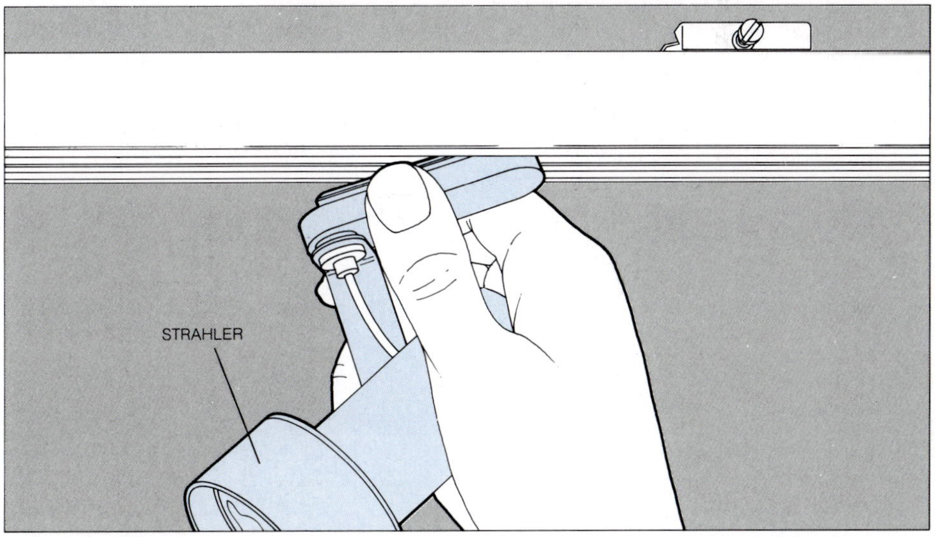

Das Auswechseln und Versetzen von Schaltern

Ein Lichtschalter besteht normalerweise aus zwei Hauptteilen: einer Schalterplatte mit eingebautem Schaltmechanismus, an den die Kabeladern angeschlossen werden, und einer Abdeckung, die ihrerseits eine oder mehrere ineinander eingepaßte Teile umfaßt. Der Schalter wird in eine Wanddose aus Kunststoff gesetzt, die meistens unter Putz liegt. Diese Dosen haben mehrere vorgestanzte Kabelöffnungen.

Die schwarze Kabelader ist die Phase und bringt den Strom vom Netz über die Abzweigdose zum Schalter; die blaue Ader führt ihn zurück zur Abzweigdose, sobald der Schalter eingeschaltet ist. Von der Abzweigdose fließt der Strom durch die schwarze Ader des Deckenkabels zur Leuchte und durch die blaue Ader zurück, die in der Dose mit dem blauen Neutralleiter des Stromkreiskabels verbunden ist. Die schwarze Phase muß im Schalter an die mit P gekennzeichnete Klemme angeschlossen werden.

Dieser Aufbau ist für alle Arten von Schaltern gleich, wie verschieden sie auch aussehen mögen. Die heutzutage verbreitetsten Arten sind Wippschalter, bei denen ein Teil der Deckplatte wie eine Wippe arbeitet und durch diese Bewegung die Stromzufuhr unterbricht. Solche Geräte haben weitgehend die früher üblichen Drehschalter verdrängt. Oft findet man auch Schalter mit Dimmern, durch die sich das Licht stufenlos heller oder dunkler stellen läßt.

Alle Schalter sind heutzutage funktionell und zuverlässig, trotzdem kann eine Abdeckplatte zerbrechen oder ein Schaltmechanismus versagen, und dann muß der alte gegen einen neuen Schalter ausgetauscht werden *(unten)*. Manchmal möchte man auch einfach einen moderneren Schalter mit Dimmer einsetzen *(ganz unten)*. Wer sich für einen Dimmer entschlossen hat, muß darauf achten, daß dessen Leistung (in Watt) für die Beleuchtung ausreicht bzw. der Leistung der verwendeten Glühlampe entspricht.

Einen Schalter auswechseln

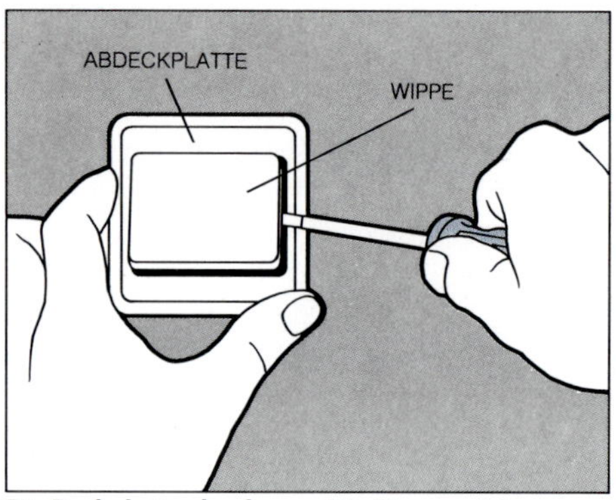

1 Die Deckplatte abnehmen. Die Stromzufuhr an den Hauptsicherungen oder dem Hauptschalter unterbrechen. Die Wippe mit Hilfe eines seitlich in die vorgesehene Vertiefung geschobenen Schraubenziehers vorsichtig von der Deckplatte abheben *(oben)*. Bei den meisten Modellen kann die Deckplatte neuerdings einfach abgezogen werden, bei anderen müssen zunächst die Schrauben gelöst werden.

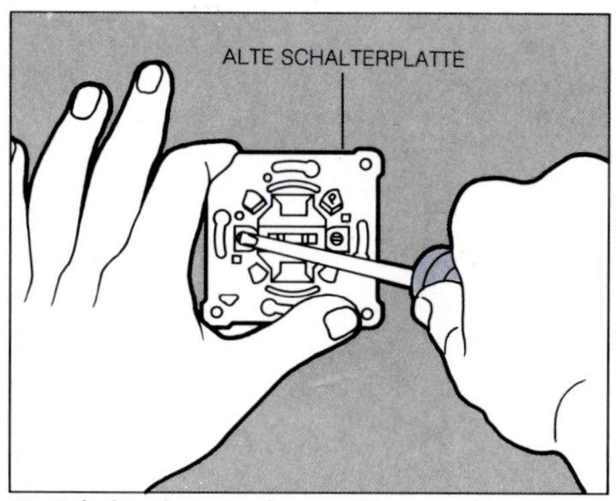

2 Die Schalterplatte ausbauen. Die versenkt eingelassenen Schrauben auf jeder Seite der Schalterplatte lockern *(oben)*. Das reicht meistens aus, um die Schalterplatte zu lösen: Durch die Lockerung der Schrauben werden die seitlichen Spreizkrallen entlastet, die die Platte in der Wanddose halten. Sollte die Platte überdies an die Wanddose geschraubt sein, auch diese Schrauben herausdrehen.

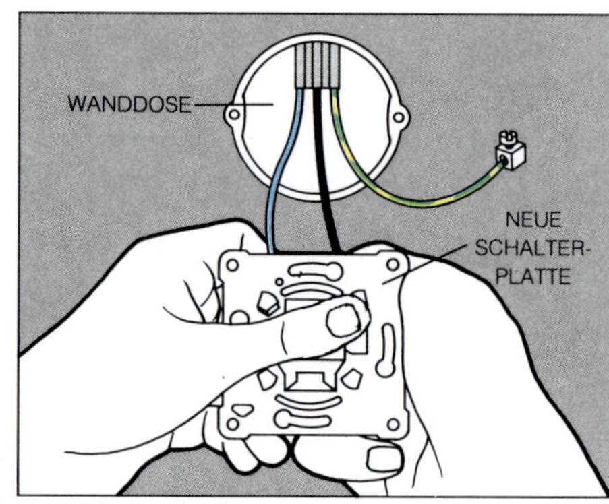

3 Die Kabelverbindung lösen. Nacheinander die zu jeder Klemme gehörende Entriegelungsfeder betätigen und die Kabeladern herausziehen *(oben)*. Zum Anschluß des Kabels an einen neuen Schalter Phase und Neutralleiter in die vorgesehenen Federklemmen schieben. Anschließend die Schalterplatte in der Wanddose befestigen, die Deckplatte darübersetzen und die Wippe in sie hineindrücken.

Einen Schalter mit Dimmer installieren

1 Den Schalter vorbereiten. Den alten Wippschalter nach den Anleitungen oben *(Arbeitsschritt 1, 2 und 3)* ausbauen. Den Drehknopf des Dimmers abziehen *(oben)* und die Metallmutter von dem darunterliegenden Stift schrauben, damit die Schalterplatte von der Abdeckplatte getrennt werden kann.

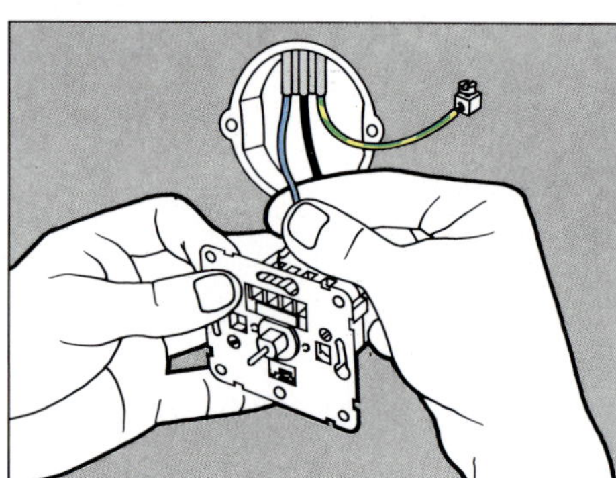

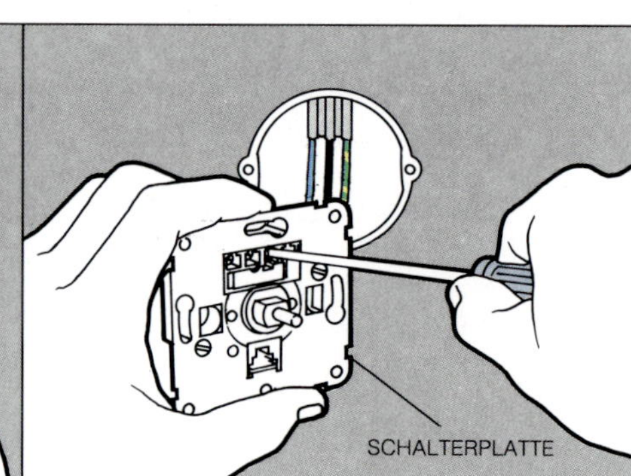

2 Das Wandkabel anschließen. Phase und Neutralleiter in den Anschlußklemmen befestigen. Bei Schraubklemmen die Schrauben anziehen *(oben rechts)*. Um die Schalterplatte in der Wanddose zu befestigen, die Schrauben der Spreizkralle anziehen. Die Metallmutter, die Abdeckplatte und den Drehknopf anbringen.

Eine Unterputz-Wanddose einbauen

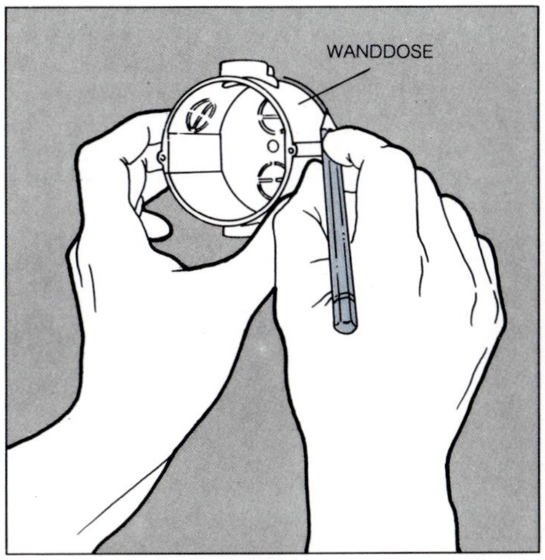

1 Die Position markieren. Die Stromzufuhr an den Hauptsicherungen oder dem Hauptschalter unterbrechen. Die Kabeladern aus den Klemmen des alten Schalters lösen. Die neue Wanddose so positionieren, daß sie mit dem Kabel noch gut erreichbar ist. Mit Bleistift die Umrisse der Dose auf die Wand übertragen.

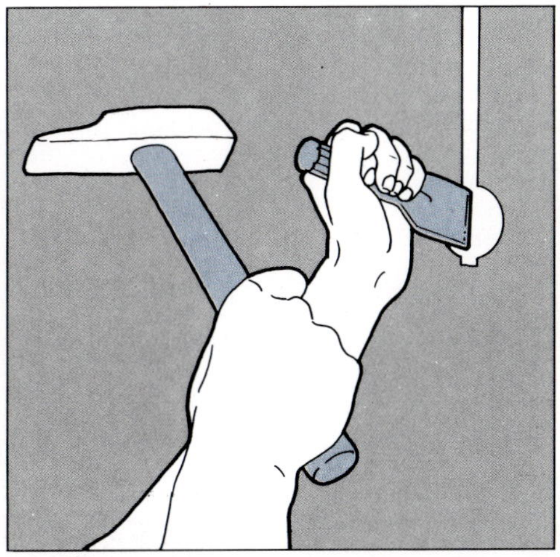

2 Die Wand aufstemmen. Einen etwa 16 mm breiten Kabelkanal auf die Wand zeichnen, dann zwischen den Linien in kurzen Abständen Löcher in den Putz bohren. Mit Hammer und Meißel einen ungefähr 10 mm tiefen Kabelkanal und ein möglichst exakt passendes Loch für die Unterputzdose stemmen.

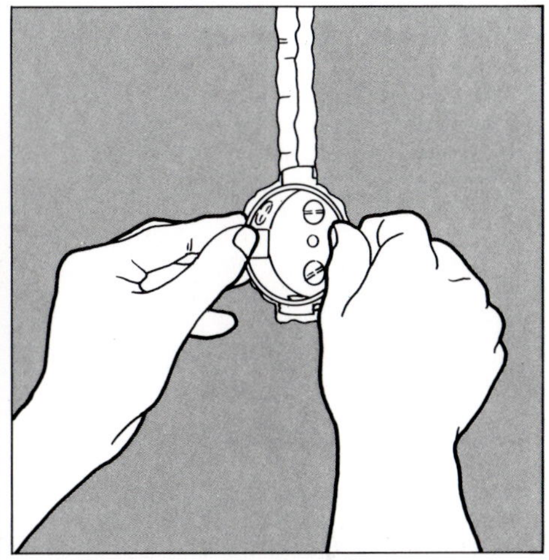

3 Die Unterputzdose einsetzen. An einer geeigneten Stelle die Kabelöffnung in die Dose drücken. Die Dose von außen dünn mit Gips oder Wandfüller bestreichen; dabei die Öffnung für das Kabel frei lassen. Die Dose in das Loch setzen und hineindrücken. Darauf achten, daß die Dose nicht aus der Wand ragt.

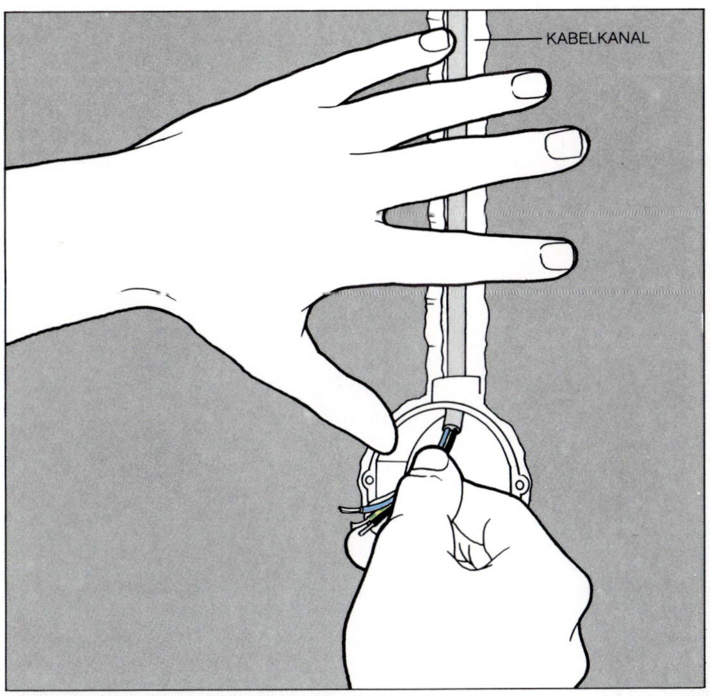

4 Das Kabel einziehen. Das Kabel in den Kanal legen und in die Unterputzdose ziehen. Das Kabel auf die richtige Länge bringen. Darauf achten, daß die Adern zum Anschließen genügend Länge haben. Das Kabel mit Nägeln sichern. Die Nägel in 30-cm-Abständen neben dem Kabel in die Wand schlagen und dann über dem Kabel krummschlagen. Falls zur Kabelsicherung Schellen verwendet werden sollen, muß der Kanal tiefer gestemmt werden.

5 Den Kabelkanal verputzen. Den Kabelkanal bis knapp unter die Wandoberfläche mit Gips oder Wandfüller füllen und mit einer Fugenkelle glätten. Nach dem Trocknen die Oberfläche mit Wandspachtelmasse auffüllen und mit einem Reibebrett glattstreichen *(oben)*. Auch den Zwischenraum zwischen Dose und Wand füllen. Wenn die Spachtelmasse durchgetrocknet ist, die Flächen sorgfältig mit Schleifpapier glätten.

Die Anlage einer Wechselschaltung

Wechselschalter, mit denen eine Lampe von zwei verschiedenen Örtlichkeiten her bedient werden kann, sind häufig in Gebrauch. Eine solche Anlage kann sowohl zur Bequemlichkeit als auch zur Sicherheit eines Hauses beitragen. Hat ein Raum zwei Zugänge, sollten die Schalter direkt neben ihnen plaziert werden. Treppenhausbeleuchtungen sollten immer sowohl oben als auch unten an der Treppe ein- und ausgeschaltet werden können, lange Flure sollten Lichtschalter an beiden Enden haben. Und es ist hilfreich, das Garagenlicht z. B. auch vom Wohnhaus her bedienen zu können: So braucht man nicht im Dunkeln in der Garage umherzutasten oder nochmals in die Garage zu gehen, wenn man das Licht vergessen hat.

Die Erweiterung einer Einfach- zu einer Wechselschaltung erfordert, daß der alte Schalter gegen einen Wechselschalter ausgetauscht, ein zweiter Wechselschalter installiert und die beiden Schalter mit einem vieradrigen Wandkabel verbunden werden.

Die Ausführung der Schalter- und Kabelinstallation richtet sich nach der Bauweise des Hauses und auch danach, ob man die vorhandene Dekoration unbeschädigt lassen möchte. Um die Stemmarbeiten für die Kabelkanäle und die späteren Ausbesserungsarbeiten an Anstrichen und Tapeten zu umgehen, können auf die Wand montierbare Installationskanäle verwendet werden. Sie verkleiden das Kabel und haben integrierte Schalter. Wahlweise kann man auch die Wand aufstemmen, das neue Kabel unter Putz verlegen und die Schalter in die Wand einsetzen *(S. 117)*. Dann muß die Unterputzdose des herausgenommenen Schalters für eine zweite Kabelöffnung angebohrt werden. Für den Fall, daß die Dose beim Stemmen zerbricht, eine neue bereithalten.

Das zwischen den beiden Schaltern anzuschließende Kabel ist vieradrig und enthält eine zusätzliche Phase, die braun gekennzeichnet ist. Die andere Phase ist schwarz, der Neutralleiter blau und der Schutzleiter gelb-grün. Zur Aufnahme der zusätzlichen Phase müssen Wechselschalter drei Anschlußklemmen – normalerweise nur zwei – enthalten. Es ist aber auch möglich, daß der alte Schalter bereits ein Wechselschalter mit drei Klemmen ist, der lediglich als Einfachschalter genutzt wurde.

Bei allen Veränderungen einer elektrischen Anlage unbedingt die geltenden Vorschriften und Sicherheitsmaßnahmen *(S. 85 und 100)* beachten.

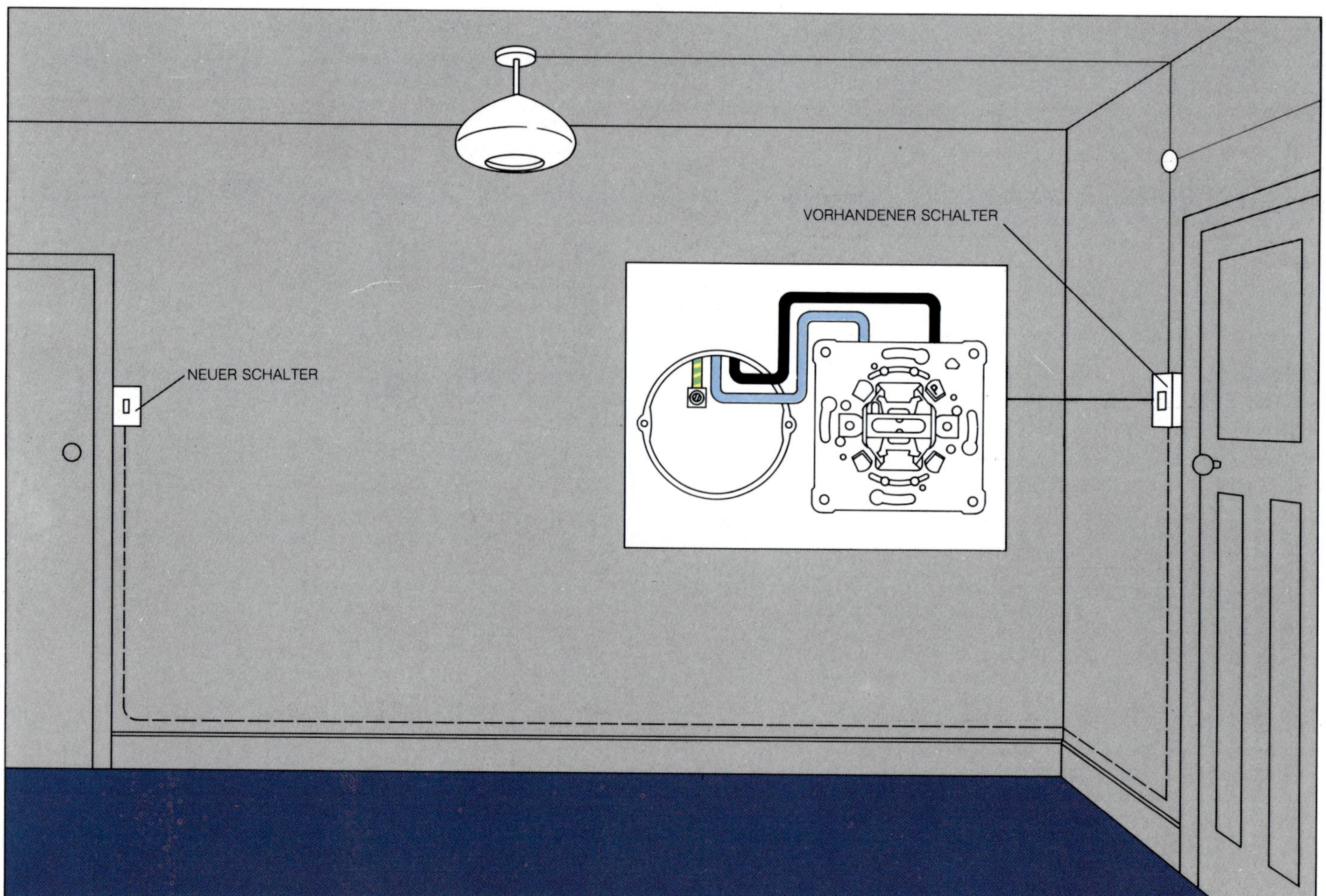

Die Verkabelung. In einem Raum mit zwei Zugängen soll ein vorhandener Einfachschalter neben der Tür gegen einen Wechselschalter ausgetauscht und ein zweiter Wechselschalter neben dem anderen Zugang installiert werden. Um beide Schalter miteinander zu verbinden, ein vieradriges Kabel von dem ersten Schalter nach unten, dann oberhalb der Fußleiste bis zum zweiten Türrahmen und zum neuen Schalter führen.

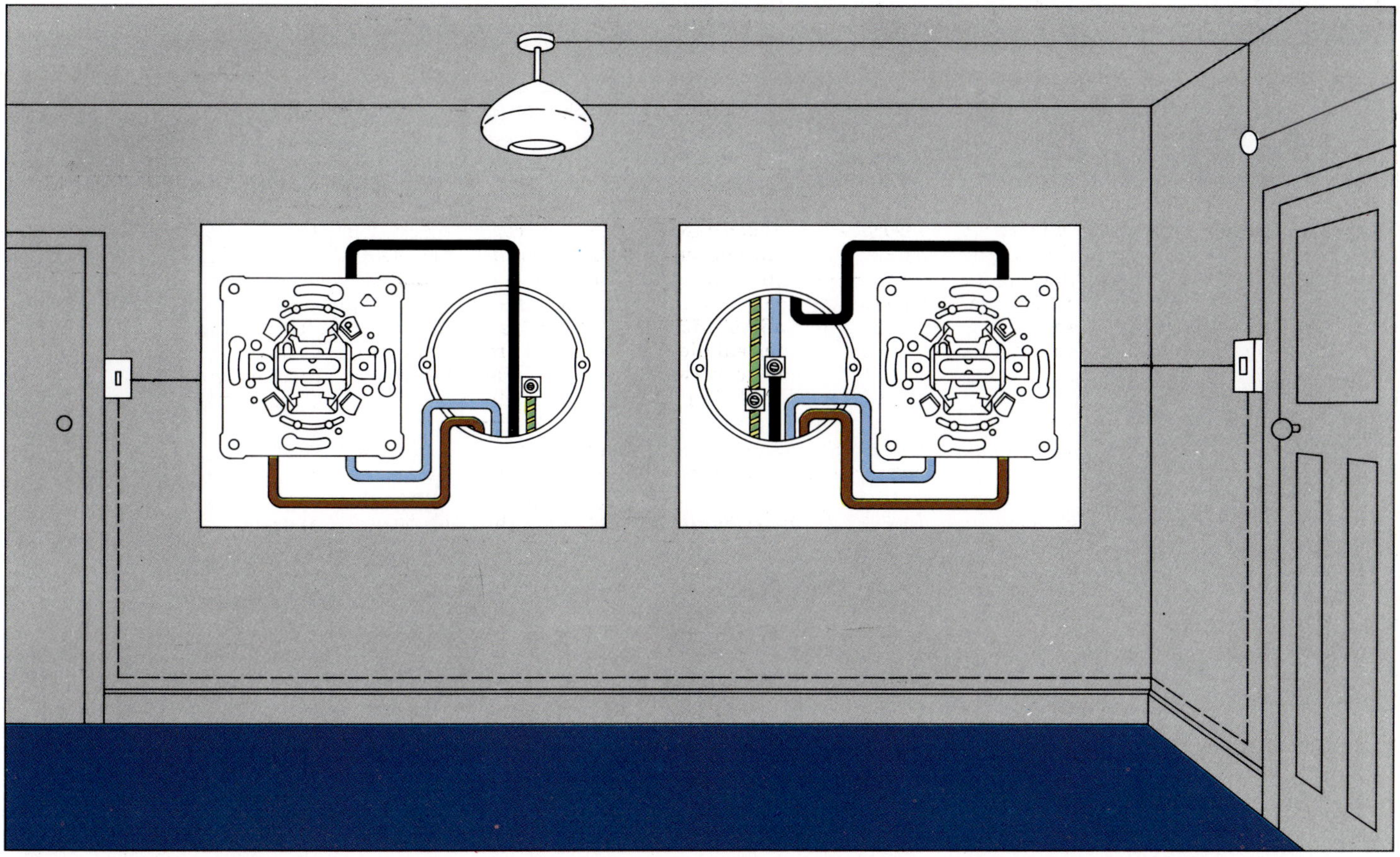

Schalter und Leitungen installieren. Die Stromzufuhr an den Hauptsicherungen oder dem Hauptschalter unterbrechen. Den Schalterdeckel des vorhandenen Schalters abnehmen und die Adern aus den Anschlußklemmen lösen. Das neue Kabel von der alten bis zur neuen Schalterposition verlegen *(Kasten unten)*. Die Kabeladern etwa 10 mm weit abisolieren. In dem Schalter, der sich an der Stelle des alten befindet, die vorhandene Phase an die mit P gekennzeichnete Klemme anschließen und den vorhandenen blauen Neutralleiter und die schwarze Phase des neu verlegten Kabels durch eine Lüsterklemme miteinander verbinden. Die braune Phase des neuen Kabels in eine der zwei nicht gekennzeichneten Klemmen stecken, den blauen Neutralleiter desselben Kabels in die andere. Die gelb-grünen Schutzleiter aus dem vorhandenen und dem neuen Kabel durch eine Lüsterklemme verbinden. An dem neu installierten Wechselschalter die schwarze Phase des vieradrigen Kabels an die mit P gekennzeichnete Klemme anschließen, die blaue und die braune Ader an jeweils eine der beiden unmarkierten Klemmen. Den gelb-grünen Schutzleiter mit einer Einzelklemme sichern. Beide Schalter in die Dosen setzen, mit den anderen Teilen vervollständigen *(S. 116)* und den Strom wieder einschalten.

Installationskanalsysteme

Durch die Verwendung moderner Installationskanäle können neue Aufputzkabel verdeckt angebracht werden. Wann immer Wechselschalter neben Raumzugängen plaziert werden, kann der Installationskanal am Türrahmen nach unten, dann oberhalb der Fußleiste entlang und neben dem zweiten Türrahmen wieder nach oben geführt werden. Die Installation fällt kaum noch ins Auge, wenn die Schalter direkt an die Türrahmen gesetzt werden und man damit die Möglichkeit hat, die Installationskanäle unmittelbar an den Türrahmen zu verlegen. (Für die Montage die Kanäle in den benötigten Längen zusägen und mit Dübeln und Schrauben auf die Wand montieren. Die Kabel einziehen und die Abdeckleisten in die Kanäle klemmen.) Auch bei dieser Art Anlage muß man sich vor der Arbeit mit den geltenden Vorschriften und Bestimmungen *(S. 85)* vertraut machen bzw. einen zugelassenen Elektriker hinzuziehen.

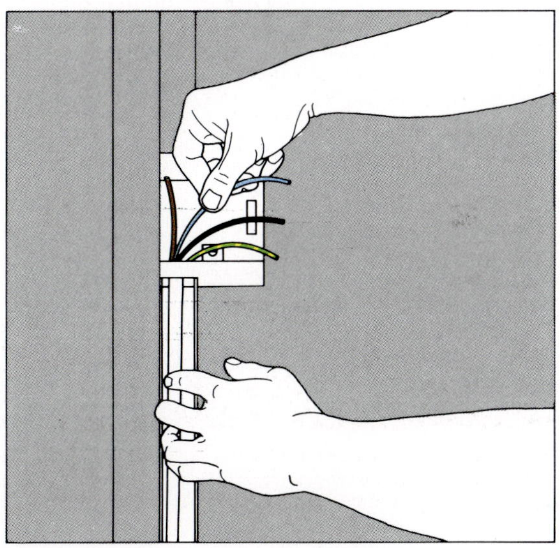

Steckdosen – und wie man sie auswechselt

Wandsteckdosen dienen dem Anschluß der elektrischen Geräte und beweglichen Lampen eines Hauses an das Stromnetz. Eine Steckdose setzt sich aus dem Deckel und der eigentlichen Steckdose mit den Kontakthülsen und den Anschlußklemmen für das fest verlegte Wandkabel zusammen. Die Steckdose wird in der Regel von einer Unterputzdose aufgenommen, die Öffnungen für das Wandkabel hat.

Die Unterputzdosen werden so in die Wand installiert, daß der Steckdosendeckel nicht hervorsteht, sondern möglichst flach auf der Wand aufliegt. Unterputzdosen sind immer rund und aus Kunststoff. Sie haben durchweg einen Durchmesser von 55 mm und sind 40 mm tief. Aufputzdosen, die aus der Wand hervorragen, werden vor allem in Kellern oder Garagen verwendet.

Bewegliche Elektrogeräte mit niedriger Leistung – wie etwa Tisch- und Stehlampen – werden mit einem runden 16-A-Schukostecker (Schutzkontaktstecker) an das Stromnetz angeschlossen. Der Stecker ist über die Geräteschnur mit dem Elektrogerät verbunden. Die leitenden Kontaktstifte des Steckers stellen bei der Einführung in die Kontakthülsen der Steckdose die Verbindung mit dem Stromkreis her, während die seitlichen Kontaktstücke eines Schukosteckers der Schutzerdung dienen. Die Schutzleiter sind durch diese Anordnung voreilend, d. h. daß sich der Schutzleiterkreis der Sicherheit wegen zuerst schließt.

Es gibt außerdem Steckdosen, bei denen die Kontaktlöcher für Phase und Neutralleiter mit Schutzsperren versehen sind; sie verhindern, daß man mit Fingern oder spitzen Gegenständen hineingerät und einen elektrischen Schlag erhält (Lebensgefahr!). Sie empfehlen sich besonders, wenn Kinder im Haushalt sind. Die Sperren öffnen sich nur, wenn der Stecker mit Druck eingeführt wird. Dies kann außer dem Schukostecker auch ein zweipoliger Euro-Stecker sein. Man kann aber auch alle für Kinder erreichbaren Steckdosen nachträglich mit flachen, einsetzbaren Schutzdeckeln aus Kunststoff sichern. Die Deckel sind nur mit einem Schlüssel abnehmbar. Andere Stecker verfügen mit einem integrierten Schalter und Pilotlicht über eine zusätzliche Sicherheits- und Schutzeinrichtung.

Fest angeschlossene Geräte mit einer hohen Leistung von mehr als 3500 W, z. B. Raumheizungen, Sauna-Öfen oder Küchenherde, werden über eine abgedeckte Spezialdose mit Schraubverbindungen an das Wandkabel angeschlossen; die Geräteschnur ist also fest und kann nicht aus der Dose gezogen werden. Vor allem bei Raumheizungen – nicht bei Herden – sind solche Dosen häufig mit Schalter und Pilotlicht ausgestattet.

Der sinnvollste Platz für die Installation von Steckdosen ist im allgemeinen 300 mm über der Fußbodenleiste. Für alte Menschen und Behinderte sind höher angebrachte Steckdosen bequemer zu erreichen. Niedriger als 300 mm über Fußboden- oder Arbeitsplatzhöhe sollte man Steckdosen jedoch niemals anbringen lassen: Zu niedrig installierte Dosen sind in erhöhtem Maße der Beschädigung durch Stöße oder Tritte ausgesetzt, und eine beschädigte Steckdose stellt immer eine Gefahr für Mensch und Haus dar.

Alle an Ringleitungen angeschlossenen Steckdosen haben doppelte Kabelanschlüsse: den einen für den Stromeingang und den anderen für die Weiterleitung des Stromes. Steckdosen am Ende einer Stichleitung haben lediglich einen Kabelanschluß.

Zerbrochene oder abgeplatzte Steckdosen sollten unverzüglich ersetzt werden, und zwar nach der gegenüber und auf S. 121 gegebenen Arbeitsanleitung. Wenn Steckdosen auf Putz installiert sind, sollte man erwägen, Steckdosen und Kabel unter Putz zu verlegen. In der Wand liegen sie sicherer. Die Vorbereitungsarbeiten an der Wand sind genau die gleichen wie für den Einbau eines Lichtschalters mit Unterputz-Wanddose *(S. 117)*. Bei der Installation die auf der gegenüberliegenden Seite gegebenen Anweisungen für das Trennen und Anschließen der Kabeladern von den bzw. an die jeweiligen Kontaktklemmen befolgen.

Das häufigste Problem sind allerdings nicht zerbrochene Steckdosen, sondern zu wenige. Mit dem Anwachsen der Zahl der im Haushalt einsetzbaren, arbeitssparenden Elektrogeräte stellt man vielleicht eines Tages fest, daß die Anschlußmöglichkeiten nicht mehr ausreichen. Zur vorübergehenden Abhilfe kann man Mehrfachsteckdosen benutzen, die das Anschließen von mehr als einem Gerät an eine Wandsteckdose zulassen. Die meisten Mehrfachsteckdosen werden als Kunststoffbox mit zwischen zwei und sechs Schukosteckdosen und einer angeschlossenen Leitungsschnur mit Stecker angeboten. Unbedingt darauf achten, daß die gesamte gleichzeitig aus einer einzelnen Steckdose entnommene Strommenge 16 A nicht übersteigt, da sonst der Stromkreis unzulässig überlastet wird.

Als langfristige Lösung sind Mehrfachsteckdosen jedoch nicht zu empfehlen, da die lose liegende Leitungsschnur eine Stolpergefahr darstellt. Die einzig richtige Dauerlösung ist die Installation zusätzlicher Wandsteckdosen. Innerhalb einer Ringleitung kann dem Stromkreis eine beliebige Zahl von Steckdosen hinzugefügt werden, wobei man allerdings darauf achten muß, daß der Stromkreis flächenmäßig nicht beliebig ausgedehnt werden darf *(S. 90)*. Auch darf die gesamte Leistung aller zugeschalteten Geräte 3500 W nicht überschreiten.

Mit der Neuinstallation von Leitungen und Steckdosen sollte immer ein konzessionierter Elektriker beauftragt werden. Zuvor kann man jedoch überprüfen, ob sich der bereits vorhandene Anschluß nicht erweitern läßt. Falls im Bereich einer Einfachsteckdose ein erhöhter Zuschaltbedarf auftritt, ist eine solche Arbeit so einfach, daß man sie selbst ausführen kann *(S. 122)*: Man tauscht die Einfachsteckdose gegen eine doppelte aus. Und da alle Unterputzdosen genormt sind, kann die alte in der Wand gelassen und weiterverwendet werden.

Der Aufbau einer Steckdose

Die Anschlußklemmen freilegen. Vor dem Öffnen der Steckdose die Stromzufuhr an den Hauptsicherungen oder dem Hauptschalter unterbrechen. Mit einem Schraubenzieher die Schraube herauslösen *(rechts),* mit der der Deckel auf der Steckdose befestigt ist. Hier handelt es sich um eine Einfachsteckdose ohne integrierten Schalter. Diesen Deckel entfernen. Obwohl die einzelnen Modelle äußerlich verschieden sind, haben alle zwei Kontakthülsen zur Aufnahme der beiden Kontaktstifte des Steckers sowie zwei seitliche Kontaktstücke (Metallklammern) für die Erdung. In der Unterputzdose hält die Steckdose sich durch Spreizkrallen, die durch das Lockern ihrer Schrauben gelöst werden. Die Spreizkrallen werden in gelockertem Zustand durch ein Gummiband zusammengehalten. Mit einem Schraubenzieher die Schrauben der Anschlußklemmen lösen.

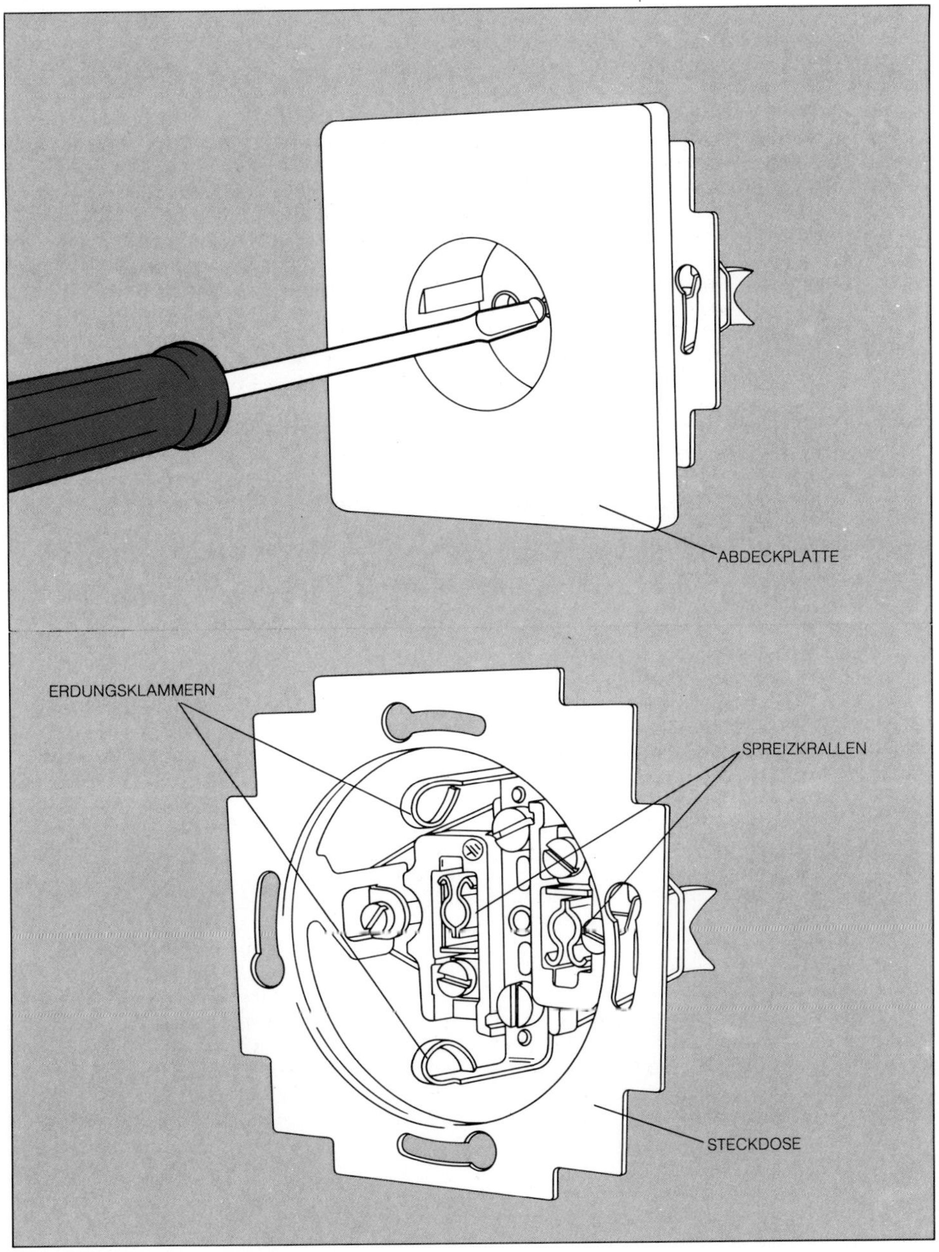

Der Austausch einer Einfach- gegen eine Doppelsteckdose

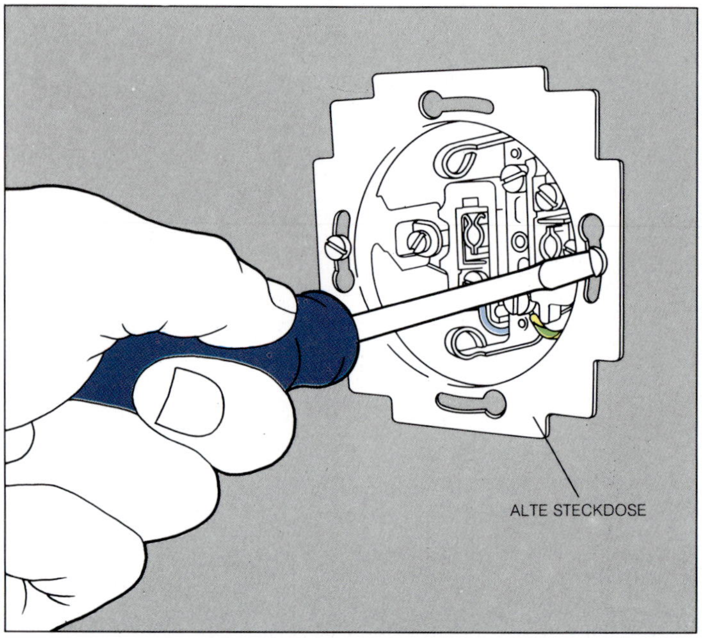

1 Die Steckdose ausbauen. Die Stromzufuhr an den Hauptsicherungen oder an dem Hauptschalter unterbrechen. Den Deckel der Steckdose abschrauben, dann die Schrauben im Rand der eigentlichen Steckdose lösen *(oben)*.

2 Die Spreizkrallen lockern. Die Position des Spreizkralleneinsatzes links- und rechtsseitig in der Steckdose ermitteln. Zum Entsperren der Spreizkrallen und Freilegen der Steckdose die Krallenschrauben mit einem Schraubenzieher entgegen dem Uhrzeigersinn lösen *(oben)*.

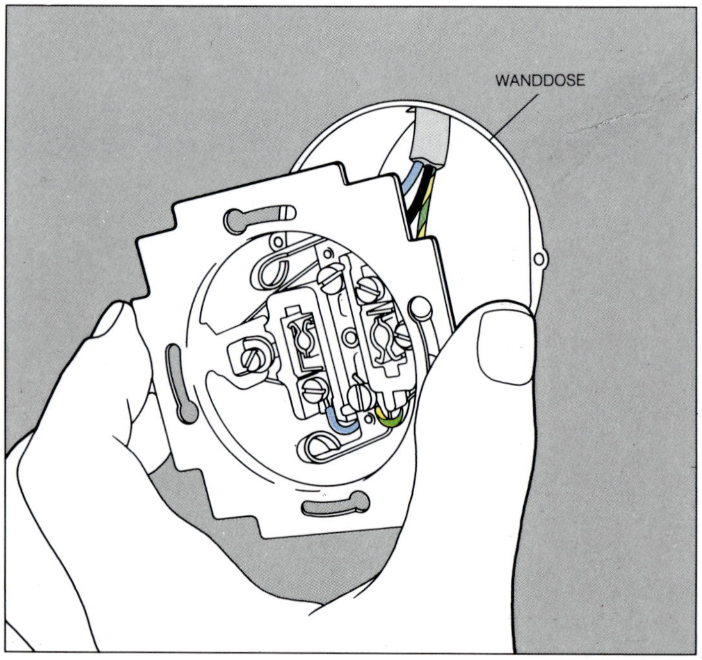

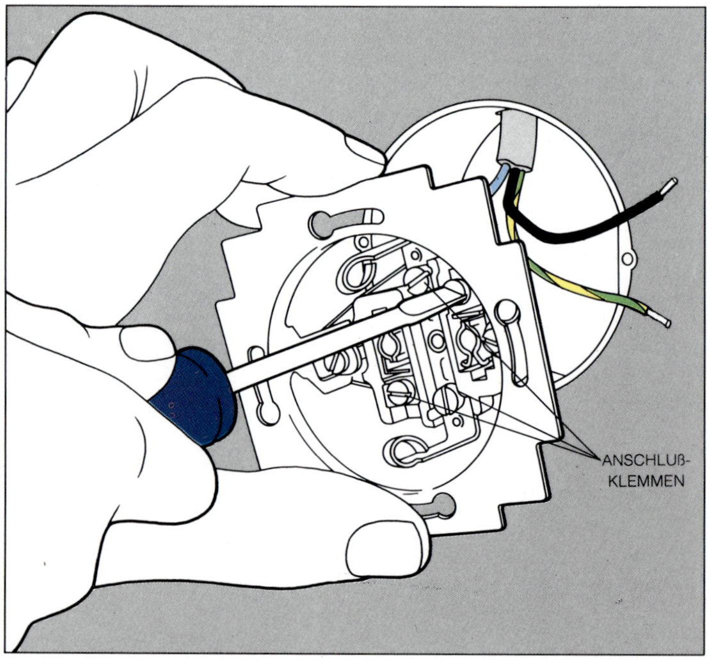

3 Die Steckdose aus der Wand lösen. Die Steckdose vorsichtig aus der Unterputzdose lösen, jedoch nur so weit herausziehen, daß man ohne übermäßige Beanspruchung der Kabeladern an die Anschlußklemmen heranreicht *(oben)*.

4 Die Kabelverbindung lösen. Mit einem Schraubenzieher die Schrauben der Anschlußklemmen lösen und die Kabeladern aus den Klemmen ziehen. Verbogene Adern mit einer Kombi- oder Flachzange geraderichten, ohne sie zu brechen.

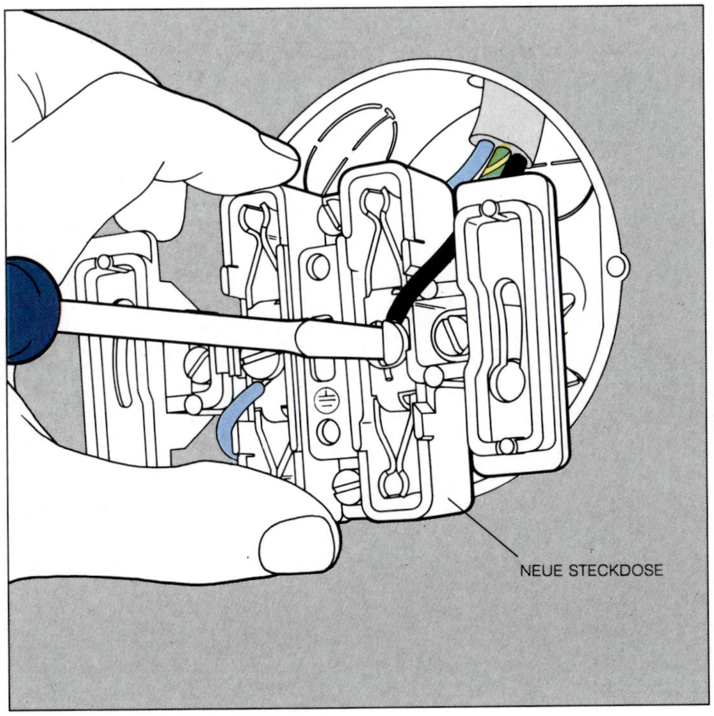

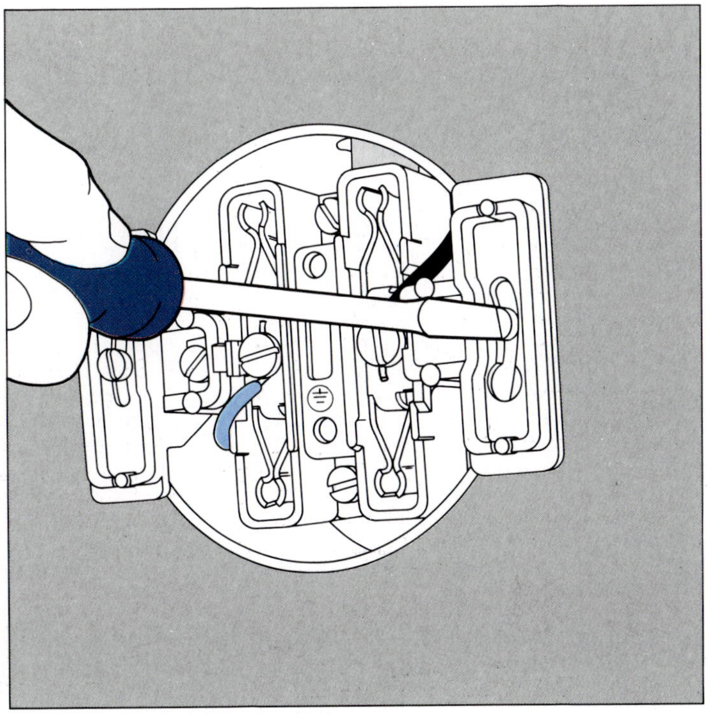

5 Die Doppelsteckdose anschließen. Die neue Doppelsteckdose in Position halten und die Kabeladern an die jeweiligen Anschlußklemmen anschließen: die schwarze Phase an eine der seitlichen unmarkierten Klemmen, den blauen Neutralleiter an die zweite unmarkierte Klemme, den gelbgrünen Schutzleiter an die mit dem Erdungssymbol gekennzeichnete Klemme.

6 Die neue Steckdose befestigen. Mit einem Schraubenzieher die Schrauben für die Spreizkrallen entgegen dem Uhrzeigersinn lockern. Das Gummiband, das die Spreizkrallen zusammenhält, nicht entfernen. Die Steckdose vorsichtig in die Unterputzdose drücken und darauf achten, daß die Adern dabei nicht eingeklemmt werden. Die Spreizkrallenschrauben im Uhrzeigersinn festziehen und die Steckdose durch die Löcher im Rand gegen die Unterputzdose schrauben *(oben)*.

7 Den neuen Deckel anbringen. Den Deckel so positionieren, daß die vier Kontaktstücke für die Erdung in die Schlitze im Deckel greifen, und den Deckel festschrauben *(rechts)*. Erst dann die Stromzufuhr durch Einschalten der Hauptsicherungen oder des Hauptschalters wieder herstellen.

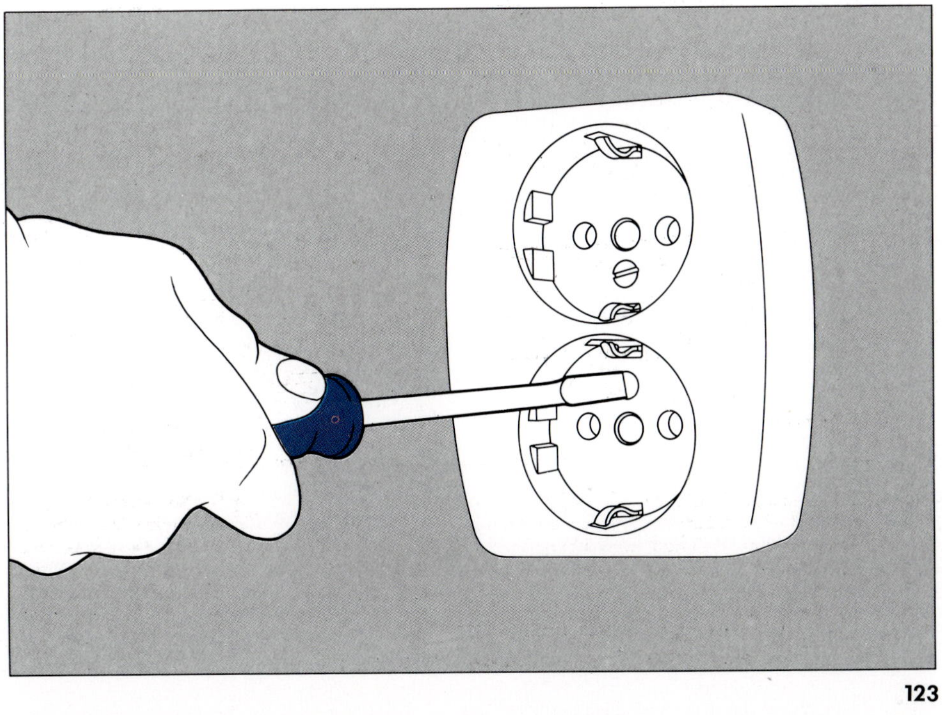

Quellennachweis der Abbildungen

Die Nachweise für Abbildungen von links nach rechts sind durch Semikolon, von oben nach unten durch Gedankenstriche getrennt. Einband: Martin Brigdale. 6: Ken Kay. 10, 11: Martin Brigdale. 12: Zeichnung von Jackson Day Designs. 13: Zeichnung von Jackson Day Designs; Zeichnung von Adolph E. Brotman – Zeichnung von Adolph E. Brotman. 15, 16: Zeichnungen von Peter McGinn. 17: Zeichnungen von Jackson Day Designs – Zeichnungen von Peter McGinn. 18: Zeichnungen von Adolph E. Brotman. 19: Zeichnung von Adolph E. Brotman – Zeichnung von Adolph E. Brotman; Zeichnung von Jackson Day Designs. 20: Zeichnung von Adolph E. Brotman – Zeichnung von Jackson Day Designs. 21, 22: Zeichnungen von Jackson Day Designs. 23: Zeichnungen von Adolph E. Brotman – Zeichnungen von Jackson Day Designs. 24: Ken Kay. 26 bis 29: Zeichnungen von Jackson Day Designs. 30, 31: Zeichnungen von Vantage Art Inc. 32, 33: Zeichnungen von Oxford Illustrators Ltd. 34: Zeichnung von Vantage Art Inc. – Zeichnungen von Jackson Day Designs. 35: Zeichnung von Vantage Art Inc. – Zeichnungen von Jackson Day Designs. 36, 37: Zeichnungen von Jim Silks. 38: Zeichnungen von Peter McGinn. 39: Zeichnungen von Peter McGinn – Zeichnungen von Jackson Day Designs. 40: Zeichnungen von Oxford Illustrators Ltd. 40 bis 44: Zeichnungen von Jackson Day Designs. 45: Zeichnungen von Jackson Day Designs – Zeichnungen von Ray Skibinski. 47 bis 49: Zeichnungen von Ray Skibinski. 50: Ken Kay. 52: Zeichnung von Whitman Studio Inc. 53: Zeichnungen von Whitman Studio Inc. – Zeichnungen von Jackson Day Designs. 54: Zeichnung von Ray Skibinski. 55: Zeichnungen von Jackson Day Designs. 56 bis 58: Zeichnungen von Ray Skibinski. 59: Zeichnungen von Ray Skibinski – Zeichnung von Jackson Day Designs. 60: Zeichnung von Adolph E. Brotman; Zeichnung von Jackson Day Designs; Zeichnung von Adolph E. Brotman – Zeichnung von Adolph E. Brotman. 61: Zeichnungen von Adolph E. Brotman. 62: Zeichnungen von Whitman Studio Inc. 63: Zeichnungen von Whitman Studio Inc. – Zeichnung von Jackson Day Designs. 64: Martin Brigdale. 66 bis 83: Zeichnungen von Jackson Day Designs. 84: Martin Brigdale. 88: Zeichnung von Oxford Illustrators Ltd. 89: Martin Brigdale. 96 bis 123: Zeichnungen von Oxford Illustrators Ltd.

Danksagungen

Der besondere Dank der Herausgeber gilt: Susie Bicknell in Paris und Emily Brandt-Clarke sowie Renate Devers in Hamburg. Sie danken auch: Barking Grohe Limited, Barking, Essex; Armosig, Saint-Cloud; Joachim Brauer, Hamburg; Michael Brown, London; Building Centre, London; Alexandra Carlier, London; Sally Crawford, London; CIFEC (Cie Industrielle de Filtration et d'Equipement Clinique), Paris; Delta Group, Birmingham; Erith College of Technology, Belvedere, Kent; Garnier et Cie, Boulogne Billancourt; Hunter Plastic Industries Limited, London; Institute of Plumbing, Hornchurch, Essex; Laboratoire d'Hygiène de la Ville de Paris, Paris; Jeramy Lawrence, London; Legrand (Appareillage Electriques), Limoges; Margot Levy, London; Marley Extrusions Limited, Maidstone, Kent; Deborah Martindale, London; Monument Tools Limited, London; Morphy Richards, Mexborough, Yorkshire; National Federation of Plumbing Engineers, London; National Water Council, London; Wolfgang Pagel, Buchholz; Judith Perle, London; Plastic Bath Manufacturers' Association, Glasgow; Syndicat National des Fabricants de Tubes et Raccords en Polychlorure de Vinyle Rigide, Paris; Thames Water Authority, London; Stephanie Thompson, London; Union Technique de l'Electricité, Paris; Vitreous Enamel Development Council Limited, Wadhurst, East Sussex; Wholesale Fittings, London; WYLEX, Manchester.

Register/Glossar

Dieses Register schließt Erläuterungen vieler der in diesem Buch verwendeten Fachausdrücke aus dem Klempner- und Elektrohandwerk ein. Kursiv gesetzte Seitenangaben verweisen auf eine Abbildung zu dem betreffenden Stichwort.

Satz: Grafostil Ges.m.b.H., Tel. 55 46 28, Wien, Österreich.
Druck und Einband: Artes Gráficas Toledo, S. A. Spanien.